"十四五"时期国家重点出版物出版专项规划项目

饲草中的生物活性物质
——α-亚麻酸、硒强化与利用

冯德庆　黄勤楼　黄秀声　陈钟佃

王俊宏　黄小云　邱水玲　　　　著

中国农业科学技术出版社

内 容 简 介

α-亚麻酸是人类和畜禽的必需脂肪酸，而硒则是必需的微量元素。本书分为两个部分。α-亚麻酸篇概述了脂肪酸基础知识，n-3 PUFA（多不饱和脂肪酸）的价值及其在畜禽养殖中的应用，结合研究团队十几年的研究实践，介绍了杂交狼尾草等饲草α-亚麻酸生物强化，以及对草鱼、肉兔、奶牛、生猪、鹅等畜禽生产性能和品质的影响研究。硒篇系统地介绍了硒的常识、硒与畜禽健康养殖的关系，以及饲草硒农艺生物强化及在畜禽中应用的研究进展。同时，以杂交狼尾草为例，具体展示硒农艺生物强化及在蛋鸡养殖中的实际应用效果。

本书资料翔实、内容丰富，可为草业科学相关研究与实践提供参考与借鉴。此外，本书涵盖健康饮食相关知识，也可作为关注健康人群的科普读物。

图书在版编目（CIP）数据

饲草中的生物活性物质：α-亚麻酸、硒强化与利用／冯德庆等著. --北京：中国农业科学技术出版社，2025.5
　　ISBN 978-7-5116-6803-5

　　Ⅰ.①饲…　Ⅱ.①冯…　Ⅲ.①饲料作物-生物活性-物质-研究　Ⅳ.①S54

中国国家版本馆 CIP 数据核字（2024）第 089356 号

责任编辑　陶　莲
责任校对　王　彦
责任印制　姜义伟　王思文

出 版 者　中国农业科学技术出版社
　　　　　　　北京市中关村南大街 12 号　　邮编：100081
电　　话　（010）82109705（编辑室）　　（010）82106624（发行部）
　　　　　　　（010）82109709（读者服务部）
网　　址　https：//castp.caas.cn
经 销 者　各地新华书店
印 刷 者　北京建宏印刷有限公司
开　　本　170 mm×240 mm　1/16
印　　张　20.5
字　　数　368 千字
版　　次　2025 年 5 月第 1 版　2025 年 5 月第 1 次印刷
定　　价　98.00 元

《饲草中的生物活性物质——
α-亚麻酸、硒强化与利用》
著者名单

著　　者：冯德庆　黄勤楼　黄秀声　陈钟佃
　　　　　王俊宏　黄小云　邱水玲

撰写人员：
第一章　冯德庆
第二章　冯德庆　黄勤楼　黄秀声　陈钟佃
第三章　冯德庆　黄勤楼　黄秀声　王俊宏
第四章　冯德庆　黄勤楼　黄秀声　王俊宏
第五章　冯德庆　黄勤楼　黄秀声　陈钟佃
　　　　钟珍梅　黄水珍　李春燕　黄小云
第六章　冯德庆　黄勤楼　黄秀声　唐龙飞
　　　　陈钟佃　钟珍梅　刘金伟
第七章　冯德庆
第八章　冯德庆
第九章　邱水玲　冯德庆　黄秀声　黄小云
　　　　陈钟佃　阳伏林　杨雅妮
第十章　邱水玲　冯德庆　黄秀声　黄小云
　　　　陈钟佃　阳伏林　罗　涛　周柳婷

前　　言

又一个春天到了，草木缤纷，生机盎然。我们知道自古以来人病有人医，畜病有兽医。自然界中的小草生病了怎么办呢？草本为药，柔甲自医；物竞天择，适者生存。由于自然界生存环境的复杂性和自身的环境抗逆性，饲草可以产生多种具有生物活性的次生代谢物。这些生物活性物质一般是植物中含量较低的低分子量化合物，属于不同的化学类别，例如黄酮类、异黄酮类、单宁类或其他酚类、萜烯类、皂苷类、氰苷类、生物碱、功能性脂肪酸、维生素等。饲草中的生物活性物质参与各种新陈代谢过程，或为适应环境变化（光合作用、干旱、极端气温、紫外线辐射等），或为防御病原体及动物侵袭，具有抗氧化、抗菌、消炎、杀虫等特性。这些源自天然的生物活性物质不仅能影响动物营养，在畜牧业中发挥着重要的作用，还可能对人类健康产生重要的影响。

α-亚麻酸（ALA）是饲草的主要脂肪酸，是光合作用产生的代谢物之一，是人类和畜禽的必需脂肪酸，还是合成 DHA、EPA 等 n-3 PUFA（多不饱和脂肪酸）的前体物质。DHA 是脊椎动物神经组织（大脑皮层、视网膜等）细胞膜磷脂的主要成分。尽管饲草的脂肪酸含量水平相对较低，但由于其生物量庞大，并且草食动物食草量大，使得饲草成为草食动物获取 ALA 这一必需脂肪酸时最经济的选择。单胃动物能够有效地吸收和沉积日粮中的 ALA 到组织中。反刍动物由于瘤胃微生物的氢化作用，对 ALA 直接吸收和沉积的效率低，但是饲草作为反刍动物必需脂肪酸的主要来源，仍然可以通过代谢转化满足反刍动物对 DHA 和 EPA 的生理需求，而且还增加了肉奶中共轭亚油酸、黄酮类、维生素等各种具抗氧化、抗炎、免疫调节作用的生物活性物质。硒是人类和畜禽必需的微量元素。据调查，我国处于地球低硒带，饲草硒含量平均水平低，不能满足畜禽硒营养的需求。硒经过饲草的代谢转化，可形成包括硒蛋白在内的有机硒等生物活性物质，对动物具有抗氧化、调节免疫、提高繁殖性能、促进生长和拮抗重金属等重要的作用。因此研究饲草中 α-亚麻酸、硒的生物强化及利用，对于畜禽的健康养殖和饲草的高值化开发利用具有重要意义。

作者研究团队致力于α-亚麻酸、有机硒、花青素等饲草生物活性物质的研究。"提高草鱼肉中n-3多不饱和脂肪酸的方法（ZL200710144100.1）"是第一个关于草鱼n-3多不饱和脂肪酸的专利。"富含α-亚麻酸牧草品种筛选及草食动物利用技术"获得2012-2013中国草业科技奖和福建省2016年度科技进步奖。本书是作者研究团队根据十几年来的研究成果撰写而成的，分为α-亚麻酸篇和硒篇两个部分，共十章。第一章介绍了脂肪酸的定义、命名、分类和功能等基础知识，阐述了人类、畜禽补充n-3 PUFA的重要性。第二章介绍了作为畜禽的必需脂肪酸，亚油酸、α-亚麻酸的来源、需要量、吸收和代谢。脂肪酸对畜禽品质的影响。第三章介绍了饲草脂质和脂肪酸组成，与谷物的差异，饲草α-亚麻酸生物强化的策略。第四章阐述了n-3 PUFA的原料来源及其在生猪、马等单胃动物、家禽和反刍动物养殖中的应用。第五章介绍了对杂交狼尾草等多种饲草脂肪酸的研究。第六章介绍了杂交狼尾草等饲草对动物脂质调控研究。详细论述了饲喂杂交狼尾草、黑麦草对草鱼、肉兔、奶牛、生猪、鹅等畜禽生产性能和品质的影响。第七章介绍了硒的来源与功能。第八章阐述了硒与畜禽健康养殖。第九章综述了国内外饲草硒农艺生物强化及其在畜禽中应用研究进展。第十章介绍了杂交狼尾草硒农艺生物强化及其在蛋鸡中应用研究。

健康的畜禽，才能给人类带来健康的生活。随着2006年欧盟全面"饲料禁抗"，2017年美国发布新的《兽药饲料指令》限制使用药物饲料，2019年我国正式出台"饲料禁抗"政策法规，这一系列的变革为饲草生物活性物质的研究开发，为优质饲草产业的发展带来了巨大的市场机遇。本书紧跟国内外研究热点，资料翔实、内容丰富，以期抛砖引玉，为草业科学相关研究与实践提供参考与借鉴。同时，本书涵盖健康饮食相关知识，也可作为关注健康人群的科普读物。

本书的相关研究和出版得到了福建省属公益类科研院所专项"南方主栽牧草富硒关键技术及应用研究"（2021R1021006）、"利用牧草提高畜、禽、鱼n-3多不饱和脂肪酸关键技术研究"（2009R10036-7）、"区域性大宗种植业副产物饲料化高效利用技术研究与示范"（2020R1021002）、"狼尾草消纳沼液的生态环境效应研究"（2022R1021002）、福建省自然科学基金"杂交狼尾草亚麻酸对草鱼脂质代谢的影响"（2011J01102）、国家科技计划课题"优质牧草资源开发与多元化草产品加工利用关键技术研究与集成示范"（2011BAD17B02）、"东南地区农牧废弃物多级循环利用技术集成与示范"（2012BAD14B15）、"福建省人民政府-中国农业科学院'5511'协同创新工程"、"耕地保育与绿色种养一体化技术研发与应用"（XTCXGC2021010）、福建省农业科学院科技创新团队"资源高效利用与产地环境安全创新团队"（STIT2017-2-10）、"农业资源循环利用与绿色生产技术科技创新团队"（CXTD2021009-1）等项目，以及福建省丘陵地区循环农业工程技术研究中心、福建省连城农民创业园管理委员会、诏安县富硒资源产业开发利用领导小组办公室等资助。本书在撰写和出版过程中还得到许多领导、同事、专家的帮助与支持，在此致以衷心的感谢。

　　由于作者水平有限，难免出现疏漏或不妥，书中不当之处敬请同行专家与广大读者批评指正。

作　者

福建省农业科学院

2024 年 4 月 20 日

目　　录

第一部分　α-亚麻酸篇

第一部分

α-亚麻酸篇

第一章　脂肪酸

随着社会的发展，人们认识到不良的膳食模式、膳食习惯和生活方式是造成人类多种代谢综合征（如肥胖、糖尿病、脑血管疾病等），甚至和癌症发生和发展相关的重要因素之一。其中脂肪酸的类型、数量、功能，与此关系密切（林晓明，2017）。同样，饲粮中的脂肪酸也是直接影响畜禽健康、品质的重要因素之一（McDonald，2007）。因此，认识、研究脂肪酸对畜禽健康养殖、人类长期健康都有重要的现实意义。

第一节　脂肪酸的定义及命名

脂质（lipid）是细胞膜和脂滴的主要组成成分，在广泛的生物学过程，如信号传导、运输作用以及生物大分子分选过程中扮演着重要角色（Holthuis，2014）。国际脂质分类和命名委员会（international lipid classification and nomenclature committee，ILCNC）开发了一个"脂质综合分类系统"，将脂质分成了八大类别，即脂肪酸类（fatty acyls，FA）、甘油酯类（glycerolipids，GL）、甘油磷脂类（glycerophospholipids，GP）、鞘脂类（sphingolipids，SP）、甾醇脂类（sterol lipids，ST）、异戊烯醇酯类（prenol lipids，PR）、糖脂类（saccharolipid，SL）和聚酮类（polyketides，PK）（Fahy，2009）。

一、脂肪酸的定义

脂肪酸（fatty acid，FA）是天然油脂水解生成的脂肪族羧酸化合物的总称。脂肪酸在细胞中的存在形态主要是结合态，少数以游离态的方式存在。脂肪酸是机体细胞的基本组成，其生物合成和调控是细胞的基本代谢活动之一，与动物健康息息相关。气液相色谱、质谱等技术促进了脂肪酸信息的增长。目前研究发现的脂肪酸种类已有数百种以上（Maltsev，2021），例如一个乳脂样本中检测到 430 种脂肪酸（Schröder，2013），在种子的三酰甘油（TAG）中检测到 300 多种脂肪酸（Fatiha，2019）。

二、脂肪酸的命名

脂肪酸分子由一条碳氢链组成，链的一端有一个羧基（COOH），另一端有一个甲基（-CH$_3$）。不同脂肪酸不仅因碳链长度不同而差异，而且还在饱和程度、空间构象及双键位置等方面不同。其结构常用 Cx：yw 表示，x 代表碳链中碳原子的数目，y 表示碳链中不饱和双键数，w 表示距碳链末端的甲基的双键位置，如 α-亚麻酸以 C18：3n-3，6，9 表示。常见的脂肪酸示例速记符号见表1-1。

表1-1　脂肪酸示例速记符号

常用名	通用名	系统命名	别名
乙酸	Acetic acid	Ethanoic acid	Vinegar acid；10. Methanecarboxylic acid；Acetate；C2:0
丙酸	Propionic acid	Propanoic acid	Pseudoacetic acid；Propionate；Methylacetic acid；Ethanecarboxylic acid；Ethylformic acid；C3:0
丁酸	Butyric acid	Butanoic acid	Butanoate；Ethylacetic acid；C4:0
戊酸	Valeric Acid	Pentanoic acid	Valerianic acid；C5:0
异戊酸	Isovaleric acid	3-methyl-butanoic acid	Isovalerianic acid；Delphinic acid；Isopentanoic acid；Isopropylacetic acid
己酸	Caproic acid	Hexanoic acid	Capronic acid；Butylacetic acid；Pentylformic acid；C6:0
辛酸	Caprylic acid	Octanoic acid	Octylic acid；C8:0
癸酸	Capric acid	Decanoic acid	Caprinic acid；Decoic acid；Decylic acid；C10:0
月桂酸	Lauric acid	Dodecanoic acid	n-Dodecanoic acid；Dodecanoate；Dodecylic acid；Laurostearic acid；C12:0
肉豆蔻酸	Myristic acid	Tetradecanoic acid	C14:0
棕榈酸	Palmitic acid	Hexadecanoic acid	Cetylic acid；Palmitate；n-Hexadecanoic acid；Aethalic acid；C16:0
棕榈油酸	Cis-9-palmitoleic acid	9Z-hexadecenoic acid	Cis-9-hexadecenoic acid；9Z-palmitoleic acid；Physetoleic acid；Zoomaric acid；Palmitoleic acid；Cis-Palmitoleic acid；Oleopalmitic acid；Zoomeric acid；C16:1n-7
硬脂酸	Stearic acid	Octadecanoic acid	Cetylacetic acid；Stearate；n-Octadecanoic acid；Octadecanoate；Lactaric acid；Talgic acid；Bassinic acid；Stearophanic acid；C18:0

常用名	通用名	系统命名	别名
油酸	Oleic acid	9Z-octadecenoic acid	OA；9-octadecylenic acid；Cis-9-octade-cenoic acid；Cis-Oleic acid；Cis-Oleate；Oleate；Elaic acid；Elaidoic acid；Rapinic acid；9（Z）-OME；C18:1n-9
Trans-9-C18:1	9-Elaidic acid	9E-octadecenoic acid	Trans-9-octadecenoic acid；Elaidinic acid；Trans-Elaidic acid；Trans-Oleic acid；C18:1n-9
	Trans-12-elaidic acid	12E-octadecenoic acid	Trans-12-octadecenoic acid；C18:1n-6
	Trans-8-elaidic acid	8E-octadecenoic acid	Trans-8-octadecenoic acid；C18:1n-10
Trans-11-C18:1	Trans-Vaccenic acid	11E-octadecenoic acid	Trans-11-octadecenoic acid；C18:1n-7；本书中用 t11 C18:1 标记
亚油酸	Linoleic acid	9Z，12Z-octadecadienoic acid	LA；cis-9，cis-12-octadecadienoic acid；cis，cis-Linoleic acid；cis，cis-9，12-octadecadienoic acid；Linoleate；9Z，12Z-Linoleic acid；Telfairic acid；Linolic acid；Leinolic acid；C18:2n-6，9
	Rumenic acid	9Z，11E-octadecadienoic acid	RA；cis-9，trans-11-octadecadienoic acid；bovinic acid；9（Z）-11（E）-ODE；C18:2n-7，9；cis-9，trans-11-C18:2；本书中用 c9t11 C18:2 标记
Trans-10，cis-12-C18:2	10E，12Z-octadecadienoic acid	10E，12Z-octadecadienoic acid	trans-10，cis-12-octadecadienoic acid；10（E），12（Z）-ODE；C18:2n-6，8
α-亚麻酸	α-Linolenate	9Z，12Z，15Z-octadecatrienoic acid	ALA；cis-9，cis-12，cis-15-octadecatrienoic acid；LNA；C18:3n-3，6，9
γ-亚麻酸	γ-Linolenate	6Z，9Z，12Z-octadecatrienoic acid	GLA；gamma-Linolenic acid；cis-6，cis-9，cis-12-octadecatrienoic acid；Gammolenic acid；Gamolenic acid；C18:3n-6，9，12
硬脂四烯酸	Stearidonic acid	6Z，9Z，12Z，15Z-octadecatetraenoic acid	Moroctic acid；Morotic acid；C18:4n-3，6，9，12
二十烷酸	Arachidic acid	Eicosanoic acid	Icosanoic acid；Eicosanoate；Arachidate；n-Eicosanoic acid；Arachic acid；C20:0
	dihomo-γ-Linolenic acid	8Z，11Z，14Z-eicosatrienoic acid	dihomo-gamma-linolenic acid；8，11，14-eicosatrienoic acid；gamma-Homolinolenic acid；C20:3n-6，9，12
	dihomo-α-Linolenic acid	11Z，14Z，17Z-eicosatrienoic acid	ETrE（11Z，14Z，17Z）；Dihomolinolenic acid；Bishomo-alpha-linolenic acid；C20:3n-3，6，9
	ETrE（5Z，8Z，11Z）	5Z，8Z，11Z-eicosatrienoic acid	Mead acid；C20:3n-9，12，15

（续表）

常用名	通用名	系统命名	别名
花生四烯酸	Arachidonic acid	5Z, 8Z, 11Z, 14Z-eicosatetraenoic acid	AA；5Z, 8Z, 11Z, 14Z - icosatetraenoic acid；Arachidonate；cis-5, 8, 11, 14 - Eicosatetraenoic acid；（all-Z）-5, 8, 11, 14-Eicosatetraenoic acid；all-cis-5, 8, 11, 14-Eicosatetraenoic acid
EPA	Eicosapentaenoic acid	5Z, 8Z, 11Z, 14Z, 17Z - eicosapentaenoic acid	（5Z, 8Z, 11Z, 14Z, 17Z）- Icosapentaenoic acid；Timnodonic acid；C20：5n-3, 6, 9, 12, 15
	Behenic acid	Docosanoic acid	C22：0
芥酸	Cis-erucic acid	13Z-docosenoic acid	Cis-13-docosenoic acid；C22：1n-9
DPA	DPA	7Z, 10Z, 13Z, 16Z, 19Z - docosapentaenoic acid	Clupanodonic acid；Osbond's acid；C22：5n-3, 6, 9, 12, 15
DHA	Docosahexaenoic acid	4Z, 7Z, 10Z, 13Z, 16Z, 19Z-docosahexaenoic acid	Cervonic acid；Docosahexaenoic acid；C22：6n-3, 6, 9, 12, 15, 18
	Lignoceric acid	Tetracosanoic acid	Carnaubic acid；C24：0
	Nervonic acid	15Z-tetracosenoic acid	Cis-15-tetracosenoic acid；Cis-selacholeic acid；Selacholeic acid；Nevonic acid；C24：1n-9

注：本表主要参考国际脂质分类和命名委员会（ILCNC）的 LIPID MAPS 综合分类系统（https：//www. lipidmaps.org）（ILCNC, 2024）。

三、脂肪酸含量及内容

脂肪酸含量的表示方法主要有绝对含量、相对含量。脂肪酸绝对含量一般指样品中某种或某类脂肪酸的实际质量，经常以具体的质量单位（如 mg/g）来表示。脂肪酸相对含量是指样品中某种或某类脂肪酸在总脂肪酸中所占的百分比（%TFA）。它是通过将特定脂肪酸的质量与样品中总脂肪酸的质量进行比较来计算的。脂肪酸相对含量是一个重要的营养学和生物化学参数，是常用的表示方法，因为它消除了样品中脂肪总量的差异，使得不同样品之间的比较更加准确和可靠。需要注意的是，脂肪酸相对含量只是表示脂肪酸在总脂肪酸中的比例，而不是具体的质量。因此，在评估食物的营养价值时，还需要结合其他参数如总脂肪含量、能量密度等进行综合考虑。

第二节　脂肪酸的分类

根据结构、机体营养需要角度等不同，脂肪酸有多种分类形式。按碳链上碳原子的数目不同，分为短链脂肪酸、中链脂肪酸和长链脂肪酸。按碳链上是否含有不饱和双键，分为饱和脂肪酸和不饱和脂肪酸。不饱和脂肪酸又按其所含双键数目不同，分为单不饱和脂肪酸和多不饱和脂肪酸。多不饱和脂肪酸有 n-3、n-6 和 n-9 等系列。多不饱和脂肪酸根据双键的结构可分为顺式或反式以及共轭脂肪酸等。此外，根据能够满足机体需要的程度，脂肪酸又可以分为必需脂肪酸和非必需脂肪酸。

一、根据碳链长度的不同分类

脂肪酸根据碳链长度的不同，可将其分为短链脂肪酸（short chain fatty acids，SCFA），其碳链上的碳原子数小于 6，也称作挥发性脂肪酸（volatile fatty acids，VFA）；中链脂肪酸（medium chain fatty acids，MCFA），指碳链上碳原子数为 6~12 的脂肪酸，主要有辛酸（C8）和癸酸（C10）；长链脂肪酸（long chain fatty acids，LCFA），其碳链上碳原子数大于 12。

二、根据碳链上是否含有不饱和双键分类

脂肪酸根据碳链上双键的个数可分为：饱和脂肪酸（saturated fatty acids，SFA），碳链上没有双键；单不饱和脂肪酸（monounsaturated fatty acids，MUFA），其碳链有一个双键；多不饱和脂肪酸（polyunsaturated fatty acids，PUFA），其碳链有两个或两个以上双键。

碳链末端的甲基碳原子称为 ω 碳原子（注：ω 音 omega，大写 Ω，为希腊字母中的第 24 个，也是最后一个，这里表示末。），以 ω 碳原子作为第 1 位碳原子，依次计算其碳原子顺序并标记双键位置。根据甲基端第一个双键的位置，可将 PUFA 分为 ω-3、ω-6、ω-7 和 ω-9 系列。ω-3 表示第一个双键位于 ω 第 3 碳原子和 ω 第 4 碳原子之间。一般习惯以 n 来代替 ω，即 n-3、n-6、n-7 和 n-9 系列。n-3 PUFA、n-6 PUFA 其双键都是顺式构型，它们在动物体内具有重要的生物学功能。n-3 PUFA 系列有：α-亚麻酸（ALA，C18:3n-3）、二十碳五烯酸（EPA，C20:5n-3）、二十二碳五烯酸（DPA，C22:5n-3）和二十二碳六烯酸（DHA，C22:6n-3）。n-6 PUFA 系列有：亚油酸（LA，C18:2n-6）、花生四烯酸（arachidonic acid，ARA，C20:4n-6）和 γ-亚麻酸（GLA，C18:3n-6）。n-9PUFA 系列有：油酸（OA，C18:1n-9）、二十碳烯酸（DELTA，C20:1n-9）和二十碳三烯酸（DGLA，C20:3n-9）（吴永保，2018）。

根据双键的结构，PUFA 又分为顺式脂肪酸（cis fatty acid）或反式脂肪

酸（trans fatty acid）等。顺式脂肪酸氢原子在双键的同侧，反式脂肪酸氢原子在双键的异侧。多数天然脂肪酸为顺式脂肪酸。

三、根据能够满足机体需要的程度分类

（一）必需脂肪酸

必需脂肪酸（essential fatty acid，EFA）是指维持动物正常生理活动所必需的，但自身无法合成或者合成量较小，满足不了动物需要，必须由食物来供给的脂肪酸。

哺乳动物由于缺乏 $\Delta12$-去饱和酶和 $\Delta15$-去饱和酶，不能合成亚油酸（LA，C18:2n-6）和 α-亚麻酸（ALA，C18:3n-3），必须从食物中摄取。因此，亚油酸和 α-亚麻酸是哺乳动物的必需脂肪酸。花生四烯酸（AA）在体内可由亚油酸和 γ-亚麻油酸转化生成，但合成过程很缓慢，外部供应优势明显，又称其为半必需脂肪酸。

（二）非必需脂肪酸

大多数脂肪酸动物能够自身合成，可以不依赖从食物中直接摄取，这类脂肪酸称为非必需脂肪酸。非必需脂肪酸主要是饱和脂肪酸。

虽然饱和脂肪酸为非必需脂肪酸，摄入过量会增加体内血脂的含量，但由于它对人体特别是对人的大脑的发育起着不可替代的作用，所以如果长期摄入不足，势必会影响大脑的发育。因此应当根据实际情况来决定各种动物脂和植物油的摄入量。

第三节　主要脂肪酸类型、来源、生理功能

一、短链脂肪酸

（一）定义

短链脂肪酸（short chain fatty acids，SCFA）指碳原子数小于 6 的有机脂肪酸，主要包括甲酸、乙酸、丙酸、丁酸、异丁酸、戊酸和异戊酸（图1-1）。哺乳动物中最重要的 SCFA 是直链脂肪酸，以乙酸、丙酸和丁酸含量最高，三者占 SCFA 的 85% 以上（Canani，2011）。

（二）来源

SCFA 在单胃动物体内主要由膳食纤维、抗性淀粉、低聚糖等不易消化

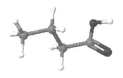

图 1-1 短链脂肪酸乙酸（C2:0）、丙酸（C3:0）和丁酸（C4:0）的结构模型

注：本章脂肪酸结构模型图片来自国际脂质分类和命名委员会（ILCNC）的 LIPID MAPS 综合分类系统（https：//www.lipidmaps.org）（ILCNC，2024）。

的糖类在结肠受乳酸菌、双歧杆菌等有益菌群酵解而产生。95%～99% 的 SCFA 由抗性淀粉和膳食纤维通过结肠细菌发酵产生（陈福，2019）。

（三）功能

短链脂肪酸对肠道的消化吸收功能起着重要的作用。

1. 为机体提供能量

SCFA 可以为结肠细胞、黏膜上皮细胞及肌肉等提供能量，其中丙酸作为糖异生前体物质产生的葡萄糖能满足动物 30%～50% 的能量需求，丁酸可转化为 β-羟丁酸而为机体供能，乙酸、丙酸和丁酸被肠黏膜上皮细胞吸收后均能作为其重要的能量来源（Byrne，2015；Kim，2016）。

2. 调节机体免疫功能

GPCRs 是跨膜蛋白的最大和最多样化的家族。作为配体，SCFA 激活的 GPCRs 主要是 GPCR43、GPCR41 和 GPCR109A。其中丙酸是 GPCR43 和 GPCR41 最有效的激动剂，而乙酸对 GPCR43 的选择性更强，丁酸更倾向于结合 GPCR41。GPCR43 在多种细胞中都有表达，其中在免疫细胞中表达最高。在免疫系统中，GPCR43 在嗜酸性粒细胞、嗜碱性粒细胞、中性粒细胞、单核细胞、树突状细胞、黏膜肥大细胞和 T 细胞上表达，表明 SCFA 在免疫应答中具有广泛作用（Tan，2014；Richards，2016；Maslowski，2009）。

3. 维持肠道电解质平衡并促进矿物质的吸收利用

结肠对钠的主动吸收是健康机体贮存水分所必需的，并且在由于体液过度流失而造成的病理状态方面变得非常重要。SCFA 可增进钠吸收，促进结肠上皮细胞增殖与黏膜生长，提供代谢能源，增加肠道血流量，刺激胃肠激素生成，是结肠黏膜重要的营养素。SCFA 阴离子可与钙、磷、镁和锌络合，改善这些矿物质的消化，减少补充矿物质和氮的排泄。然而，过量的 SCFA 会产生不利影响。尤其是在过酸的环境下，游离的 SCFA 能迅速穿透外屏障并酸化活组织，从而导致细胞酸化，抑制 Na⁺ 泵和渗透调节，导致细胞肿胀坏死（Kunzelmann，2002；Rabbani，1999；Huang，2014）。

4. 改善肠道菌群结构

SCFA 能降低胃肠道 pH 值，抑制或杀死大肠杆菌等有害菌群，促进有益菌的生长，从而改善动物肠道微生物结构（李虹瑾，2017）。

二、中链脂肪酸

（一）定义

中链脂肪酸（medium chain fatty acids，MCFA）指碳原子数为 6～12 的有机脂肪酸，主要包括己酸（C6:0）、辛酸（C8:0）、癸酸（C10:0）和月桂酸（C12:0）（图 1-2）。

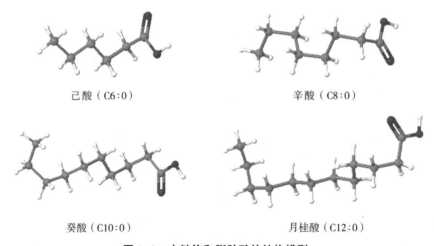

己酸（C6:0）   辛酸（C8:0）

癸酸（C10:0）   月桂酸（C12:0）

图 1-2　中链饱和脂肪酸的结构模型

（二）来源

椰子油中的 MCFA 含量可达 66%，是 MCFA 的主要来源，棕榈油中含量约为 7%。在兔、大鼠、山羊、牛和猪等动物的乳汁中也含有 MCFA，但是含量有较大的差异。在兔和大鼠的乳汁中，MCFA 含量可达 50%。在牛乳脂肪中，MCFA 含量占 3%～5%（潘雪男，2020）。

MCFA 可被甘油酯化成相应的中链甘油三酯（medium - chain triglycerides，MCT），MCT 的抗氧化性优于普通油脂。在室温下，MCFA 为无色液体，分子质量小，熔点低，水溶性较好，在中性环境下几乎可全部溶解。MCT 与各种溶剂、油脂、维生素、一些抗氧化剂具有较好的互溶性，可作为抗生素、激素、维生素等的溶剂（罗登林，2002）。

（三）功能

1. 提供能量

MCFA 具有碳链短、分子质量小和水溶性较好的特点，且脂肪酶优先水解碳链短的脂肪酸的酰基甘油酯（Odle，1994），因此 MCFA 容易被消化和吸收。MCFA 的水解对胆盐和胰酶的依赖性很低。同时，MCFA 不需要在胆盐的作用下参与组成乳糜微粒，大部分以自由扩散的形式被动吸收（Carvajal，2000）；在细胞内不再合成甘油三酯，经过门静脉直接转运到肝脏。摄入中链脂肪酸进行能量补充时，不提高血脂和血液胆固醇的水平。研究表明，MCFA 的水解能力是 LCFA 的 6 倍（何健，2004）。碳水化合物和 MCFA 都可为动物机体内供能，但 MCFA 比碳水化合物更高效，这是由于 MCFA 以自由扩散的形式被吸收，而糖的吸收为主动方式，需要消耗能量，且碳水化合物在消化过程中的热增耗高于 MCFA 的（潘雪男，2020）。

2. 抑菌作用

MCFA 的抑菌作用与其破坏细菌细胞膜结构和释放 H^+ 降低细菌胞内 pH 值有关，还可能与其直接影响细菌基因的表达有关（Yoon，2018）。研究表明，己酸（C6:0）和辛酸（C8:0）可有效地减少沙门氏菌对人的侵袭（Van，2004）。辛酸和癸酸可抵制大肠杆菌的生长。月桂酸（C12:0）及其单甘油酯对金色葡萄球菌具有较强的抑制作用（冯鑫，2020；De，2019）。

3. 免疫调节

研究表明，MCFA 可抑制回肠中的促炎细胞因子或趋化因子（如 TNF-α、IL18）的表达，并通过调节免疫应答增强 IgA 的分泌来保护肠道。日粮中添加 MCT 可降低小鼠的炎症反应，提高免疫力。MCT 可减轻肝的氧化损伤，改善对谷胱甘肽（GSH）的代谢效率（Carlson，2015；刘聪聪，2018）。

4. 改善肠道微生态及结构

MCFA/MCT 可改善动物肠道微生态平衡，抑制有害细菌生长。日粮中添加 MCT 可有效降低结肠和直肠中大肠杆菌数量，这可能与 MCFA/MCT 对肠道的 pH 影响有关。pH 是决定肠道微生态条件的重要因素，在肠道中，部分 MCFA 会电离和释放 H^+，并降低肠道的 pH，影响肠道菌群和细菌代谢，增加肠道中耐酸性细菌的生长（Yen，2015；Hanczakowska，2011）。

5. 提高胆固醇水平

月桂酸（C12:0）具有提高血清低密度脂蛋白（LDL）胆固醇和总胆固醇水平的作用。

三、长链饱和脂肪酸

（一）定义

长链饱和脂肪酸（long chain saturated fatty acids，LCFA）包括肉豆蔻酸（C14:0）、棕榈酸（C16:0）和硬脂酸（C18:0）（图1-3）。

肉豆蔻酸（C14:0）

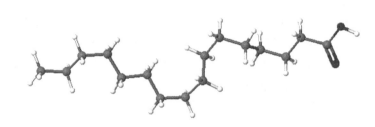

棕榈酸（C16:0）

硬脂酸（C18:0）

图1-3 长链饱和脂肪酸的结构模型

（二）来源

LCFA主要来源于椰子油、棕榈仁油、可可脂等。80%～90%的饱和脂肪酸来源于食物摄取。除植物性食用油外，LCFA 的动物性来源包括动物的脂肪，如猪油和牛油等，以及人工产品，如巧克力和人造黄油（Tvrzicka，2011）。

（三）功能

LCFA 具有显著的致动脉粥样硬化和血栓形成潜力（Tvrzicka，2011；Van，2020；Fattore，2013）。LCFA 的摄入会增加血浆中胆固醇的水平，即 LDL 胆固醇的水平，这与冠心病（CHD）死亡率的增加有关。不同的中长链 SFA 增加 LDL 胆固醇的作用不同，其顺序为 C12:0>C14:0>C16:0。不同的中长链 SFA 降低高密度脂蛋白（HDL）胆固醇的作用也不同，顺序为 C14:0>C12:0>C16:0（Tholstrup，2003；1994）。脂肪酸导致动脉粥样硬化和形成血栓的能力可以表达为动脉粥样硬化指数（AI）和形成血栓的指数（TI）（Ulbricht，1991）：

$$AI = (4 \times C14:0 + C16:0 \times (n-6\ PUFA + n-3\ PUFA + MFA)^{-1};$$

$$TI = (C14:0 + C16:0 + C18:0) \times (0.5 \times MFA + 0.5 \times n-6\ PUFA + 3 \times n-3\ PUFA + n-3\ PUFA / n-6\ PUFA)^{-1}$$

世界卫生组织（WHO）最近在成人中进行的随机对照试验（RCT）和前瞻性观察研究的系统回顾证据表明，降低 SFA 摄入量可降低低密度脂蛋白（LDL）胆固醇（高确定性证据）和心血管疾病风险（中等确定性证据），并可能与降低全因死亡（即任何原因导致的死亡）和冠心病风险有关。摄入 10%或更少的每日热量（即总能量摄入）作为 SFA，可降低低密度脂蛋白胆固醇（高确定性证据），与降低全因死亡风险有关（低确定性证据），并可能与降低冠心病风险有关（极低确定性证据）。用不饱和脂肪酸和碳水化合物替代 SFA 可降低低密度脂蛋白胆固醇（高确定性证据），并与降低全因死亡风险有关（低至中等确定性证据）。用混合蛋白或动物蛋白（但不是植物蛋白）替代 SFA 会增加冠心病风险（极低至低确定性证据）（世界卫生组织，2023）。

世界卫生组织 2023 年根据最新的科学证据，发布的《成人和儿童的饱和脂肪酸和反式脂肪酸摄入量：世界卫生组织指南概要》中建议：

①成人和儿童将饱和脂肪酸摄入量降至总能量摄入量的 10%（强烈建议）。

②进一步将饱和脂肪酸摄入量降至总能量摄入量的 10%以下（有条件建议）。

③用多不饱和脂肪酸（强烈建议）、植物来源的单不饱和脂肪酸（有条

件建议）或全谷物、蔬菜、水果和豆类等含有天然膳食纤维的食物中的碳水化合物来替代膳食中的饱和脂肪酸（有条件建议）。

四、单不饱和脂肪酸

（一）定义

单不饱和脂肪酸（monounsaturated fatty acid，MUFA）是碳链中含有 1 个不饱和双键的脂肪酸。油酸（C18:1n-9，oleic acid）、棕榈油酸（C16:1n-7，cis-9-palmitoleic acid），是膳食脂肪中主要的单不饱和脂肪酸。芥酸（C22:1n-9，erucic acid）是含有 22 个碳原子的单不饱和脂肪酸。与反式脂肪酸（TFA）相对应的是顺式脂肪酸（cis fatty acid，CFA），与双键两个碳原子相连的两个氢原子分别在碳链的同侧，其空间构象呈弯曲状。顺式脂肪酸是自然界中绝大多数不饱和脂肪酸的存在形式（图1-4）。

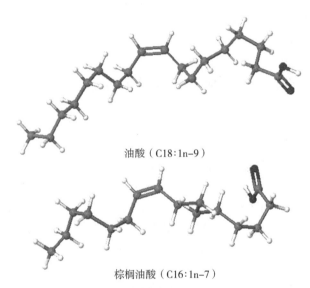

油酸（C18:1n-9）

棕榈油酸（C16:1n-7）

图 1-4　单不饱和脂肪酸油酸、棕榈油酸的结构模型

注：顺式结构的不饱和脂肪酸氢原子在双键的同侧，每个双键导致碳氢链约60°折叠。

（二）来源

油酸主要来源茶油（78%～86%）、橄榄油（71%）、低芥酸的菜籽油（52%～62%）、榛子油（美洲榛）（77.8%）和甜杏仁油（69%）。棕榈油、米糠油、玉米油和芝麻油的油酸含量较低（40%~50%）（Tvrzicka，2011）。许多产油的植物已经过基因改造，以增加油酸的含量。动植物体内均可以合成油酸。

（三）功能

油酸具有抗动脉粥样硬化和抗血栓的特性，因为它已被证明可以增加高密度脂蛋白/低密度脂蛋白胆固醇的比率，减少血小板的聚集。油酸与脂蛋白颗粒的胆固醇酯、三酰基甘油和磷脂结合，增强了它们对脂质过氧化的抵抗力。油酸替代 SFA（当总脂肪最多为总能量摄入的 30% 时，约占总能量摄入的 7%）降低了三酰甘油（TAG）、低密度脂蛋白胆固醇的浓度，增加了高密度脂蛋白胆固醇的浓度，并调节了胰岛素敏感性（Riccardi，2004）。橄榄油在致癌和炎症反应中的保护作用也经过了实验测试。

油酸可以通过脂肪酸的代谢分配、膜结构组织的改变、氧化应激的衰减和细胞内信号的调节等机制促进正常的卵母细胞和着床前胚胎的发育（Fayezi，2017）。油酸可防止饱和脂肪酸对牛卵母细胞发育能力的有害影响（Aardema，2011）。因此，油酸可能在卵母细胞和早期胚胎发育中发挥重要作用。

地中海膳食（mediterranean diet，MD），以橄榄油为主要食用脂肪，提供了较高比例的单不饱和脂肪酸，对心血管疾病的预防和控制具有潜在作用。橄榄油中还存在较多的多酚类物质，如羟基酪醇和橄榄苦苷等，被认为在心脏保护和改善神经退行性疾病中发挥了重要作用（扶晓菲，2020）。同橄榄油相比，茶油除了在脂肪酸组成、油脂特性和营养成分上非常相似外，还含有橄榄油所没有的茶多酚和山茶苷（即茶皂苷，或称茶皂素）等特殊的生物活性物质，具有食疗功能。

芥酸普遍存在于十字花科和金莲花科植物，其中高芥酸油菜是植物芥酸的最重要来源。芥酸在菜籽油中含量为 0~60%，《菜籽油》（GB/T 1536—2021）中规定，芥酸含量低于 3% 为低芥酸菜籽油。大量摄入高芥酸的菜籽油，可致心肌纤维化引起心肌病变、血管壁增厚和心肌脂肪沉积、抑制动物对营养物质的利用、生长发育不良等。此外，在工业应用上，芥酸及衍生物芥酸酰胺是重要的油脂化工产品，具有疏水性强和润滑性好等特点，被当作油漆和润滑剂等众多工业产品的原料（徐雄，2022）。

五、反式脂肪酸

(一) 定义、结构与性质

反式脂肪酸（trans fatty acids，TFAs）是指其双键上与两个碳原子相连的两个氢原子分别在碳链的两侧，空间构象呈线形的一类不饱和脂肪酸。根据碳链上碳原子数分为 16C、18C 和 20C 反式脂肪酸等。在自然界以及人工制品中常见的主要是 18C 反式脂肪酸，其他碳数反式脂肪酸较罕见。其次，根据 TFAs 所含双键数分为反式单烯酸、反式双烯酸等。反式单烯酸常见 t9 C18：1（trans-Elaidic acid）和 t11 C18：1（trans-Vaccenic acid，C18：1n-7）（图 1-5）。反式双烯酸常见有：c9t11 CLA 和 t10c12 CLA 这两种共轭亚油酸（conjugated linoleic acid，CLA）。根据反式酸的位置异构进一步区分，如 18C 单烯酸可以进一步细分为 t8 C18：1、t9 C18：1、t10 C18：1、t11 C18：1、t12 C18：1 等，这些异构体碳原子数及双键数虽然都相同，但其生理功能却有很大区别。另外，根据来源可将 TFAs 分为天然来源的反刍动物反式脂肪酸（ruminant trans fatty acid，rTFA）和工业反式脂肪酸（industrial trans fatty acid，iTFA）（陈银基，2006）。

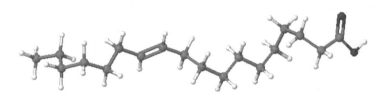

t11 C18：1（trans-Vaccenic acid，C18：1n-7）

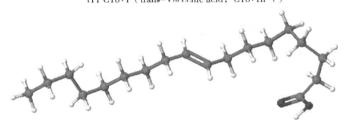

t9 C18：1（trans-Elaidic acid）

图 1-5　反式脂肪酸 t11 C18：1 和 t9 C18：1 的结构模型

注：反式脂肪酸氢原子在双键的异侧。

与 TFAs 相对应的是顺式脂肪酸（cis fatty acids，CFAs），与双键上两个碳原子相连的两个氢原子在碳链的同侧，其空间构象呈弯曲状。顺式脂肪酸是自然界中绝大多数不饱和脂肪酸的存在形式。

（二）来源

1. 油脂氢化加工

氢化加工的植物油是食物中 TFAs 最主要的来源。为了克服天然动植物油脂的热不稳定性、易氧化性以及容易被微生物腐蚀等缺点，人们常常将动植物油脂进行氢化，使得其中的不饱和脂肪酸双键加氢后饱和化，能够提高油脂的熔点和饱和度，增加油脂中固体脂肪的含量，提高油脂的抗氧化性、热稳定性，并能延长油脂的保质期。通过对油脂的氢化加工，可形成多种双键位置和空间构型不同的脂肪酸异构体。利用植物油作氢化加工处理后脂类中约含有 40%~60%TFAs，以 t9-，t10-和 t11 C18:1 三种形式为主（Craig，2006）。由于氢化后的油脂具有熔点高、氧化稳定性好、货架期长、风味独特、口感更佳等优点，且成本上更占据优势，这一工艺在 20 世纪被西方工业国家广泛使用，以人造奶油、起酥油、煎炸油等产品的形式投放市场，从而导致了 TFAs 在各种糕点、饼干、油炸食品中广泛存在。

2. 热致异构化

食用油中顺式不饱和脂肪酸在热加工过程中可经异构化反应形成 TFAs。无需催化剂条件下油脂中不饱和脂肪酸热致异构化机理和氢化机理完全不同。植物油中的不饱和脂肪酸主要以顺式结构甘油三酯形式存在，在高温烹饪过程（180~240 ℃）经持续或反复加热，C=C 的断裂、迁移与生成都会涉及反式结构的形成，以 t-C18:1、t-C18:2 和 t-C18:3 结构为主。此外，TFAs 的形成与不饱和脂肪酸组成、含量、结构、饱和度及碳原子数目多少有关。其中不饱和度越高 TFAs 越容易形成；当碳原子数目、不饱和度相同时，反式异构数量越少、对称性越高的 TFAs 越容易形成（姚梦莹，2020）。

3. 反刍动物的肉及乳制品

rTFA 主要来源于反刍动物（如牛、绵羊、山羊、骆驼）的肉类和奶制品。由饲料中多不饱和脂肪酸（主要是亚油酸和 α-亚麻酸）经反刍动物瘤胃微生物特别是丁酸弧菌属菌群发生酶促生物氢化反应，将不饱和脂肪酸转变为反式不饱和脂肪酸异构体。其中部分中间产物逃过瘤胃微生物的进一步生物氢化而经血液循环进入乳腺和肌肉脂肪组织中。t11 C18:1（trans-Vaccenic acid，VA）是这两个路径的最主要的中间产物，rTFA 的异构体也有一部分经由油酸异构化而来（陈银基，2006）。反刍动物体脂中 rTFA 的含量占总脂肪酸的 4%~11%，牛乳、羊乳中的含量占总脂肪的 3%~5%。虽然来源不同，但工业生产的反式脂肪酸和反刍动物反式脂肪酸中的单个异构体基本相同，只是存在的比例不同。rTFA 对人体有益的或者中性的影响可能与其异构体相关，rTFA 有 t-C16:1、t-C18:1 和 t-C18:2 等多种异构体，主要是 t11 C18:1 以及 t9 C16:1。其中 t11 C18:1 是反刍动物中含量最高的一种反式脂肪酸（Motard，2008），在乳脂和肌肉脂肪组织中大概占总 TFAs 的 60%~70%。在人体内 t11 C18:1 可生物转化为 c9t11 CLA，转化率为 11%~30%（Vahmani，2014）。反刍动物除自身含有 t9 C16:1 外，还有部分是通过 t11 C18:1 氧化生成（Guillocheau，2019；牛仙，2021）。

在许多人群中，工业生产的反式脂肪酸是膳食反式脂肪酸的主要来源，它们存在于部分氢化的食用油和脂肪中，这些油和脂肪通常在家中、餐馆或非正规部门（如街头小贩）中使用，也存在于现成的烘焙和油炸食品（如甜甜圈、饼干、薄脆饼干和馅饼）以及其他预先包装的零食和食品中。虽然目前人们对反刍动物反式脂肪酸的摄入量普遍较低，但在工业生产的反式脂肪酸逐渐从食品供应中淘汰的地区，反刍动物反式脂肪酸可能成为反式脂肪酸的主要膳食来源（世界卫生组织，2023）。

（三）功能

研究表明，植物油氢化加工产生的 TFAs 特别是 t9 C18:1（elaidic acid）、t10 C18:1 会增加人类患冠心病（CHD）的风险（Hodgson，1996）。TFAs 能通过影响胆固醇酯酶活性和白细胞介素、损伤动脉的舒张性以及破坏血管内皮细胞的完整性等，最终影响心血管系统的功能。TFAs 导致动脉粥样硬化的作用大于长链饱和脂肪酸，增加低密度脂蛋白胆固醇和降低高密度脂蛋白胆固醇的作用两倍于饱和脂肪酸（Vučić，2015）。因此，工业生产的反式脂肪酸摄入量高与冠心病及相关死亡风险增加密切相关，含有大量工业生产的反式脂肪酸的食品应尽量避免食用。很少有研究发现反刍动物反式脂肪酸摄入量与心血管疾病之间存在关联；然而，迄今为止，大多数研究人群的反刍动物反式脂肪酸摄入量都非常低（世界卫生组织，2023）。

通过前瞻性观察研究的系统回顾和荟萃分析，利用建模评估了用其他常量营养素替代反式脂肪酸对成人心血管疾病、2 型糖尿病和死亡率风险的影响，发现如下：用多不饱和脂肪酸替代反式脂肪酸可使罹患 2 型糖尿病的风险降低 28%。用植物来源的单不饱和脂肪酸替代反式脂肪酸可使全因死亡风险降低 10%，冠心病风险降低 20%（世界卫生组织，2023）。

世界卫生组织（2023）根据最新的科学证据，发布的《成人和儿童的饱和脂肪酸和反式脂肪酸摄入量：世界卫生组织指南概要》中建议：

①成人和儿童将反式脂肪酸摄入量降至总能量摄入量的1%（强烈建议）。

②进一步将反式脂肪酸摄入量降至总能量摄入量的1%以下（有条件建议）。

③用主要来自植物的多不饱和脂肪酸或单不饱和脂肪酸替代膳食中的反式脂肪酸（有条件建议）。

六、共轭亚油酸

（一）定义

共轭亚油酸（conjugated linoleic acid，CLA）是一类具有共轭双键、由亚油酸（LA）同分异构体组成的混合物，其双键的空间构型分为顺式构型（cis-）和反式构型（trans-），双键的位置位于7，9；8，10；9，11；10，12；11，13。其中c9t11 CLA和t10c12 CLA两种异构体含量丰富，具有重要的生物活性（图1-6）。

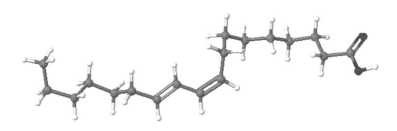

cis-9,trans-11-C18：2

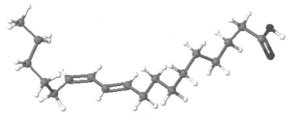

trans-10,cis-12-C18：2

图1-6 共轭亚油酸 c9t11 CLA 和 t10c12 CLA 的结构模型

（二）来源

CLA 的来源有生物合成和人工合成两种来源。

CLA 的生物合成主要有两种方式。第一种是 LA 经反刍动物瘤胃内的溶纤维丁酸弧菌生物加氢形成 CLA。第二种是生物加氢的中间体 trans－11 C18∶1 在肌肉、乳腺 Δ-9-去饱和酶的作用下内源性合成 CLA。天然 CLA 主要来源于反刍动物乳脂和肉中。乳脂中 CLA 含量为 2.5～17.7 mg/g，且 90%以上的是具有生物活性的 c9t11 CLA（Parodi，1977）。母羊乳中 CLA 含量较丰富，约为 11 mg/g，非反刍动物乳中 CLA 含量约为 9 mg/g（Jahreis，1999）。

CLA 的人工合成方法有：采用光催化异构法、化学合成法、微生物合成法等，以不同形式的 LA 为原料，通过异构化反应合成 CLA。获得共轭亚油酸最主要的途径是化学合成法。化学合成法主要是通过对富含亚油酸的植物油如红花油、大豆油或玉米油等在无机碱及加热的条件下进行共轭化反应得到共轭亚油酸。合成产物中包括四种构型（8，10 CLA、9，11 CLA、10，12 CLA 及 11，13 CLA）的顺/反位置异构物，其中主要含有 c9t11 CLA 和 t10c12 CLA 两种构型的共轭亚油酸（吴洪号，2021）。

（三）功能

c9t11 CLA 和 t10c12 CLA 两种异构体含量丰富，具有抗癌和抗动脉粥样硬化的生物活性。其中，c9t11 CLA 对预防和抑制癌症发生和肿瘤生长的效果更显著，t10c12 CLA 则可降低体脂、提高瘦肉率和调节脂肪酸组成（杨媚，2019）。

1. 抗炎

CLA 主要通过：抑制促炎因子的产生，阻止 NF-κB 信号通路的激活，进而影响促炎因子的表达；促进抗炎因子的表达，从而抑制促炎因子的产生；抑制产生炎性介质的酶活性，减少炎性介质的产生，从而达到减缓炎症反应的效果。

2. 免疫调节

CLA 通过调控淋巴细胞的增殖和分化、巨噬细胞和自然杀伤细胞的活性、影响抗原呈递、抗体的合成，起到免疫调节作用（O'Shea，2004）。此外，CLA 还通过调节前列腺素（PG）和细胞因子的表达、合成过程，影响机体的免疫应答。

3. 抗氧化

CLA 可提高抗氧化系统清除自由基的能力，从而抑制脂质过氧化和氧化应激的产生，进而提高机体抗氧化能力。

4. 抗癌

CLA 作为一种功能性脂肪酸，已被证明具有抗癌、抗肿瘤等作用。其主要的作用机制是 CLA 通过抑制 AA 代谢的各种途径调控类二十烷代谢产物如 PGE2 的生物合成，促进癌细胞凋亡，抑制癌细胞增殖（Lee，2005）。

5. 降低心血管疾病的发生

CLA 具有抗动脉粥样硬化的作用，可抑制血小板聚集，抑制血栓形成，进而预防心血管疾病的发生。

6. 降低体脂沉积

CLA 主要是 t10c12 CLA 通过调节多种核转录因子的表达，调控脂质代谢过程中关键酶的活性和表达，影响脂肪酸的摄取和氧化，以及脂质的合成代谢，从而降低体脂沉积（杨媚，2019）。

七、α-亚麻酸

（一）定义

α-亚麻酸（ALA，C18:3n-3，6，9）是一种具有 18 个碳原子和 3 个顺式双键的羧酸（图 1-7），ALA 是长链 n-3 PUFA（EPA 和 DHA）的前体，是动物的必需脂肪酸，可通过经常摄入 ALA 含量高的食物来获得。ALA 具有保护心血管、保护神经、抗炎、抗氧化和抗癌作用。

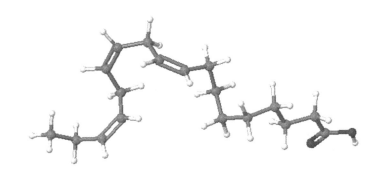

图 1-7　ALA（C18:3n-3，6，9）的结构模型

注：顺式结构的多不饱和脂肪酸氢原子在双键的同侧，每个双键导致碳氢链约 60° 折叠。

（二）膳食来源

ALA 主要来自植物，存在于种子油、核桃、豆类和绿叶蔬菜的叶绿体中。亚麻籽油（53.36%~65.84%TFA），紫苏油（51.10%~60.75%TFA），荠菜油（38%TFA）和核桃油（10.2%~16.8%TFA）含有大量的 ALA，但它们不常作为膳食的一部分。ALA 的常见膳食来源是菜籽油（7.6% TFA）和大豆油（8.2% TFA）等植物油。玉米油（1.1% TFA）、花生油（1.5%TFA）和葵花籽油（0.8%TFA）也含有 ALA，但含量相对较低。

ALA 也可以通过人工合成（Sandri，1995）或微生物作用产生，再由 2%十八醇、1%酵母提取物和 25 mmol/L Mg^{2+} 组成的培养基中，于 23 ℃ 培养 5 d，Mortierella isabellina 菌丝脂质中亚麻酸的产量达到 0.31 mg/mL（Xian，2002）。为了在大豆油和玉米油的三酰甘油（TAG）分子上富集 ALA，可使用根瘤酵母的裂解酶诱导脂肪酶催化的酯交换反应（Mitra，2010）。

（三）代谢转化

哺乳动物没有 Δ12-desaturases 去饱和酶和 Δ15-desaturases 去饱和酶，无法将油酸（C18:1n-9）转化为 LA，将 LA 转化为 ALA（Ruiz，2015）。因此，LA 和 ALA 被认为是动物必需的 PUFA，只能从食物中获得。ALA 是两种重要的长链 n-3 PUFA 二十碳五烯酸（EPA，C20:5n-3）和二十二碳六烯酸（DHA，C22:6n-3）的前体，这两种脂肪酸在大脑发育、心血管健康、抗炎等方面都有重要作用。动物需要的 EPA 和 DHA 一部分可通过摄入某些品种的鱼类获得，另一部分可通过 ALA 在体内转化获得。因此，植物的 ALA 是 EPA 和 DHA 的重要膳食来源。ALA 在体内生化转化为 EPA，EPA 生化转化为 DHA，虽然在人体中的转化效率相对有限（从 ALA 到 EPA 的转化率小于 8%，从 ALA 到 DHA 的转化率小于 4%），膳食中摄入的 ALA 有助于维持足够的长链 n-3 PUFA 的生物利用率（Burdge，2004；2006）。

ALA 代谢转化过程中存在性别差异，女性的 DHA 浓度高于男性。与年龄相仿的男性相比，女性将 ALA 转化为 EPA，然后再转化为 DHA 的转化率更高。Pawlosky（2003）报告说，女性从 EPA 转化为 DHA 的速率常数系数比男性高出约 4 倍。女性将 ALA 转化为 EPA 或 DHA 的转化率较高与雌激素水平有关（Burdge，2005）。

ALA 代谢转化过程中存在年龄差异并受其他健康因素影响。ALA 代谢转化过程中重要的脂肪酸去饱和酶2（FADS2）是一种限制酶，随着年龄的增长而减少（De，1975）。早产儿（Carlson，1986）、高血压患者（Singer，1984）和一些糖尿病患者的 ALA 转化为 EPA 和 DHA 的能力受到限制。此外，衰老会导致大鼠血浆中 ALA 供应量减少，从而导致 DHA 合成减少（Gao，2013）。视网膜色素变性患者的 DHA 生物合成可能会受损（Hoffman，2001），而吸烟则会增加 DHA 的生物合成（Pawlosky，2007）。

n-6 PUFA 和 n-3 PUFA 之间存在着对脱饱和酶的竞争。大量摄入 LA 会干扰 ALA 的去饱和及伸长。同样，反式脂肪酸也会干扰 LA 和 ALA 的去饱和及伸长。因此，从膳食中摄入更多的 ALA，更少的亚油酸和反式脂肪酸可提高组织中 n-3 PUFA 的生物利用率（Blanchard，2013）。

（四）吸收和分布

体内研究表明，人体可吸收超过 96% 的 ALA（750 mg/人）（Burdge，2006）。ALA 进入人体后，大部分会发生 β-氧化反应，转化为能量和二氧化碳，小部分转化为 EPA 和 DHA。Lin（2007）研究了氘代 ALA 及其代谢物在大鼠体内的分布情况。大鼠口服 ALA（3 g/kg）4 h 后，血浆、胃和脾脏内的 ALA 达到最高浓度，而其他内脏器官和红细胞在 8 h 达到最高浓度。大脑、脊髓、心脏、睾丸和眼睛随着时间的推移会积累 DHA。16% ~ 18% 的 ALA 最终沉积在组织中，主要是在脂肪、皮肤和肌肉中。大约 6.0% 的 ALA 被拉长/去饱和，主要储存在肌肉、脂肪和胴体中。其余 78% 的 ALA 被分解或排出体外。

（五）功能

除了转化合成长链 n-3 PUFA 外，ALA 还有更多的重要功能。药理学研究表明，ALA 具有抗代谢综合征、抗癌、抗炎、抗氧化、抗肥胖、神经保护和调节肠道菌群的特性。Kim（2014）和 Yuan（2022）在这方面做了详细的综述。

1. 保护心血管

ALA 对心血管疾病有保护作用，其机制与在动脉粥样硬化早期或斑块发展后期下调促炎症和促动脉粥样硬化基因（包括黏附分子和细胞因子）有关（De，2006）。在轻度高胆固醇血症患者中，富含 ALA 的油能够减少氧化应激和 CD40 配体（一种负责各种免疫和炎症反应的蛋白质）（Alessandri，2006）。ALA 还能减少内质网（ER）应激介导的原代大鼠肝细胞硬脂酸脂毒性凋亡，并通过抑制 ER 应激保护肾细胞免受棕榈酸酯毒性的伤害（Katsoulieris，2009）。

脂质代谢异常是导致动脉粥样硬化的关键因素。文献综述显示，ALA 有效降低血脂水平。通过降低血脂水平、抑制炎症和氧化应激，亚麻籽油（ALA 占 57.82%）改善了高密度脂蛋白胆固醇诱导大鼠的动脉粥样硬化。Bassett（2011）研究发现，雌性 C57BL/6J 低密度脂蛋白缺陷小鼠在连续 14 周摄入反式脂肪和胆固醇后，富含 ALA 的亚麻籽（占膳食的 10%）或亚麻籽油（占膳食的 4.4%）可减少动脉粥样硬化。亚麻籽油中的 ALA 可能是唯一能改善胆固醇和/或反式脂肪酸诱发的小鼠动脉粥样硬化的成分，表明摄入 ALA 可通过降低循环血脂以外的机制直接防止动脉粥样硬化。

研究表明，ALA（膳食的 40.74%）通过促进组成型 NO 的产生，保护了 HFD 诱导的大鼠的血管内皮功能（Hermier，2016）。ALA 可通过抑制炎症反应和泡沫细胞的产生，保护血管内皮功能，防止动脉粥样硬化。动脉粥样硬化的进一步发展会导致血栓形成。同低 ALA（0.03%）膳食相比，在喂食高 ALA（7.3%）2 周的雄性小鼠身上观察到了抗血栓形成的效果（Holy，2011）。研究表明，ALA 可通过抑制炎症、氧化应激和心肌细胞凋亡来改善缺血再灌注诱发的心肌损伤（Xie，2011）。在心肌病动物模型中，ALA 可保护心肌结构和功能，减轻心肌纤维化（Fiaccavento，2006）。

2. 保护神经

大量研究报道，ALA 对神经元功能有积极作用（Moranis，2012）。ALA（500 nmol/kg）可抑制神经元变性和死亡，从而改善索曼诱导的大鼠癫痫和脑损伤。在 Aβ25-35 诱导的阿尔茨海默病小鼠中，补充 ALA（100 mg/kg/d）14 d，表明 ALA 可通过抑制脂质过氧化和一氧化氮过量产生、促进淀粉样蛋白的降解和抑制淀粉样蛋白的产生来预防学习和记忆损伤（Lee，2017）。Kim（2010）对患有轻度痴呆症的韩国老年患者（19 名男性和 38 名女性）进行了研究，以评估红细胞中 ALA 含量与痴呆症严重程度之间的相关性。结果表明，红细胞中 ALA 含量越高，患轻度痴呆症的风险就越低。这些研究表明，ALA 有望通过抑制神经细胞凋亡、促进淀粉样蛋白降解和抑制淀粉样蛋白生成来治疗神经退行性疾病（Yuan，2022）。

3. 抗肥胖

细胞实验表明，ALA（300 μmol/L）通过抑制 SREBPs（SREBP-2、SREBP-1a 和 SREBP-1c）和脂肪酸合成酶的表达，抑制 3T3-L1 脂肪细

胞中胆固醇和脂肪酸的合成。此外，ALA 还能通过促进 CPT-1a 和瘦素的表达来促进脂肪酸氧化（Fukumitsu，2013）。ALA 可通过抑制脂质合成、刺激脂质代谢和改善骨骼肌功能障碍来对抗肥胖（Yuan，2022）。

4. 抗炎

ALA 可通过抑制 MAPK 和 NF-κB 信号通路来抑制促炎因子的表达。ALA 可直接抑制参与炎症过程的 TNF-α 和 IL-6/IL-8（Xie，2011）。Jordão（2019）研究报道，ALA 可以通过减少 IL-6 的表达和增加 IL-10 的表达来抑制高纤维脂肪诱导的大鼠的炎症反应。动物实验还表明，ALA 可以通过抑制 NF-κB 信号通路的激活和促炎因子的表达来改善炎症反应（Hassan，2010）。

5. 抗氧化

ALA 通过减少脂质过氧化和恢复超氧化物歧化酶（SOD）、谷胱甘肽过氧化物酶（GPx）和过氧化氢酶等抗氧化酶，显示出抗氧化作用（Mashhadi，2018）。Pal（2012）研究报道，膳食中摄入从亚麻籽油中提取的 ALA（膳食中含 0.5% 或 1.0% ALA，持续 2 周）可减轻有机汞诱导的大鼠肝脏、肾脏和血液中的氧化应激。

6. 抗糖尿病

首先，ALA 能促进胰岛素的合成和释放。在 STZ 诱导的糖尿病小鼠中，ALA（320 mg/kg）可改善胰腺损伤、提高血浆胰岛素水平并降低血糖水平（Canetti，2014）。其次，ALA 可用于改善糖尿病诱发的其他器官损伤。

7. 抗癌

Vecchini（2004）报道，从膳食中摄入 ALA 可降低 COX-2 的表达，增加肝癌细胞的凋亡。n-3 和 n-6 PUFA 可抑制脂肪酸合成酶的表达，而脂肪酸合成酶在肿瘤组织和肝脏中过度表达。ALA 限制了肿瘤的大小和肿瘤细胞的增殖，膳食中的 ALA 诱导了肿瘤细胞的凋亡（Truan，2010）。

8. 调节肠道菌群

高脂膳食会破坏肠道菌群，导致炎症和代谢紊乱，而 ALA 可以使肠道菌群失衡恢复正常。ALA（膳食的 0.2%）通过调节肠道微生物群和肠道-脂肪轴，改善了 HFD 诱导小鼠的内毒素血症和系统性炎症及脂肪炎症（Zhuang，2018）。ALA（500 mg/kg）可改善高氟酸诱导大鼠的肠道菌群失调，改善代谢紊乱和相关症状（Todorov，2020）。

9. 抗骨质疏松

根据对 129 篇文章的综述得出结论，主要含有 ALA 的亚麻籽或亚麻籽油可改善骨质疏松的骨骼特性（Kim，2014）。

八、长链 n-3 多不饱和脂肪酸

（一）定义

在 n-3 系列多不饱和脂肪酸（n-3 PUFA）中，ALA 是前体物质，其主要代谢产物为二十碳五烯酸（eicosapentaenoic acid，EPA，C20:5n-3，6，9，12，15）、二十二碳六烯酸（docosahexaenoic acid，DHA，C22:6n-3，6，9，12，15，18），少量代谢产物为二十二碳五烯酸（docosapentaenoic acid，DPA，C22:5n-3，6，9，12，15），这些代谢物统称为长链 n-3 多不饱和脂肪酸（LC n-3 PUFA）（图 1-8）。DHA 在不同的物质中以脂质的形式存在，

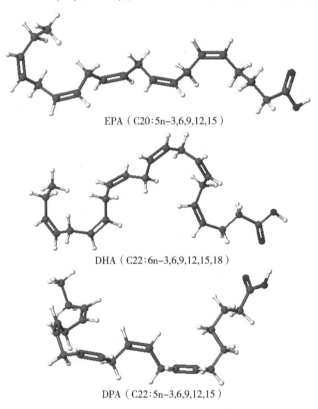

EPA（C20:5n-3,6,9,12,15）

DHA（C22:6n-3,6,9,12,15,18）

DPA（C22:5n-3,6,9,12,15）

图 1-8　长链 n-3 多不饱和脂肪酸的结构模型

多见游离脂肪酸（FFA-DHA）、甘油三酯（TGDHA）、磷脂（PL-DHA）和乙酯（EE-DHA）四种结构。甘油三酯型 DHA 是 DHA 和甘油形成的酯，乙酯型 DHA 是 DHA 和乙醇形成的酯，磷脂型 DHA 中最常见的是磷脂酰胆碱DHA（PC-DHA）和磷脂酰乙醇胺 DHA（PE-DHA）（姚婉婷，2022）。

（二）来源

DHA 和 EPA 一样，只能通过直接摄入或从食物中的 EPA 或 ALA 合成获得：人类和其他哺乳动物（某些食肉动物如狮子除外）可以将 ALA 转化为 EPA 和 DHA，尽管这一过程很缓慢（Simopoulos，2016；2021；2022）。EPA 和 DHA 可以通过油性鱼类获得，例如鲑鱼、沙丁鱼、鲱鱼、鲭鱼、长鳍金枪鱼和鳟鱼等。或来源于部分非油性鱼类（如鳕鱼）的肝脏，以及部分非油性鱼类的白色鱼肉，但白色鱼肉含量很低。海洋生物是沿海人群 n-3 PUFA 重要的膳食来源（表 1-2）。此外，部分藻类天然含有 EPA 和 DHA，是一种可持续的来源（Lavie，2009；O'Keefe，2019）。

表 1-2　闽南、浙南近海海洋生物 n-3 PUFA 含量　　单位：mg/g DM

海鱼类	鲐鱼 （*Pneumatophorus japonicus*）*	刀鲚 （*Coilia nasus*）#	蓝圆鲹 （*Decapterus maruadsi*）*	龙头鱼 （*Harpadon nehereus*）#	竹荚鱼 （*Trachurus japonicus*）*
n-3 PUFA	43.20	40.42	34.40	34.02	31.53
DHA+EPA	34.90	38.31	26.78	31.46	25.39
颌圆鲹 （*Decapterus lajang*）*	羽鳃鲐 （*Rastrelliger kanagurta*）*	前肛鳗 （*Dysomma anguillaris*）#	金色小沙丁鱼 （*Sardinella aurita*）*	真鲷 （*Pagrus major*）#	皮氏叫姑鱼 （*Johnius belangerii*）#
30.82	29.08	27.64	27.19	23.34	22.09
25.48	23.28	23.97	19.79	15.9	19.94
带鱼 （*Trichiurus lepturus*）#	鳓 （*Ilisha elongata*）#	细条天竺鲷 （*Jaydia lineata*）#	黄鲫 （*Setipinna tenuifilis*）#	星康吉鳗 （*Conger myriaster*）#	长蛇鲻 （*Saurida elongata*）#
15.98	15.57	14.68	13.86	13.22	12.78
15.08	14.47	13.64	13.09	12.00	11.96
小黄鱼 （*Larimichthys polyactis*）#	鮸 （*Miichthys miiuy*）#	赤鼻棱鳀 （*Thryssa kammalensis*）#	凤鲚 （*Coilia mystus*）#	海鳗 （*Muraenesox cinereus*）#	红狼牙虾虎鱼 （*Odontamblyopus lacepedii*）#
11.73	11.53	10.93	10.91	7.81	7.76
10.75	10.30	8.76	9.89	6.54	6.53
宽体舌鳎 （*Cynoglossus robustus*）#	孔虾虎鱼 （*Trypauchen vagina*）#	斑鰶 （*Konosirus punctatus*）#	甲壳类与头足类	杜氏枪乌贼 （*Uroteuthis duvauceli*）#	日本蟳 （*Charybdis japonica*）#
7.58	5.75	5.58	n-3 PUFA	49.80	24.98
6.03	4.32	5.21	DHA+EPA	49.61	22.86

（续表）

周氏 新对虾 (*Joyneris shrimp*)#	口虾蛄 (*Oratosquilla oratoria*)#	脊尾白虾 (*Exopalaemon carinicauda*)#	长蛸 (*Octopus variabilis*)#	葛氏 长臂虾 (*Palaemon gravieri*)#	哈氏 仿对虾 (*Parapenaeopsis hardwickii*)#
21. 15	19. 2	17. 74	14. 89	14. 41	13. 89
17. 55	12. 58	16. 05	12. 48	13. 37	11. 92
三疣 梭子蟹 (*Portunus trituberculatus*)#	中华 管鞭虾 (*Solenocera crassicornis*)#	隆线强蟹 (*Eucrate crenata*)#			
12. 57	9. 8	9. 15			
10. 82	7. 55	7. 22			

资料来源：*（吴志强，2000），#（任崇兰，2021）。

（三）功能

大量的研究表明，LC n-3 PUFA 因具有特殊不饱和双键的位置及结构，作为机体重要的营养和结构成分，具有广泛的生理功能。

1. 作为生物膜的重要成分，维持膜的基本结构，提高膜流动性

在包括人类在内的哺乳动物体内，大脑皮层、视网膜、睾丸和精子中的 DHA 尤为丰富。磷脂形式的脂肪酸是所有细胞膜的结构成分。它们的分布影响膜的厚度和流动性，从而影响膜相关蛋白（酶、离子通道、受体和转运体）的活性（Calder，2009）。细胞膜的基本结构骨架是磷脂双分子层（图 1-9），磷脂分子包括一个亲水性的极性头部和疏水性的脂肪酸酰基链尾部（图 1-10），这种特性维持了膜结构的稳定性。胆固醇和特定蛋白质的存在会增加膜的稳定性，但这些分子含量越高，膜流动性越低。另外一个影响膜流动性的因素是膜脂肪酸的不饱和度。不饱和脂肪酸具有顺式结构的双键，每个双键导致碳氢链约 60°折叠，脂肪酸链因此占据了更大的空间，增加了膜的流动性。而反式结构的饱和脂肪酸和不饱和脂肪酸则降低了膜的流动性。研究表明，随着 n-3 PUFA 含量的增加，提高了细胞膜和线粒体膜的流动性和形成性（Calder，2012，2014；Wallis，2002）。DHA-磷脂的整合极大地改变了膜的几个基本特性，包括酰基链顺序和流动性、弹性压缩性、渗透性、相行为、融合、flip-flop 蛋白（flippase）活性（Stillwell，2003）。

2. 直接影响大脑学习记忆等功能和视力

LC n-3 PUFA 作为神经组织和视网膜重要的营养物质，可直接影响视力及大脑学习记忆等功能（Saini，2018）。DHA 是哺乳动物大脑结构脂最丰富的成分之一，约占人脑脂质的 10%。DHA-磷脂的整合极大地改变了膜的

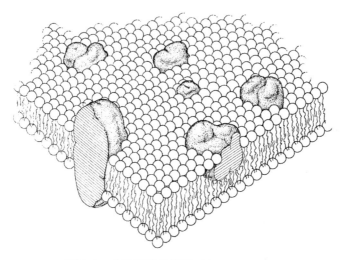

图1-9　生物膜结构模型（Singer，1972）

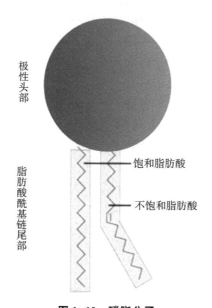

图1-10　磷脂分子

几个基本特性，包括酰基链顺序和流动性、弹性压缩性、渗透性、相行为、融合、flip-flop蛋白（翻转酶）活性（Stillwell，2003）。因此，膜脂肪酸组成的改变可以显著影响广泛的脑功能，包括轴突和树突的维持、细胞形状、脂筏的形成、G蛋白偶联信号（导致基因表达的改变）、极性、神经元可塑性、多巴胺储存、囊泡的形成和运输，葡萄糖的摄取和下丘脑调节（Kitajka，2002）。这些改变与多种精神疾病和神经退行性疾病有关。DHA介导的膜高度不饱和流动性增强了视紫红质在视觉信号和多种蛋白质相互作用中的激活过程，类似于大脑和神经功能（Stillwell，2003）。DHA还作为细胞外和细胞内信号分子发挥重要作用（Salem，2001）。流行病学和干预研究表明，低血浆和血液DHA水平与婴儿和儿童视觉和神经发育风险增加有关。它们还会增加老年人患痴呆症的风险。补充n-3和n-6 PUFA可改善儿童的神经发育困难，如注意缺陷多动和发育协调障碍（Innis，2008）。

3. 抗炎

ARA、EPA和DHA可转化为二十烷类化合物，可调节与许多疾病相关的多种稳态和炎症过程（Dennis，2015）。由n-3 PUFA代谢产生的二十烷类脂质调节物质具有抗炎作用或相比n-6 PUFA代谢产物有较低的促炎作用，而且n-3 PUFA与n-6 PUFA竞争性地利用共同的酶系进行代谢，特别是与抑制FA和胆固醇生物合成相关的Δ6-desaturase。因而，n-3 PUFA可竞争性地抑制n-6 PUFA的代谢，进而降低促炎脂质调节物质的产生（Stroud，2009）。此外，n-3 PUFA还会代谢生成一些具有炎症消退功能的脂质调节物质（弓剑，2017）。

4. 降低甘油三酯和胆固醇含量

n-3 PUFA能抑制脂肪酸合成酶（FAS）、甘油二酯转酰基酶（DGAT）和羟甲基戊二酸单酰辅酶A（HMG-CoA）还原酶的活性，促进脂肪酸的氧化分解而抑制甘油三酯（TG）的合成，下调肝脏中低密度脂蛋白（LDL）受体而抑制胆固醇（TC）合成并降低TC的吸收，从而降低血清中TG和TC的含量（Nestel，2000）。此外，PUFA可以刺激过氧化物酶和参与诱导线粒体中的解偶联蛋白（UCP），增强线粒体中的β-氧化，从而加快血脂的分解和清除，降低体脂沉积（Takada，1994）。

5. 保护心血管

n-3 PUFA对动脉血栓的形成和血小板功能有明显的影响。血小板膜磷脂释放的PUFA经环氧合酶作用可合成血栓素A（TXA），具有促进血小板凝集和收缩血管的作用；血管壁膜磷脂释放的PUFA经酶促反应合成的前列环素（PGI），具有抑制血小板凝集和舒张血管的作用，两者之间平衡具有调节血小板和血管的功能。因此，n-3 PUFA具有保护心血管系统的作用。

6. 提高免疫力

n-3 PUFA 具有免疫增强作用，添加 PUFA 会影响细胞免疫、体液免疫以及细胞因子和抗体分泌，同时可以促进外周淋巴细胞的增殖。

膳食中 n-3 PUFA 的缺乏可导致机体的氧化应激反应、炎性反应、细胞凋亡、内质网应激、脂质和能量代谢紊乱、胰岛素抵抗等多种病理生理因素。这些因素与机体的健康和多种疾病密切相关，如肥胖、糖尿病、非酒精性脂肪肝、代谢综合征、慢性炎症及癌症等（刘志国，2018）。

九、n-6 多不饱和脂肪酸（n-6 PUFA）

（一）定义

n-6 PUFA 中，亚油酸（linoleic acid，LA，C18:2n-6，9）是其他 n-6 PUFA 的前体物质。其代谢产物包括 γ-亚麻酸（γ-linolenic acid，GLA，C18:3n-6，9，12）、DHGLA（Dihomo-γ-linolenic acid，C20:3n-6）和花生四烯酸（arachidonic acid，AA，C20:4n-6）（图 1-11）。还包括少量肾上腺酸（adrenic acid，C22:4n-6）和 DPA-6（docosapentaenoic acid，C22:5n-6）。

（二）来源

n-6 PUFA 主要来源于植物油，如红花籽油、葵花籽油、核桃油、大豆油、玉米油、棉籽油、燕麦油、芝麻油等（Saini，2018）。

（三）功能

1. 调控脂代谢

亚油酸是植物油脂中广泛存在的 n-6 PUFA。研究表明，饲粮添加适宜水平的亚油酸可减少肝脏脂肪和血浆三酰甘油、总胆固醇和低密度脂蛋白胆固醇的含量（Ooi，2013）。但 n-6 PUFA 也可能具有促进脂肪生成的作用（Muhlhausler，2013）。

2. 影响生殖激素分泌

花生四烯酸在环氧合酶-1 和 2 的作用下生成前列腺素 H_2（PGH_2）。随后，PGH_2 在特定前列腺素合酶的作用下生成 $PGF_{2\alpha}$、PGE_2、PGD_2 和 PGI_2 等下游 PG。

3. 促炎

n-3 PUFA 和 n-6 PUFA 具有相反的生物学效应（Stoll，1999），n-6 PUFA 代谢产物主要起着诱导炎症启动和发展的作用，而 n-3 PUFA 代谢产

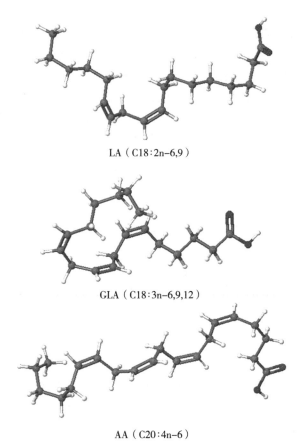

LA（C18:2n-6,9）

GLA（C18:3n-6,9,12）

AA（C20:4n-6）

图1-11　n-6多不饱和脂肪酸的结构模型

物起着抗炎和促进炎症消退的功能。n-3 PUFA 的 EPA 和 n-6 PUFA 的 AA 是包括前列腺素（PG）、前列环素（PGI）、血栓素（TX）和白三烯（LT）等的前体（Smith，1991；Abayasekara，1999）。EPA、AA 通过两种途径氧化、代谢为二十烷类。第一个途径是通过环氧合酶（COX）氧化，它去除两个双键，通向形成 TX、PG 和 PGI 系列，而第二个途径是通过脂氧合酶（LOX）氧化，没有去除双键，形成 LT。环氧合酶（COX）去除 AA 上的两个双键后，产生了两个双键，形成了 series-2 系列二十烷类；去除 EPA 上的两个双键后，形成了 series-3 系列二十烷类。二十烷类是与包括炎症在内的多种体内功能相关的信号分子（Peet，2005）。series-1 和 series-3 PG 炎症程度较低，而 series-2 PG 炎症程度较高（Lands，1992）。如由 AA

合成的前列腺素（PG）E2 和白三烯（LT）B4 是更强效的血栓和血栓形成及炎症介质（Simopoulos，2016）。

4. 抗肿瘤作用

AA 的两个上游底物 γ-亚油酸和 DGLA 显示出抗癌作用，包括诱导细胞凋亡和抑制细胞增殖。但 AA 的下游产物（如前列腺素）又对机体产生不利的影响（Xu，2014）。

5. 过多的 n-6 PUFA 可竞争性地抑制 n-3 PUFA 的合成

n-6、n-3 两系列多不饱和脂肪酸之间存在着对去饱和酶的竞争，大量摄入 LA 会干扰 ALA 的去饱和及伸长（Simopoulos，2016）。

第四节 关于人类膳食中 n-6/n-3 的比例

心血管疾病（CVD）是导致全球人类死亡的主要原因。不健康饮食、缺乏运动、吸烟和酗酒等是主要的致病风险因素。在膳食因素中，膳食中饱和脂肪酸（SFA）和反式脂肪酸（TFAs）的含量被认为是导致心血管疾病的可能因素。由于 SFA 摄入量与低密度脂蛋白胆固醇之间的关系已经非常明确，许多人认为低密度脂蛋白胆固醇升高是动脉粥样硬化和冠心病的一个致病因素（Ference，2017），而且有可靠数据显示 SFA 摄入量与心血管疾病之间存在关联。反式脂肪酸摄入量高与冠心病及相关死亡风险增加密切相关（世界卫生组织，2023）。

研究表明，在漫长的进化过程中，人类的膳食长期保持几乎等量的 n-6 PUFA 和 n-3 PUFA，既有来自植物的（LA 和 ALA），也有来自野生动物脂肪和鱼类的（AA、EPA 和 DHA）（Crawford，1968；Cordain，1998）。

随着现代种植业、油脂加工业的快速发展，富含 n-6 多不饱和脂肪酸的谷物及油脂不仅改变了动物的饲粮结构，也改变了人类的膳食脂质结构。n-6 PUFA 的摄入量增加，n-3 PUFA 的摄入量减少，导致（西方）膳食中 n-6/n-3 的比例从人类漫长进化过程中的 1∶1，在过去短短的 100~150 年内大幅增加到 20∶1 甚至更高（图 1-12），且反式脂肪酸的摄入大量增加。中国居民营养与健康监测膳食分析结果显示，全国 n-6/n-3 比值的平均值约为 8.6，且不同地区差异极大（张坚，2022）。

膳食脂肪酸组成的这一变化与肥胖症、心血管疾病等多种慢性非传染性疾病发生风险密切相关。由 n-6 PUFA（AA）生成的二十烷类代谢产物，特别是前列腺素、血栓素、白三烯、羟基脂肪酸和脂质毒素，比由 n-3

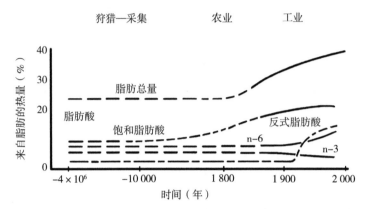

**图1-12　不同时期人类脂肪、脂肪酸（n-6、n-3、反式脂肪酸和总脂肪酸）
摄入量（占热量的百分比）的假设示意图**

（资料来源：Simopoulos，2016）

PUFA（特别是EPA）生成的要多（Simopoulos，2008）。如果大量形成，则会导致血栓和动脉粥样硬化的形成；导致过敏性和炎症性疾病，尤其是易感人群；以及导致细胞增殖（Simopoulos，2011）。因此，富含n-6脂肪酸的饮食会使生理状态转变为促炎症、促血栓形成和促聚集状态，血液黏度增加、血管痉挛、血管收缩和细胞增殖（Simopoulos，2016）。

日本一项横断面研究显示，相比于n-6/n-3 PUFA比值为3.9的成年人，n-6/n-3比值为5.8的成年人10年心血管疾病发生风险显著上升（Minoura，2014）。流行病学研究表明，地中海膳食可明显降低冠心病所致死亡风险，而膳食n-6/n-3值为4是地中海膳食的重要特征。还有研究显示，当n-6/n-3比值为3时，可以降低代谢综合征患者的促炎因子白介素-6的生成量；n-6/n-3比值在2~3可抑制类风湿关节炎患者的炎症反应，n-6/n-3值为5时有利于控制哮喘患者的病情。此外，有调查发现，摄入大量的LA等n-6 PUFA可使孕期和哺乳期妇女的EPA和DHA含量减少，红细胞和母乳中DHA浓度显著降低（张坚，2022）。

我国城市居民膳食n-6 PUFA中的64.3%来自植物油，而农村居民膳食中这个比例为62.4%。城市居民膳食n-3 PUFA的46.5%来自植物油，农村居民膳食中这一比例为54.5%。这些结果提示食用植物油种类对膳食脂肪酸组成的影响十分明显（张坚，2022）。世界卫生组织2023年在最新的关于膳食脂肪的指南中指出，数量和质量对健康都很重要，建议成年人将总脂肪摄入量限制在总能量摄入量的30%或以下（有条件建议）。摄入的脂肪应以不饱和脂肪酸为主，饱和脂肪酸不超过总能量摄入的 10%，反式脂肪酸不超过总能量摄入的 1%（强烈建议）。并建议用多不饱和脂肪酸（强烈建议）、植物来源的单不饱和脂肪酸（有条件建议）或全谷物、蔬菜、水果和豆类等含有天然膳食纤维的食物中的碳水化合物来替代膳食中的饱和脂肪酸（有条件建议）。用主要来自植物的多不饱和脂肪酸或单不饱和脂肪酸替代膳食中的反式脂肪酸（有条件建议）（世界卫生组织，2023）。

参考文献

陈福，何邵平，田科雄，等，2019. 短链脂肪酸的生理功能及其在畜禽生产中的应用 [J]. 动物营养学报，31（7）：3039-3048.

陈银基，周光宏，2006. 反式脂肪酸分类、来源与功能研究进展 [J]. 中国油脂，31（5）：7-10.

冯鑫，张洛萌，栾嘉明，等，2020. 中链脂肪酸在动物生产中的应用效果及其影响因素研究进展 [J]. 中国畜牧兽医，47（6）：1739-1749.

扶晓菲，游春苹，2019. 地中海饮食及其对慢性疾病改善作用的研究进展 [J]. 食品工业科技，40（18）：348-353，360.

弓剑，晓敏，2017. 多不饱和脂肪酸代谢及其对炎症的调节 [J]. 动物营养学报，29（1）：1-7.

何健，2004. 中链甘油三酯在动物体内的代谢及应用研究 [J]. 中国油脂，29（1）：14-18.

李虹瑾，沙万里，尹柏双，等，2017. 包膜丁酸钠对断奶仔猪肠道菌群及生长性能的影响 [J]. 家畜生态学报，38（9）：30-34.

林晓明，2017. 高级营养学 [M]. 第 2 版. 北京：北京大学医学出版社.

刘聪聪，王树辉，涂治骁，等，2018. 中链脂肪酸对脂多糖诱导的断奶仔猪肠黏膜免疫屏障损伤的保护作用 [J]. 中国畜牧杂志，54（10）：70-74.

刘志国，刘烈炬，2018. 多不饱和脂肪酸：对大脑功能的影响与机制 [M]. 北京：化学工业出版社.

罗登林，2002. 中碳链甘油三酯及其应用 [J]. 武汉工业学院学报，2：4-7.

牛仙，邓泽元，李静，2021. 我国居民反刍动物反式脂肪酸摄入量的调查 [J]. 中国油脂，46（5）：103-108.

潘雪男，王晶晶，张琳，等，2020. 中链脂肪酸在养殖业中的研究应用进展 [J]. 饲料研究 (6)：131-134.

任崇兰，张俊波，尹方，等，2021. 浙江南部近海海洋生物脂肪酸含量及组成分析 [J]. 中国水产科学，28 (4)：470-481.

世界卫生组织，2023. 成人和儿童饱和脂肪酸和反式脂肪酸摄入量：世界卫生组织指南概要 [DB/OL]. 世界卫生组织. https：//iris. who. int/handle/10665/375038.

吴洪号，张慧，贾佳，等，2021. 功能性多不饱和脂肪酸的生理功能及应用研究进展 [J]. 中国食品添加剂，32 (8)：134-140.

吴永保，李琳，闻治国，等，2018. 动物体内极长链多不饱和脂肪酸代谢及其生理功能 [J]. 中国畜牧杂志，54 (3)：20-26.

吴志强，杨圣云，陈明茹，等，2000. 闽南—台湾浅滩渔场六种主要中上层鱼类的脂肪酸研究 [J]. 水产学报，22 (1)：61-66.

徐雄，陈芳，周训会，等，2022. 江西省不同品种油菜籽中芥酸含量的调查研究 [J]. 现代食品，28 (19)：215-219.

杨媚，马杰，杨泰，等，2019. 共轭亚油酸的生物学功能及其在动物生产中的应用 [J]. 中国畜牧兽医，46 (11)：3216-3224.

姚梦莹，梁倩，崔岩岩，等，2020. 不饱和脂肪酸经氧化反应形成反式脂肪酸机理研究进展 [J]. 中国粮油学报，35 (2)：170-178.

张浩，董磊，王英俊，等，2016. 丁酸甘油酯对肉鸡生长性能、养分表观消化率、屠宰性能、肠道形态及微生物菌群的影响 [J]. 中国畜牧兽医，43 (8)：2013-2019.

张坚，庞邵杰，贾珊珊，2022. 新时期国民膳食脂质摄入推荐的几点建议 [J]. 粮油食品科技，30 (3)：1-6.

张晓图，杜晨红，丁小娟，等，2017. 多不饱和脂肪酸的生物学功能及其在动物生产中的应用 [J]. 动物营养学报，29 (9)：3059-3067.

Aardema H, Vos P L A M, Lolicato F, et al., 2011. Oleic acid prevents detrimental effects of saturated fatty acids on bovine oocyte developmental competence [J]. Biology of Reproduction, 85 (1)：62-69.

Alessandri C, Pignatelli P, Loffredo L, et al., 2006. Alpha–linolenic acid-rich wheat germ oil decreases oxidative stress and CD40 ligand in patients with mild hypercholesterolemia [J]. Arteriosclerosis, Thrombosis, and Vascular Biology, 26 (11)：2577-2578.

Bassett C M C, McCullough R S, Edel A L, et al., 2011. The α-linolenic acid content of flaxseed can prevent the atherogenic effects of dietary trans fat [J]. American Journal of Physiology – Heart and Circulatory Physiology, 301 (6): H2220-H2226.

Blanchard H, Pédrono F, Boulier-Monthéan N, et al., 2013. Comparative effects of well-balanced diets enriched in α-linolenic or linoleic acids on LCPUFA metabolism in rat tissues [J]. Prostaglandins, Leukotrienes and Essential Fatty Acids, 88 (5): 383-389.

Burdge G, 2004. α – Linolenic acid metabolism in men and women: nutritional and biological implications [J]. Current Opinion in Clinical Nutrition & Metabolic Care, 7 (2): 137-144.

Burdge G C, 2006. Metabolism of α-linolenic acid in humans [J]. Prostaglandins, leukotrienes and essential fatty acids, 75 (3): 161-168.

Burdge G C, Calder P C, 2005. Conversion of alpha – linolenic acid to longer – chain polyunsaturated fatty acids in human adults [J]. Reproduction Nutrition Development, 45 (5): 581-597.

Byrne C S, Chambers E S, Morrison D J, et al., 2015. The role of short chain fatty acids in appetite regulation and energy homeostasis [J]. International Journal of Obesity, 39 (9): 1331-1338.

Calder P C, 2012. Mechanisms of action of (n-3) fatty acids [J]. The Journal of Nutrition, 142 (3): S592-S599.

Calder P C, 2014. Very long chain omega-3 (n-3) fatty acids and human health [J]. European Journal of Lipid Science and Technology, 116 (10): 1280-1300.

Calder P C, Yaqoob P, 2009. Understanding omega-3 polyunsaturated fatty acids [J]. Postgraduate Medicine, 121 (6): 148-157.

Canani R B, Di Costanzo M, Leone L, et al., 2011. Epigenetic mechanisms elicited by nutrition in early life [J]. Nutrition Research Reviews, 24 (2): 198-205.

Canetti L, Werner H, Leikin – Frenkel A, 2014. Linoleic and alpha linolenic acids ameliorate streptozotocin – induced diabetes in mice [J]. Archives of Physiology and Biochemistry, 120 (1): 34-39.

Carlson S E, Rhodes P G, Ferguson M G, 1986. Docosahexaenoic acid status of preterm infants at birth and following feeding with human milk or formula [J]. The American Journal of Clinical Nutrition, 44 (6): 798-804.

Carlson S J, Nandivada P, Chang M I, et al., 2015. The addition of medium-chain triglycerides to a purified fish oil-based diet alters inflammatory profiles in mice [J]. Metabolism, 64 (2): 274-282.

Carvajal O, Nakayama M, Kishi T, et al., 2000. Effect of medium-chain fatty acid positional distribution in dietary triacylglycerol on lymphatic lipid transport and chylomicron composition in rats [J]. Lipids, 35 (12): 1345-1352.

Cordain L, Martin C, Florant G, et al., 1998. The fatty acid composition of muscle, brain, marrow and adipose tissue in elk: Evolutionary implications for human dietary lipid requirements [J]. World Review of Nutrition and Dietetics, 83: 225.

Craig-Schmidt M C, 2006. World-wide consumption of trans fatty acids [J]. Atherosclerosis Supplements, 7 (2): 1-4.

Crawford M A, 1968. Fatty-acid ratios in free-living and domestic animals: possible implications for atheroma [J]. The Lancet, 291 (7556): 1329-1333.

De Caterina R, Zampolli A, Del Turco S, et al., 2006. Nutritional mechanisms that influence cardiovascular disease [J]. The American Journal of Clinical Nutrition, 83 (2): S421-S426.

De Gómez Dumm I N T, Brenner R R, 1975. Oxidative desaturation of α-linolenic, linoleic, and stearic acids by human liver microsomes [J]. Lipids, 10 (6): 315-317.

De Keyser K, Dierick N, Kanto U, et al., 2019. Medium-chain glycerides affect gut morphology, immune-and goblet cells in post-weaning piglets: in vitro fatty acid screening with *Escherichia coli* and in vivo consolidation with LPS challenge [J]. Journal of Animal Physiology and Animal Nutrition, 103 (1): 221-230.

Dennis E A, Norris P C, 2015. Eicosanoid storm in infection and inflammation [J]. Nature Reviews Immunology, 15 (8): 511-523.

Elagizi A, Lavie C J, O'keefe E, et al., 2021. An update on omega-3 polyunsaturated fatty acids and cardiovascular health [J]. Nutrients, 13 (1): 204.

Fahy E, Subramaniam S, Murphy R C, et al., 2009. Update of the LIPID MAPS comprehensive classification system for lipids1 [J]. Journal of Lipid Research, 50: S9-S14.

Fatiha A I D, 2019. Plant lipid metabolism [J]. Advances in Lipid Metabolism, 2019: 1-16.

Fattore E, Fanelli R, 2013. Palm oil and palmitic acid: a review on cardiovascular effects and carcinogenicity [J]. International Journal of Food Sciences and Nutrition, 64 (5): 648-659.

Fayezi S, Leroy J L M R, Novin M G, et al., 2018. Oleic acid in the modulation of oocyte and preimplantation embryo development [J]. Zygote, 26 (1): 1-13.

Ference B A, Ginsberg H N, Graham I, et al., 2017. Low-density lipoproteins cause atherosclerotic cardiovascular disease. 1. Evidence from genetic, epidemiologic, and clinical studies: a consensus statement from the European Atherosclerosis Society Consensus Panel [J]. European Heart Journal, 38 (32): 2459-2472.

Fiaccavento R, Carotenuto F, Minieri M, et al., 2006. α-Linolenic acid-enriched diet prevents myocardial damage and expands longevity in cardiomyopathic hamsters [J]. The American Journal of Pathology, 169 (6): 1913-1924.

Fukumitsu S, Villareal M O, Onaga S, et al., 2013. α-Linolenic acid suppresses cholesterol and triacylglycerol biosynthesis pathway by suppressing SREBP-2, SREBP-1a and-1c expression [J]. Cytotechnology, 65: 899-907.

Gao F, Taha A Y, Ma K, et al., 2013. Retracted article: aging decreases rate of docosahexaenoic acid synthesis - secretion from circulating unesterified α-linolenic acid by rat liver [J]. Age, 35: 597-608.

Guillocheau E, Garcia C, Drouin G, et al., 2019. Retroconversion of dietary trans-vaccenic (trans-C18:1 n-7) acid to trans-palmitoleic acid (trans-C16:1 n-7): proof of concept and quantification in both cultured rat hepatocytes and pregnant rats [J]. The Journal of Nutritional Biochemistry, 63: 19-26.

Hadjighassem M, Kamalidehghan B, Shekarriz N, et al., 2015. Oral consumption of α-linolenic acid increases serum BDNF levels in healthy adult humans [J]. Nutrition Journal, 14: 1-5.

Hanczakowska E, Szewczyk A, Okoń K, 2011. Caprylic, capric and/or fumaric acids as antibiotic replacements in piglet feed [J]. Annals of Animal Science, 11 (1): 115-124.

Hassan A, Ibrahim A, Mbodji K, et al., 2010. An α-linolenic acid-rich formula reduces oxidative stress and inflammation by regulating NF-κB in rats with TNBS-induced colitis [J]. The Journal of Nutrition, 140 (10): 1714-1721.

Hermier D, Guelzim N, Martin P G P, et al., 2016. NO synthesis from arginine is favored by α-linolenic acid in mice fed a high-fat diet [J]. Amino Acids, 48: 2157-2168.

Hodgson J M, Wahlqvist M L, Boxall J A, et al., 1996. Platelet trans fatty acids in relation to angiographically assessed coronary artery disease [J]. Atherosclerosis, 120 (1-2): 147-154.

Hoffman D R, DeMar J C, Heird W C, et al., 2001. Impaired synthesis of DHA in patients with X-linked retinitis pigmentosa [J]. Journal of Lipid Research, 42 (9): 1395-1401.

Holthuis J C M, Menon A K, 2014. Lipid landscapes and pipelines in membrane homeostasis [J]. Nature, 510 (7503): 48-57.

Holy E W, Forestier M, Richter E K, et al., 2011. Dietary α-linolenic acid inhibits arterial thrombus formation, tissue factor expression, and platelet activation [J]. Arteriosclerosis, Thrombosis, and Vascular biology, 31 (8): 1772-1780.

Huang X Z, Li Z R, Zhu L B, et al., 2014. Inhibition of p38 mitogen-activated protein kinase attenuates butyrate-induced intestinal barrier impairment in a Caco-2 cell monolayer model [J]. Journal of pediatric Gastroenterology and Nutrition, 59 (2): 264-269.

Innis S M, 2008. Dietary omega 3 fatty acids and the developing brain [J]. Brain Research, 1237: 35-43.

International Lipid Classification and Nomenclature Committee, 2024. The

LIPID MAPS comprehensive classification system for lipids ［DB/OL］. https：//www. lipidmaps. org, 2024-02-18.

Jahreis G, Fritsche J, Möckel P, et al., 1999. The potential anticarcinogenic conjugated linoleic acid, cis-9, trans-11 C18:2, in milk of different species: cow, goat, ewe, sow, mare, woman ［J］. Nutrition Research, 19 （10）: 1541-1549.

Jordão Candido C, Silva Figueiredo P, Del Ciampo Silva R, et al., 2019. Protective effect of α-linolenic acid on non-alcoholic hepatic steatosis and interleukin-6 and-10 in wistar rats ［J］. Nutrients, 12 （1）: 9.

Katsoulieris E, Mabley J G, Samai M, et al., 2009. α-Linolenic acid protects renal cells against palmitic acid lipotoxicity via inhibition of endoplasmic reticulum stress ［J］. European Journal of Pharmacology, 623 （1-3）: 107-112.

Kellems R O, Church D C, 2006. 畜禽饲料与饲养学 ［M］. 北京: 中国农业大学出版社.

Kim K B, Nam Y A, Kim H S, et al., 2014. α-Linolenic acid: nutraceutical, pharmacological and toxicological evaluation ［J］. Food and Chemical Toxicology, 70: 163-178.

Kim M, Nam J H, Oh D H, et al., 2010. Erythrocyte α-linolenic acid is associated with the risk for mild dementia in Korean elderly ［J］. Nutrition Research, 30 （11）: 756-761.

Kim M, Qie Y, Park J, et al., 2016. Gut microbial metabolites fuel host antibody responses ［J］. Cell Host & Microbe, 20 （2）: 202-214.

Kitajka K, Puskás L G, Zvara Á, et al., 2002. The role of n-3 polyunsaturated fatty acids in brain: modulation of rat brain gene expression by dietary n-3 fatty acids ［J］. Proceedings of the National Academy of Sciences, 99 （5）: 2619-2624.

Kunzelmann K, Mall M, 2002. Electrolyte transport in the mammalian colon: mechanisms and implications for disease ［J］. Physiological Reviews, 82 （1）: 245-289.

Lavie C J, Milani R V, Mehra M R, et al., 2009. Omega-3 polyunsaturated fatty acids and cardiovascular diseases ［J］. Journal of the American College of Cardiology, 54 （7）: 585-594.

Lee A Y, Lee M H, Lee S, et al., 2017. Alpha-linolenic acid from Perilla frutescens var. japonica oil protects Aβ-induced cognitive impairment through regulation of APP processing and Aβ degradation [J]. Journal of Agricultural and Food Chemistry, 65 (49): 10719-10729.

Lee K W, Lee H J, Cho H Y, et al., 2005. Role of the conjugated linoleic acid in the prevention of cancer [J]. Critical Reviews in Food Science and Nutrition, 45 (2): 135-144.

Lin Y H, Salem N, 2007. Whole body distribution of deuterated linoleic and α-linolenic acids and their metabolites in the rat [J]. Journal of Lipid Research, 48 (12): 2709-2724.

Maltsev Y, Maltseva K, 2021. Fatty acids of microalgae: diversity and applications [J]. Reviews in Environmental Science and Bio/Technology, 20: 515-547.

Mashhadi S N Y, Askari V R, Ghorani V, et al., 2018. The effect of *Portulaca oleracea* and α-linolenic acid on oxidant/antioxidant biomarkers of human peripheral blood mononuclear cells [J]. Indian Journal of Pharmacology, 50 (4): 177.

Maslowski K M, Vieira A T, Ng A, et al., 2009. Regulation of inflammatory responses by gut microbiota and chemoattractant receptor GPR43 [J]. Nature, 461 (7268): 1282-1286.

McDonald P, 2007. 动物营养学 [M]. 第6版. 北京：中国农业大学出版社.

Minoura A, Wang D H, Sato Y, et al., 2014. Association of dietary fat and carbohydrate consumption and predicted ten-year risk for developing coronary heart disease in a general Japanese population [J]. Acta Medica Okayama, 68 (3): 129-135.

Mitra K, Kim S A, Lee J H, et al., 2010. Production and characterization of α-linolenic acid enriched structured lipids from lipase-catalyzed interesterification [J]. Food Science and Biotechnology, 19: 57-62.

Moranis A, Delpech J C, De Smedt-Peyrusse V, et al., 2012. Long term adequate n-3 polyunsaturated fatty acid diet protects from depressive-like behavior but not from working memory disruption and brain cytokine expression in aged mice [J]. Brain, Behavior, and Immunity, 26 (5):

721-731.

Motard－Bélanger A, Charest A, Grenier G, et al., 2008. Study of the effect of trans fatty acids from ruminants on blood lipids and other risk factors for cardiovascular disease [J]. The American Journal of Clinical Nutrition, 87 (3): 593-599.

Muhlhausler B S, Ailhaud G P, 2013. Omega-6 polyunsaturated fatty acids and the early origins of obesity [J]. Current Opinion in Endocrinology, Diabetes and Obesity, 20 (1): 56-61.

Nestel P J, 2000. Fish oil and cardiovascular disease: lipids and arterial function [J]. The American Journal of Clinical Nutrition, 71 (1): 228S-231S.

Odle J, Lin X I, Wieland T M, et al., 1994. Emulsification and fatty acid chain length affect the kinetics of [14C] －medium－chain triacylglycerol utilization by neonatal piglets [J]. The Journal of Nutrition, 124 (1): 84-93.

O'Keefe E L, Harris W S, DiNicolantonio J J, et al., 2019. Sea change for marine omega-3s: randomized trials show fish oil reduces cardiovascular events [C] //Mayo Clinic Proceedings. Elsevier, 94: 2524-2533.

Ooi E M M, Ng T W K, Watts G F, et al., 2013. Dietary fatty acids and lipoprotein metabolism: new insights and updates [J]. Current Opinion in Lipidology, 24 (3): 192-197.

O'Shea M, Bassaganya－Riera J, Mohede I C M, 2004. Immunomodulatory properties of conjugated linoleic acid [J]. The American Journal of Clinical Nutrition, 79 (6): S1199-S1206.

Pal M, Ghosh M, 2012. Studies on comparative efficacy of α－linolenic acid and α－eleostearic acid on prevention of organic mercury－induced oxidative stress in kidney and liver of rat [J]. Food and Chemical Toxicology, 50 (3-4): 1066-1072.

Parodi P W, 1977. Conjugated octadecadienoic acids of milk fat [J]. Journal of Dairy Science, 60 (10): 1550-1553.

Pawlosky R, Hibbeln J, Lin Y, et al., 2003. n-3 fatty acid metabolism in women [J]. British Journal of Nutrition, 90 (5): 993-994.

Pawlosky R J, Hibbeln J R, Salem N, 2007. Compartmental analyses of plasma n-3 essential fatty acids among male and female smokers and non-smokers [J]. Journal of Lipid Research, 48 (4): 935-943.

Rabbani G H, Albert M J, Rahman H, et al., 1999. Short–chain fatty acids inhibit fluid and electrolyte loss induced by cholera toxin in proximal colon of rabbit in vivo [J]. Digestive Diseases and Sciences, 44: 1547-1553.

Riccardi G, Giacco R, Rivellese A A, 2004. Dietary fat, insulin sensitivity and the metabolic syndrome [J]. Clinical nutrition, 23 (4): 447-456.

Richards J L, Yap Y A, McLeod K H, et al., 2016. Dietary metabolites and the gut microbiota: an alternative approach to control inflammatory and autoimmune diseases [J]. Clinical & Translational Immunology, 5 (5): e82.

Saini R K, Keum Y S, 2018. Omega-3 and omega-6 polyunsaturated fatty acids: Dietary sources, metabolism, and significance—a review [J]. Life Sciences, 203: 255-267.

Salem Jr N, Litman B, Kim H Y, et al., 2001. Mechanisms of action of docosahexaenoic acid in the nervous system [J]. Lipids, 36 (9): 945-959.

Sandri J, Viala J, 1995. Direct preparation of (Z, Z) -1, 4-dienic units with a new C6 homologating agent: synthesis of α–linolenic acid [J]. Synthesis (3): 271-275.

Schröder M, Vetter W, 2013. Detection of 430 fatty acid methyl esters from a transesterified butter sample [J]. Journal of the American Oil Chemists' Society, 90 (6): 771-790.

Simopoulos A P, 2008. The importance of the omega-6/omega-3 fatty acid ratio in cardiovascular disease and other chronic diseases [J]. Experimental Biology and Medicine, 233 (6): 674-688.

Simopoulos A P, 2011. Importance of the omega–6/omega–3 balance in health and disease: evolutionary aspects of diet [M] //Healthy Agriculture, Healthy Nutrition, Healthy People. Karger Publishers, 102: 10-21.

Simopoulos A P, 2016. An increase in the n-6/n-3 fatty acid ratio increases the risk for obesity [J]. Nutrients, 8 (3): 128.

Singer P, Jaeger W, Voigt S, et al., 1984. Defective desaturation and e-longation of n−6 and n−3 fatty acids in hypertensive patients [J]. Prosta-glandins, Leukotrienes and Medicine, 15 (2): 159-165.

Singer S J, Nicolson G L, 1972. The fluid mosaic model of the structure of cell membranes: cell membranes are viewed as two−dimensional solutions of oriented globular proteins and lipids [J]. Science, 175 (4023): 720-731.

Stillwell W, Wassall S R, 2003. Docosahexaenoic acid: membrane prop-erties of a unique fatty acid [J]. Chemistry and Physics of Lipids, 126 (1): 1-27.

Stroud C K, Nara T Y, Roqueta−Rivera M, et al., 2009. Disruption of FADS2 gene in mice impairs male reproduction and causes dermal and in-testinal ulceration [J]. Journal of Lipid Research, 50 (9): 1870 − 1880.

Takada R, Saitoh M, Mori T, 1994. Dietary γ−linolenic acid−enriched oil reduces body fat content and induces liver enzyme activities relating to fatty acid β − oxidation in rats [J]. The Journal of Nutrition, 124 (4): 469-474.

Tan J, McKenzie C, Potamitis M, et al., 2014. The role of short−chain fatty acids in health and disease [J]. Advances in Immunology, 121: 91-119.

Tholstrup T, Marckmann P, Jespersen J, et al., 1994. Effect on blood lip-ids, coagulation, and fibrinolysis of a fat high in myristic acid and a fat high in palmitic acid [J]. The American Journal of Clinical Nutrition, 60 (6): 919-925.

Tholstrup T, Vessby B, Sandstrom B, 2003. Difference in effect of myristic and stearic acid on plasma HDL cholesterol within 24 h in young men [J]. European Journal of Clinical Nutrition, 57 (6): 735-742.

Todorov H, Kollar B, Bayer F, et al., 2020. α−Linolenic acid−rich diet influences microbiota composition and villus morphology of the mouse small intestine [J]. Nutrients, 12 (3): 732.

Truan J S, Chen J M, Thompson L U, 2010. Flaxseed oil reduces the growth of human breast tumors (MCF−7) at high levels of circulating estrogen [J]. Molecular Nutrition & Food Research, 54（10）: 1414 - 1421.

Tvrzicka E, Kremmyda L S, Stankova B, et al., 2011. Fatty acids as bio-compounds: their role in human metabolism, health and disease - a re-view. part 1: classification, dietary sources and biological functions [J]. Biomedical Papers of the Medical Faculty of Palacky University in Olomouc, 155（2）: 117-130.

Ulbricht T L V, Southgate D A T, 1991. Coronary heart disease: seven di-etary factors [J]. The Lancet, 338（8773）: 985-992.

Vahmani P, Meadus W J, Turner T D, et al., 2015. Individual trans 18:1 isomers are metabolised differently and have distinct effects on lipogenesis in 3T3-L1 adipocytes [J]. Lipids, 50: 195-204.

Van Immerseel F, De Buck J, Boyen F, et al., 2004. Medium-chain fatty acids decrease colonization and invasion through hilA suppression shortly after infection of chickens with salmonella enterica serovar enteritidis [J]. Applied and Environmental Microbiology, 70（6）: 3582-3587.

Van Rooijen M A, Mensink R P, 2020. Palmitic acid versus stearic acid: effects of interesterification and intakes on cardiometabolic risk markers—A systematic review [J]. Nutrients, 12（3）: 615.

Vecchini A, Ceccarelli V, Susta F, et al., 2004. Dietary α-linolenic acid reduces COX-2 expression and induces apoptosis of hepatoma cells [J]. Journal of Lipid Research, 45（2）: 308-316.

Vučić V, Arsić A, Petrović S, et al., 2015. Trans fatty acid content in Serbian margarines: urgent need for legislative changes and consumer in-formation [J]. Food Chemistry, 185: 437-440.

Wallis J G, Watts J L, 2002. Polyunsaturated fatty acid synthesis: what will they think of next? [J]. Trends in Biochemical Sciences, 27（9）: 467-473.

Wang C, Harris W S, Chung M, et al., 2006. n-3 Fatty acids from fish or fish-oil supplements, but not α-linolenic acid, benefit cardiovascular disease outcomes in primary-and secondary-prevention studies: a system-atic review [J]. The American Journal of Clinical Nutrition, 84（1）: 5-17.

Xian M, Kang Y, Yan J, et al., 2002. Production of linolenic acid by Mortierella isabellina grown on octadecanol [J]. Current Microbiology, 44: 141-144.

Xie N, Zhang W, Li J, et al., 2011. α-Linolenic acid intake attenuates myocardial ischemia/reperfusion injury through anti - inflammatory and anti-oxidative stress effects in diabetic but not normal rats [J]. Archives of Medical Research, 42 (3): 171-181.

Xu Y, Qian S Y, 2014. Anti-cancer activities of ω-6 polyunsaturated fatty acids [J]. Biomedical Journal, 37 (3): 112-119.

Yen H C, Lai W K, Lin C S, et al., 2015. Medium-chain triglyceride as an alternative of in-feed colistin sulfate to improve growth performance and intestinal microbial environment in newly weaned pigs [J]. Animal Science Journal, 86 (1): 99-104.

Yoon B K, Jackman J A, Valle-González E R, et al., 2018. Antibacterial free fatty acids and monoglycerides: biological activities, experimental testing, and therapeutic applications [J]. International Journal of Molecular Sciences, 19 (4): 1114.

Yuan Q, Xie F, Huang W, et al., 2022. The review of alpha-linolenic acid: Sources, metabolism, and pharmacology [J]. Phytotherapy Research, 36 (1): 164-188.

Zhuang P, Shou Q, Wang W, et al., 2018. Essential fatty acids linoleic acid and α-linolenic acid sex-dependently regulate glucose homeostasis in obesity [J]. Molecular Nutrition & Nood Research, 62 (17): 1800448.

第二章 畜禽必需脂肪酸——
亚油酸、α-亚麻酸

脂肪酸为畜禽的生长、发育、繁殖等各项活动提供能量，并协助脂溶性维生素等在机体内进行运输和吸收，同时维持生物膜正常功能等。

第一节 必需脂肪酸

根据动物机体能否自身合成，脂肪酸分为必需脂肪酸（essential fatty acids，EFA）和非必需脂肪酸。必需脂肪酸是指维持动物正常生理活动所必需的，但自身无法合成或者合成量较小，满足不了动物需要，必须由食物来供给的脂肪酸。畜禽由于缺乏Δ12-去饱和酶和Δ15-去饱和酶，不能合成亚油酸（LA，C18:2n-6）和α-亚麻酸（ALA，C18:3n-3），必须从食物中摄取（Ruiz-Lopez，2015）。因此，亚油酸和α-亚麻酸是畜禽的必需脂肪酸。花生四烯酸（AA）在体内可由亚油酸和γ-亚麻油酸转化生成，但合成过程很缓慢，外部供应优势明显，又称其为半必需脂肪酸。

EFA及其代谢产物还参与调控机体的脂质代谢、免疫功能、炎症反应、神经保护、生殖激素分泌、抗氧化、调节肠道菌群以及合成某些生物活性物质等（详见第一章）。适量补充EFA能够改善畜禽的生长性能、繁殖性能、免疫性能以及肉奶品质等。

一、饲料中EFA来源

畜禽需要的EFA中，LA很容易从植物油、谷物及其副产品中获得，如大豆油、玉米油、花生油、葵花籽油和棉籽油等，谷物和普通植物油的ALA含量都很低。富含ALA的植物油主要是亚麻籽油。动物油脂ALA和LA都很低（表2-1，表2-2）。说明在标准生产体系下饲粮主要以LA的形式提供n-6 PUFA，而n-3 PUFA含量较低，需要增加补充其他的n-3 PUFA来源。

表 2-1 谷物及其副产品的必需脂肪酸含量*

饲料名称	玉米	高粱	小麦	大麦（皮）	碎米	次粉	小麦麸	米糠	全脂大豆	大豆粕	棉籽粕	菜籽粕	花生仁粕	玉米蛋白粉	亚麻仁粕
干物质（DM）/%	86.0	86.0	87.0	87.0	88.0	87.0	87.0	87.0	88.0	89.0	90.0	88.0	88.0	90.1	88.0
粗蛋白质（CP）/%	8.7	9.0	13.4	11.0	10.4	13.6	14.3	12.8	35.5	44.2	43.5	38.6	47.8	63.5	34.8
粗脂肪（EE）/%	3.6	3.4	1.7	1.7	2.2	2.1	4.0	16.5	18.7	1.9	0.5	1.4	1.4	5.4	1.8
总脂肪酸（TFA）/%EE	84.6	89.5	75.2	75.3	90.6	79.2	79.9	77.2	94.4	76.0	74.9	79.4	73.7	80.5	74.5
亚油酸（LA）/%TFA	56.5	33.8	56.4	55.4	35.9	56.4	56.4	35.9	53.1	53.1	52.3	20.5	29.8	56.5	14.7
亚麻酸（ALA）/%TFA	1.0	2.6	5.9	5.6	1.5	5.9	5.9	1.5	7.4	7.4	0.2	9.8	0.8	1.0	54.2

注：*资料来源于中国饲料数据库情报网中心（2020）。

表 2-2 油脂的必需脂肪酸含量

（%TFA）

饲料名称	玉米油*	花生油*	大豆油*	棉籽油*	葵花油*	菜籽油*	棕榈油*	椰子油*	牛脂*	猪油*	家禽脂肪*	亚麻籽油#
亚油酸	58.9	54.7	53.7	48.9	35.5	19.0	9.9	1.8	1.1	10.2	20.6	10.14~16.39
亚麻酸	1.1	1.5	8.2	0.1	0.8	7.6	0.3	0.1	0.5	1.0	1.6	53.36~65.84

注：*资料来源于中国饲料数据库情报网中心（2020），#资料来源于张晓霞（2017）。

二、畜禽 EFA 的需要量和 n-6/n-3 PUFA 的比例

(一) 畜禽 EFA 的需要量

目前 EFA 需要量研究多集中于亚油酸，而对亚麻酸需要量的研究相对较少。不同畜禽的不同生理阶段对于 EFA 的需要量是不同的。

亚油酸对家禽作用尤为重要，不同家禽不同生理阶段对亚油酸的需要量不同。蛋鸡生长期日粮中，亚油酸添加量差异并不明显，但在其产蛋期，需提高日粮中亚油酸含量以满足蛋鸡生产需要。海兰蛋鸡 0~18 周龄，日粮亚油酸需要量为 1.00%，18 周龄至产蛋高峰期，日粮中亚油酸含量需增加到 1.50%，产蛋后期调整为 1.00%。罗曼蛋鸡在 1~8 周龄，日粮亚油酸需要量为 1.40%，9 周龄至开产为 1.00%，产蛋前期调整为 2.00%，产蛋后期为 1.60%（刘雅正，2014）。肉鸡，在生长前期对亚油酸的需要相对较高（1.2%~1.25%），后期添加量维持在 1.0% 即可（杨立杰 2016）。

目前各类猪的饲养标准中只有 LA 的需要量，缺乏 ALA 的需要量。美国 NRC（1998，2012）以及我国的《猪饲养标准》（2004）及《中国猪营养需要》（2021）中各生理阶段猪 LA 的推荐量均为 0.1%。猪不同生理阶段日粮 LA 需要量差异不大，玉米-豆粕-植物油日粮，一般能够满足 LA 需要量。玉米-豆粕-牛羊等动物油日粮，EFA 需要另外的补充方式，否则会出现缺乏症。幼龄、生长快和妊娠动物需要增加补充量。在猪的所有生理阶段，母猪最易出现 EFA 缺乏。妊娠母猪的饲粮通常为玉米-豆粕型，在不额外添加油脂的前提下，其 LA 含量已经大于 0.1%，因此在妊娠期通常不会出现 LA 缺乏。但常规饲粮中 ALA 的含量则很低，通常每千克日粮不超过 1 g，因此可能需要额外补充。Rosero（2016）报道，哺乳期母猪从饲粮中摄入的 EFA 应超过 125 g/d 的 LA 和 10 g/d 的 ALA，以使繁殖性能最大化。随着生活水平的不断提高，人们对肉品质的要求越来越高。肉品质的形成受遗传背景、饲料营养和饲养环境等诸多因素影响。猪在生长育肥期间从饲粮中摄取的脂肪酸能够不经过氢化，直接沉积于胴体形成大量脂肪。因此，饲粮脂肪酸的种类和比例对猪肉脂肪酸组成、风味和食用价值具有重要影响。增加饲粮中 ALA 的含量，能够提高血浆、肌肉和脂肪组织中 ALA 等 n-3 PUFA 的含量以及 n-3 PUFA 与 n-6 PUFA 的比例（杨元森，2023）。

对反刍动物必需脂肪酸的需要量没有明确规定。反刍动物可以从摄入的大量饲草中获得充足的 ALA（详见第三章）。另外，Lindsay（1977）研究发现，在绵羊体内被氧化的亚油酸少于棕榈酸、硬脂酸，而在非反刍动物中，

不饱和脂肪酸是极易被氧化的。用示踪法研究发现，在饥饿状态下，相对于亚油酸，棕榈酸、硬脂酸和油酸更容易被调动。输注的 ^{14}C 标记亚油酸被纳入血浆磷脂和胆固醇酯，硬脂酸在血浆磷脂中的结合率仅为亚油酸的 25% ~ 30%，在胆固醇酯中的结合率可忽略不计。这说明反刍动物比非反刍动物能够更有效地储存必需脂肪酸（郑伟，2015）。

（二）关于动物饲粮中 n-6/n-3 PUFA 的比例

在漫长的进化史中，野生动物 n-6 和 n-3 脂肪酸之间存在着平衡。n-3 脂肪酸存在于所有食物中，尤其是肉类、鱼类、野生植物、坚果和浆果（Eaton，1985；Cordain，1998）。

随着现代种植业、油脂加工业的快速发展，促进了以增产为主要目标的畜牧业的高速增长。为满足能量和经济成本的需要，富含 n-6 脂肪酸的谷物（例如玉米 n-6/n-3 比值为 56.5、米糠 23.9、高粱 13.0）及相关油脂的大量应用改变了动物的饲粮结构，降低了许多食物（动物肉类、蛋类甚至鱼类）中的 n-3 PUFA 含量。如现代水产养殖生产的鱼类所含的 n-3 PUFA 比在海洋、河流和湖泊中自然生长的鱼类要少（Van，1990）。谷饲牛肉和草饲牛肉的 n-6/n-3 比值分别为 7.65 和 1.53（Daley，2010）。按美国农业部（USDA）标准生产的鸡蛋 n-6/n-3 的比例为 19.9。通过在鸡饲料中添加鱼粉或亚麻籽，n-6/n-3 比值可分别降至 6.6 和 1.6，而放养鸡蛋黄的 n-6/n-3 比值为 1.3（Simopoulos，2016）。

大量动物试验研究表明，饲粮 n-6/n-3 比例保持适当高数值时，有助于提高生产性能；但膳食中高 n-6/n-3 比例对精子数量、质量具有显著损伤作用（刘珊珊，2014）。相对较低的 n-6/n-3 比例，有助于提高动物健康水平。饲粮 n-6/n-3 比值为 9 时，扬州鹅的屠宰率比较稳定，可获得较佳的胸肌率和腿肌率，产肉性能最好（喻礼怀，2012）。n-6/n-3 比值为 6 时可显著促进 42 日龄前扬州鹅免疫器官的发育，而 n-6/n-3 比值为 3，对 42 日龄后免疫器官的影响较为明显（张柏松，2011）。

饲粮 LA/ALA 比值为 9~13 时，猪日增重达到最大；比值在 6 时，料重比最小（陈静，2019）。但种公猪饲粮中 n-6/n-3 的适宜比值为 1（Lin，2016）。同样，n-6/n-3 比值为 1 的饲粮能促进后备公猪睾丸发育和附性腺的功能。

随着日粮中 n-6/n-3 比例提高，产蛋鸡 BSA 抗体效价、抗体 IgY 水平显著下降。当日粮中 n-6/n-3 比值在 1~8 时，产蛋鸡具有较好的免疫功能（夏兆刚，2004）。n-6/n-3 比值 3 的饲粮可使北极狐和银狐机体处于较好的免疫状态（钟伟，2019）。n-6/n-3 比值为 0.92 时，黄河鲤幼鱼增重率 WGR 达到峰值（庞小磊，2019）。罗氏沼虾幼虾饲料中最适 n-6/n-3 比例为 1.06~1.16（吕红雨，2023）。综上，也许 n-6/n-3 比值为 1 是多数动物达到健康状态的理想目标。这个比例恰好与漫长的进化过程中，人类膳食中的 n-6/n-3 比例（1：1）相一致（Simopoulos，2016）。

三、EFA 吸收和代谢

动物消化系统的结构对脂肪酸从饲粮转移到动物产品有重大影响。非反刍动物饲料脂肪的主要消化部位是小肠。胰脂肪酶将三酰基甘油（triacylglycerols）分解为主要为 2-单酰基甘油（2-monoacylglycerols）和游离脂肪酸，并通过微胶粒（micelles）的形成促进吸收。脂质吸收是由广泛分布于全身的脂蛋白脂肪酶（lipoprotein lipase enzyme）介导的。与反刍动物不同的是，非反刍动物的膳食脂肪酸在加入组织脂质之前是不变地被吸收的。因此，饲料脂肪来源对非反刍动物产品的脂肪酸组成有直接的影响（Chesworth，2012），对组织的不饱和脂肪酸供应可以简单地通过增加它们在饲料中的比例来增加。

相反，反刍动物消化系统中的瘤胃微生物对离开瘤胃进入小肠吸收的脂肪酸组成有重大影响（Jenkins，1993；Doreau，1997）。微生物酶负责膳食脂肪的异构化和水解，以及将不饱和脂肪酸转化为各种部分和完全饱和的衍生物包括共轭亚油酸 CLA（c9t11 C18：2 等）、Trans-Vaccenic acid（t11 C18：1）和硬脂酸（C18：0）。虽然反刍动物饲粮中主要的不饱和脂肪酸为亚油酸（LA）和亚麻酸（ALA），但经过瘤胃过程后，离开瘤胃的主要脂肪酸为 C18：0。

日粮中高达 95% 的 PUFA 被氢化或加氢成 SFA，使反刍动物肌肉中 SFA 含量过高（Butler，2014）。其中 C18：2n-6（LA）损失了 70%~95%，C18：3n-3（ALA）损失了 85%~100%，日粮中的 n-3 PUFA 转移到肉中的比例较低，典型值为 5%（Dewhurst，2003）。Chikunya（2004）研究发现，91% ALA 在绵羊瘤胃中被氢化，仅吸收了 9%。

反刍动物小肠对不饱和脂肪酸的吸收与非反刍动物相似，但 SFA 不同（Bauchart，1993）。反刍动物的肠道对脂肪酸的吸收系数高于非反刍动物，在常规低脂饲粮中，SFA 的肠道吸收系数为 80%，PUFA 的肠道吸收系数为 92%。反刍动物对 SFA 的吸收效率较高，这与胆汁盐和溶血磷脂胶束体系对脂肪酸的溶解能力以及十二指肠和空肠内的酸性条件（pH 3.0~6.0）有关。

低 pH 是由于胰腺碳酸氢钠浓度低，降低了 SFA 转化为不溶性钙盐。然而，由于不存在 2-单酰基甘油，反刍动物的三酰基甘油的再合成是通过甘油-6-磷酸途径。再合成的脂质以脂蛋白、乳糜微粒和极低密度脂蛋白的形式携带在血液中，由脂蛋白脂肪酶摄取并并入组织。非反刍和反刍动物的一个重要的区别是反刍动物的长链 PUFA（LCPUFA），C20 和 C22 没有大量融入三酰基甘油中，而是融入细胞膜磷脂中，并将大量沉积在肌内组织中。值得注意的是，由于携带这些酸的血浆磷脂是乳腺脂蛋白脂肪酶的不良底物，LCPUFA 向乳脂的转移将非常低（Woods，2009；Enser，1996；Offer，1999）。

四、动物多不饱和脂肪酸合成（n-3 PUFA 和 n-6 PUFA 形成竞争关系）

不同物种的 PUFA 代谢途径存在很大的差异，如所有鱼类都显示出 Δ6-去饱和酶活性，这是 LA 和 ALA 初始去饱和所需的。而 Δ5-去饱和酶只存在于江海洄游型品种或淡水物种中（Tocher，2010）。在陆生动物中，主要的单胃物种（猪、家禽、兔）能将一定的 ALA 转化为 EPA，而对 DHA 的合成一般要低得多。

几乎所有的高等植物、藻类、部分真菌和低等动物（如秀丽隐杆线虫）都具有 Δ12-去饱和酶和 Δ15-去饱和酶，可以分别将油酸（C18:1n-9）转化为 LA，将 LA 转化为 ALA（Ruiz-Lopez，2015）。然而，包括人类在内的动物缺乏这些去饱和酶。因此，LA 和 ALA 被认为是动物必需的 PU-FA。这些脂肪酸的进一步延长以及去饱和可转化为 LCPUFA，包括 EPA、DHA 和 AA 等。但转换往往不能满足机体的需要，在很大程度上依赖于食物的摄取。因此，这些 LCPUFA 被称为条件必需脂肪酸。Δ5-去饱和酶和 Δ6-去饱和酶是 LCPUFA 合成的关键酶。n-3 PUFA 和 n-6 PUFA 之间存在着对去饱和酶的竞争。Δ5-去饱和酶（FADS1）和 Δ6-去饱和酶（FADS2）都偏爱 ALA 而非 LA。然而，大量摄入 LA 会干扰 ALA 的去饱和及伸长（Hagve，1986；Indu，1992）。同样，反式脂肪酸也会干扰 LA 和 ALA 的去饱和及伸长。图 2-1 显示了 n-6 PUFA 和 n-3 PUFA 在体内的代谢和延长的合成途径。

动物主要是在肝细胞内质网中，LCPUFA 的生物合成从 Δ6-去饱和作用开始，通过在 LA 和 ALA 的 -COOH 末端在第 6 C-C 键位置添加一个双键，从而分别生成 γ-亚麻酸（GLA，C18:3n-6）和亚麻油酸（SDA，C18:4n-3）（图 2-1）。Δ6-去饱和酶是哺乳动物和人类体内的一种限速酶。接着，

通过 Δ6 特异性伸长酶（Δ6 specific elongase）将这些 Δ6-去饱和的脂肪酸伸长，分别得到 dihomo-γ-linolenic acid（DGLA，C20:3n-6）和二十碳四烯酸（ETA，C20:4n-3）。最后，通过 Δ5-去饱和酶在第 5 个 C-C 键处加入一个双键，再进行一次去饱和，分别生成 ARA（C20:4n-6）和 EPA（C20:5n-3）。通过 Δ17-去饱和酶可以将 GLA、DHGLA 和 ARA 分别转换为 SDA、ETA 和 EPA。在哺乳动物（称为 Sprecher 通路）中，EPA 经历两个连续的延伸周期。首先是生成二十二碳五烯酸（DPA，C22:5n-3），再生成二十四碳五烯酸（C24:5n-3），然后通过 Δ6-去饱和作用生成二十四碳六烯酸（THA，C24:6n-3）。然后，这种二十四碳 PUFA 经过 β 氧化，其碳链被缩短，生成二十二碳六烯酸（DHA，C22:6n-3）。

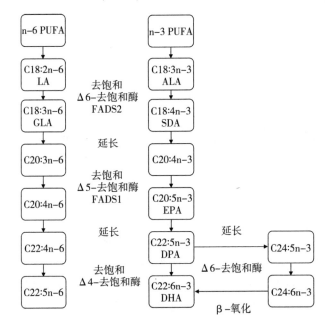

图2-1　n-6 PUFA 和 n-3 PUFA 在体内的代谢和延长途径示意图

（资料来源：Simopoulos，2016）

第二节　脂肪酸对畜禽品质的影响

一、肌内脂肪

动物的体内脂肪主要存在于皮下、腹部、内脏器官周围、肌间和肌内，某些动物还在特定部位储存脂肪，如绵羊的尾巴和骆驼的驼峰。其中，肌内脂肪（IMF）是指沉积在肌纤维与肌束之间的脂肪，其含量不同使肌肉中呈现不同程度的大理石花纹，直接影响色泽、风味、多汁性、嫩度等肉品质指标。相比其他脂肪细胞，IMF 细胞形成较晚，大理石花纹主要在性成熟后开始明显沉积（Hausman，2014）。

（一）肌内脂肪对肉品质的影响

肉品质主要受到 IMF 含量、肌纤维类型及直径等影响。IMF 含量低使得肉质干且味道差，人们可接受的 IMF 最低含量是牛肉 3%~4%、羊肉 5%、猪肉 2%（Hocquette，2010）。肉鸡去皮的胸肉中仅含有 1% 的脂肪，提高 IMF 含量，肉的风味分数显著增加（Goutefongea，1980）。

IMF 可提升肉的色泽、嫩度、多汁性、系水力及风味，是评价肉品质的重要指标。IMF 可切断肌肉纤维束间的交联结构，有利于咀嚼肉质时断裂肌肉纤维，从而改善肉的嫩度（Wood，2008）。育肥初期，SFA/UFA 比例较高，当动物体内脂肪超过一定水平后，SFA/UFA 比例下降（Wood，1984）。充分育肥的牛，油酸和棕榈酸比例增加，脂肪组织变软。IMF 区别于其他脂肪组织的显著特点在于含有更多磷脂类物质，磷脂中富含软脂酸、硬脂酸、油酸、亚油酸等（袁倩，2019）。IMF 含量与鸡肉系水力呈负相关（Latif，1998），但对猪肉系水力无显著影响（Hoffman，2003）。牛肉大理石花纹等级对牛肉蒸煮损失影响显著，大理石花纹丰富，则 IMF 含量高，蒸煮损失小（汤晓艳，2006）。IMF 的颜色受脂肪酸饱和程度及其异构化程度的影响。脂肪酸饱和度高则 IMF 熔点就高，瘤胃微生物加氢形成的反式脂肪酸的熔点很低。IMF 中不饱和脂肪酸含量越高越易发生酸败（李鹤琼，2019），肉中氧合肌红蛋白氧化为高铁肌红蛋白，导致肉由红色转变为褐色。调控 IMF 中脂肪酸种类，减少 IMF 中 SFA，增加有利于人体健康的 n-3 PUFA、共轭亚油酸（CLA）等含量有助于提升肉品质，满足人们对健康和口味的双重需求，提升经济价值。

（二）肌内脂肪对风味的影响

IMF 中所含的脂溶性成分及其降解物（如醛、醇和酮类）可提高肉的风味。烹饪时，IMF 所含的不饱和脂肪酸（unsaturated fatty acid，UFA）氧化产生挥发性化合物。由 n-9 脂肪酸的降解可产生己醛、庚烯醇、癸醛、辛醛、庚醛和壬醛，n-3 脂肪酸氧化生成 1-戊烯-3-醇和丙醛，n-6 脂肪酸降解形成己醛、戊醛戊基呋喃、戊醇、己醇、1-辛醇、2-辛醇。醛类（戊醛、己醛、庚醛、壬醛、辛醛）也是肉烹饪过程中产生风味的主要物质，其中己醛约占醛总量的90%，它是油酸、亚油酸和花生四烯酸及其他醛类的降解产物（李鹤琼，2019）。

二、畜禽的脂肪酸组成

在标准生产体系下，畜禽的主要脂肪酸如下（表2-3）。

（一）单胃动物的脂肪酸组成

单胃动物猪、鸡肌内脂肪中，SFA占24.9%~35.2%，MUFA占36.1%~42.8%，PUFA占17.8%~20.4%。PUFA/SFA比值为0.52~0.77，n-6/n-3值为4.4~6.4。含量高的主要脂肪酸有油酸C18:1n-9占36.1%~42.7%、棕榈酸C16:0占18.9%~22.8%、亚油酸（LA）占13.7%~16.6%。猪、鸡肌肉中没有检测到短链脂肪酸C4:0~C10:0，以及月桂酸C12:0、豆蔻酸C14:0。

（二）反刍动物的脂肪酸组成

1. 牛肉、羊肉的主要脂肪酸

反刍动物牛、羊肉（俗称红肉）肌内脂肪中，SFA占42.1%~45.3%，MUFA占32.3%~46.2%，PUFA占3.2%~4.9%，PUFA/SFA比值为0.08~0.12，n-6/n-3值为1.2~6.3。含量高的主要脂肪酸有油酸占32.3%~46.2%、棕榈酸占21.7%~26.3%、硬脂酸占13.2%~17.6%。牛、羊肉中LA比较低，仅占1.8%~2.8%。

表2-3中反刍动物（牛、羊）肉同单胃动物（猪、鸡）相比，主要特点是SFA高（42.1%~45.3% vs. 24.9%~35.2%），PUFA低（3.2%~4.9% vs. 17.8%~20.4%）。主要是LA低（1.8%~2.8% vs. 13.7%~16.6%），从而拉低了牛、羊肉的PUFA值。由于反刍动物瘤胃微生物的氢化作用，在标准生产体系下谷物和粗饲料中含的LA和ALA在瘤胃中被消耗殆尽，其中LA被氢化的比例约为70%~95%，ALA高达85%~100%（Doreau，1994），产物是C18:0。导致反刍动物IMF中SFA含量高于单胃动物，PUFA低于单胃动物，P/S比值低于单胃动物。SFA含量高，P/S比值低被认为不利于人体健康。此外，由于LA含量低，反刍动物的n-6/n-3比值普遍比单胃动物低，一般认为n-6/n-3越低越有利于人体健康。

2. 牛奶、羊奶的主要脂肪酸

反刍动物牛奶、羊奶脂肪中，SFA占63.9%~69.35%，MUFA占

21.2%~25.02%，PUFA 占 1.85%~2.4%，PUFA/SFA 比值为 0.03~0.04，n-6/n-3 值为 3.0~3.8。中长链 SFA 中的 C12:0、C14:0 和 C16:0 占乳脂中 SFA 的大部分。

畜禽肉、奶及制品是人类摄入 SFA 的主要来源。据报道，西欧国家居民摄入的总 SFA 中有 27.4%~57.1% 是由乳及乳制品提供，有 13.9%~29.0% 是由肉及肉制品提供。而且乳脂中 SFA 的大部分是长链 SFA（即 C12:0、C14:0 和 C16:0），其已被认为会增加总胆固醇和低密度脂蛋白（LDL）胆固醇浓度（Dewhurst，2006）。

3. 反刍动物中的其他脂肪酸

反刍动物肉奶中还有许多其他次要脂肪酸，包括支链脂肪酸和奇数脂肪酸，以及瘤胃生物氢化的中间产物 rTFA 和共轭亚油酸（conjugated linoleic acid，CLA）及其异构体等（Bhattacharya，2006）。其中一些脂肪酸虽然含量相对较少，但具有高水平的生物活性。如天然 CLA 主要来源于反刍动物的肉奶中，研究表明 CLA 在清除体内自由基、增强人体抗氧化和免疫能力、调节血液胆固醇和甘油三酯水平、防止动脉粥样硬化、促进蛋白合成等方面具有重要作用。乳脂中 CLA 含量为 2.5~17.7 mg/g，且 90% 以上的是具有生物活性的 c9t11 CLA（Parodi，1977）。母羊乳中 CLA 含量较丰富，约为 11 mg/g，非反刍动物乳中 CLA 含量约为 9 mg/g（Jahreis，1999）。

反刍动物（如牛、绵羊、山羊、骆驼）的肉类和奶制品也是部分人群膳食反式脂肪酸的重要来源。反刍动物体脂中 rTFA 的含量占总脂肪酸的 4%~11%，牛乳、羊乳中的含量占总脂肪的 3%~5%。t11 C18:1 是反刍动物中含量最高的一种反式脂肪酸，在乳脂和肌肉脂肪组织中大概占反式脂肪酸总量的 60%~70%（Motard-Bélanger，2008）。rTFA 对人体的影响研究结果尚不一致。虽然来源不同，但工业生产的反式脂肪酸和反刍动物反式脂肪酸中的单个异构体基本相同，只是存在的比例不同。工业生产的反式脂肪酸摄入量高与冠心病及相关死亡风险增加密切相关，含有大量工业生产的反式脂肪酸的食品应尽量避免食用。很少有研究发现反刍动物反式脂肪酸摄入量与人类心血管疾病之间存在关联。

表2-3 牛奶、牛肉、猪肉、羊肉、鸡肉和鸡蛋中的主要脂肪酸组成 （%TFA）

品种	样品类型	C4:0-C10:0	C12:0	C14:0	C16:0	C18:0	C18:1 n-9 OA	C18:2 n-6 LA	C18:3 n-3 ALA	C20:4 n-6 AA	C20:5 n-3 EPA	C22:5 DPA n-3	C22:6 n-3 DHA	Total trans	SFA	PUFA	PUFA/SFA	n-6	n-3	n-6/n-3	资料来源
牛奶	全奶	10.3	4.0	10.8	28.0	10.8	21.2	1.9	0.5	ND	ND	Tr	ND	3.7	63.9	2.4	0.04	1.9	0.5	3.8	
牛	肌肉	ND	ND	2.5	24.6	15.0	39.1	2.8	0.8	0.5	0.3	0.5	ND	3.6	42.1	4.9	0.12	3.3	1.6	2.1	Woods, 2009
	脂肪	ND	0.3	3.1	25.7	17.4	36.6	1.0	0.5	ND	ND	ND	ND	4.9	46.5	1.5	0.03	1.0	0.5	2.0	
牛（谷饲）	肌肉	NA	0.1	3.5	26.3	13.2	46.2	2.4	0.1	NA	0.2	0.1	NA	4.4	43.0	3.2	0.08	2.4	0.4	6.3	Leheska, 2008
羊奶	全奶	15.3	4.1	9.5	26.7	9.5	25.0	0.5	0.4	0.2	Tr	NA	0.1	1.4	65.1	1.2	0.02	0.7	0.5	1.5	王巍聱, 2021
羊	肌肉	0.3	0.5	5.2	21.7	17.6	32.3	1.8	1.2	0.5	0.3	0.4	0.1	8.2	45.3	4.3	0.09	2.3	2.0	1.2	
	脂肪	0.3	0.6	5.9	21.8	19.9	28.8	1.2	1.1	<0.1	Tr	0.1	ND	9.7	48.5	2.4	0.05	1.2	1.2	1.0	
猪	肌肉	ND	ND	ND	22.8	12.4	37.4	14.8	1.4	1.1	0.3	0.5	0.3	0.5	35.2	18.4	0.52	15.9	2.5	6.4	Woods, 2009
	脂肪	<0.1	ND	1.1	23.3	13.0	38.7	14.8	1.5	0.2	ND	0.2	0.2	0.7	37.4	16.9	0.45	15.0	1.9	7.9	
鸡	腿肉	ND	ND	ND	20.4	6.0	42.7	16.6	2.6	0.4	ND	0.4	0.4	0.8	26.4	20.4	0.77	17.0	3.4	5.0	
	胸肉	ND	ND	ND	18.9	6.0	36.1	13.7	1.7	0.8	Tr	0.8	0.8	0.9	24.9	17.8	0.71	14.5	3.3	4.4	
鸡蛋	全蛋	ND	ND	ND	24.0	8.4	42.8	17.2	0.9	0.8	ND	ND	ND	1.3	32.4	18.1	0.56	17.2	0.9	19.1	

注：Tr 表示微量，ND 表示未检出，NA 表示该值未在原始研究中报告。

参考文献

蔡秋声，1990. 一种新保健油——富含 α-亚麻酸紫苏油 [J]. 粮食与油脂 (3)：38-40.

陈静，刘显军，王彤，等，2019. 饲粮必需脂肪酸组成对育肥猪生长性能和血清生化指标的影响 [J]. 动物营养学报，31 (8)：3543-3550.

李鹤琼，罗海玲，2019. 反刍动物肌内脂肪及脂肪酸调控研究进展 [J]. 中国畜牧杂志，55 (8)：1-5, 12.

李树国，牛化欣，于建华，等，2018. 肉牛肌内脂肪和脂肪酸的营养价值及其调控 [J]. 黑龙江畜牧兽医 (上半月) (11)：59-62.

刘珊珊，李晓曦，林艳，等，2014. 膳食中高 n-6/n-3 多不饱和脂肪酸比值对小鼠精子浓度及活度的影响 [J]. 医学研究生学报 (7)：676-678.

刘雅正，2014. 罗曼蛋鸡营养需要 [J]. 国外畜牧学 (猪与禽)，34 (5)：47.

吕红雨，周越，舒虩，等，2023. 饲料中 n-3 PUFA/n-6 PUFA 比值对罗氏沼虾幼虾生长性能和抗氧化能力的影响 [J]. 水产学报，47 (9)：133-144.

牟朝丽，陈锦屏，2006. 紫苏油的脂肪酸组成、维生素 E 含量及理化性质研究 [J]. 西北农林科技大学学报 (自然科学版)，34 (12)：195-198.

庞小磊，田雪，王良炎，等，2019. 饲料中 n-3/n-6 多不饱和脂肪酸水平对黄河鲤幼鱼生长性能及生长相关基因 mRNA 表达的影响 [J]. 水产学报，43 (2)：492-504.

世界卫生组织，2023. 成人和儿童饱和脂肪酸和反式脂肪酸摄入量：世界卫生组织指南概要 [DB/OL]. 世界卫生组织. https：//iris. who. int/handle/10665/375038.

汤晓艳，周光宏，徐幸莲，2006. 大理石花纹、生理成熟度对牛肉品质的影响 [J]. 食品科学，27 (12)：114-117.

王琬婷，曾鑫，岳子婷，等，2021. 西农萨能奶山羊乳脂肪酸性状影响因素分析 [J]. 中国畜牧杂志，57 (7)：95-100.

夏兆刚，呙于明，陈士勇，等，2004. 不同 n-3/n-6 多不饱和脂肪酸对产蛋鸡免疫功能的影响 [J]. 中国兽医杂志，40 (7)：6-9.

杨立杰，杨在宾，姜淑贞，2016. 必需脂肪酸对动物的功能及其需要量再认识 [J]. 饲料工业，37（12）：31-33.

喻礼怀，王剑飞，王梦芝，等，2012. n-6/n-3 多不饱和脂肪酸不同比例对扬州鹅生产性能和屠宰性能的影响 [J]. 中国家禽，34（23）：18-22.

袁倩，王宇，苏琳，等，2019. 饲养方式对苏尼特羊肌内脂肪沉积途径AMPK-ACC-CPT1 通路和肉品品质的影响 [J]. 食品科学，40（1）：31-36.

张柏松，喻礼怀，王剑飞，等，2011. 日粮 ω-6/ω-3PUFA 比例对生长鹅免疫器官指数的影响 [J]. 上海畜牧兽医通讯（6）：4-6.

张晓霞，尹培培，杨灵光，等，2017. 不同产地亚麻籽含油率及亚麻籽油脂肪酸组成的研究 [J]. 中国油脂，42（11）：142-146.

郑伟，王勇，王慧媛，等，2015. 反刍动物必需脂肪酸营养的研究进展 [J]. 饲料博览（9）：18-22.

中国饲料数据库情报网中心，2020. 中国饲料数据库中国饲料成分及营养价值表第 31 版 [EB/OL]. https：//www. chinafeeddata. org. cn/admin/Zylist/slcfb_ml？ver=31.

钟伟，张婷，罗婧，等，2019. 饲粮 n-6/n-3 PUFA 比例对育成生长期雄性北极狐与银狐血清生化指标的影响 [J]. 西北农林科技大学学报（自然科学版），47（4）：7-15.

朱振宝，刘梦颖，易建华，等，2015. 不同产地核桃油理化性质、脂肪酸组成及氧化稳定性比较研究 [J]. 中国油脂，40（3）：87-90.

Bauchart D，1993. Lipid absorption and transport in ruminants [J]. Journal of Dairy Science，76（12），3864-3881.

Bhattacharya A，Banu J，Rahman M，et al.，2006. Biological effects of conjugated linoleic acids in health and disease [J]. The Journal of Nutritional Biochemistry，17（12）：789-810.

Butler G，2014. Manipulating dietary PUFA in animal feed：implications for human health [J]. Proceedings of the Nutrition Society，73（1）：87-95.

Chesworth J M，Stuchbury T，Scaife J R，2012. An introduction to agricultural biochemistry [M]. London：Springer Science & Business Media.

Chikunya S，Demirel G，Enser M，et al.，2004. Biohydrogenation of dietary n-3 PUFA and stability of ingested vitamin E in the rumen, and their effects on microbial activity in sheep [J]. British Journal of Nutrition, 91 (4): 539-550.

Cordain L, Martin C, Florant G, et al., 1998. The fatty acid composition of muscle, brain, marrow and adipose tissue in elk: Evolutionary implications for human dietary lipid requirements [J]. World Review of Nutrition and Dietetics, 83: 225.

Daley C A, Abbott A, Doyle P S, et al., 2010. A review of fatty acid pro-files and antioxidant content in grass – fed and grain – fed beef [J]. Nutrition Journal, 9 (1): 1-12.

Dewhurst R J, Scollan N D, Lee M R F, et al., 2003. Forage breeding and management to increase the beneficial fatty acid content of ruminant products [J]. Proceedings of the Nutrition Society, 62 (2): 329-336.

Dewhurst R J, Shingfield K J, Lee M R F, et al., 2006. Increasing the concentrations of beneficial polyunsaturated fatty acids in milk produced by dairy cows in high-forage systems [J]. Animal Feed Science and Tech-nology, 131 (3-4): 168-206.

Doreau M, Chilliard Y, 1997. Digestion and metabolism of dietary fat in farm animals [J]. British Journal of Nutrition, 78 (1): S15-S35.

Doreau M, Ferlay A, 1994. Digestion and utilisation of fatty acids by rumi-nants [J]. Animal Feed Science and Technology, 45 (3-4): 379-396.

Eaton S B, Konner M, 1985. Paleolithic nutrition: a consideration of its na-ture and current implications [J]. New England Journal of Medicine, 312 (5): 283-289.

Enser M, Hallett K, Hewitt B, et al., 1996. Fatty acid content and compo-sition of English beef, lamb and pork at retail [J]. Meat Science, 42 (4): 443-456.

Goutefongea R, Valin C, 1980. Quality of beef. 2. comparison of the organo-leptic properties of beef from cows and from young bulls [J]. Annales de Technologie Agricole, 27: 609-627.

Hagve T A, Christophersen B O, 1986. Evidence for peroxisomal retroconve-rsion of adrenic acid (22:4 (n-6)) and docosahexaenoic acids (22:6 (n-3)) in isolated liver cells [J]. Biochimica et Biophysica Acta

(BBA) -Lipids and Lipid Metabolism, 875 (2): 165-173.

Hausman G J, Basu U, Du M, et al., 2014. Intermuscular and intramuscular adipose tissues: bad vs. good adipose tissues [J]. Adipocyte, 3 (4): 242-255.

Hocquette J F, Gondret F, Baéza E, et al., 2010. Intramuscular fat content in meat-producing animals: development, genetic and nutritional control, and identification of putative markers [J]. Animal, 4 (2): 303-319.

Hoffman L C, Styger E, Muller M, et al., 2003. The growth and carcass and meat characteristics of pigs raised in a free-range or conventional housing system [J]. South African Journal of Animal Science, 33 (3): 166-175.

Indu M, 1992. n-3 fatty acids in Indian diets-Comparison of the effects of precursor (alpha-linolenic acid) Vs product (long chain n-3 poly unsaturated fatty acids) [J]. Nutrition Research, 12 (4-5): 569-582.

Jahreis G, Fritsche J, Möckel P, et al., 1999. The potential anticarcinogenic conjugated linoleic acid, cis-9, trans-11 C18:2, in milk of different species: cow, goat, ewe, sow, mare, woman [J]. Nutrition Research, 19 (10): 1541-1549.

Jenkins T C, 1993. Lipid metabolism in the rumen [J]. Journal of Dairy Science, 76 (12): 3851-3863.

Kouba M, Mourot J, 2011. A review of nutritional effects on fat composition of animal products with special emphasis on n-3 polyunsaturated fatty acids [J]. Biochimie, 93 (1): 13-17.

Latif S, Dworschak E, Lugasi A, et al., 1998. Influence of different genotypes on the meat quality of chicken kept in intensive and extensive farming managements [J]. Acta Alimentaria, 27: 63-75.

Leheska J M, Thompson L D, Howe J C, et al., 2008. Effects of conventional and grass-feeding systems on the nutrient composition of beef [J]. Journal of Animal Science, 86 (12): 3575-3585.

Lindsay D B, Leat W M F, 1977. Oxidation and metabolism of linoleic acid in fed and fasted sheep [J]. The Journal of Agricultural Science, 89 (1): 215-221.

Lin Y, Cheng X, Mao J, et al., 2016. Effects of different dietary n-6/n-3 polyunsaturated fatty acid ratios on boar reproduction [J]. Lipids in

Health and Disease, 15: 1–10.

Motard–Bélanger A, Charest A, Grenier G, et al., 2008. Study of the effect of trans fatty acids from ruminants on blood lipids and other risk factors for cardiovascular disease [J]. The American Journal of Clinical Nutrition, 87 (3): 593–599.

Offer N W, Marsden M, Dixon J, et al., 1999. Effect of dietary fat supplements on levels of n–3 poly–unsaturated fatty acids, trans acids and conjugated linoleic acid in bovine milk [J]. Animal Science, 69 (3): 613–625.

Parodi P W, 1977. Conjugated octadecadienoic acids of milk fat [J]. Journal of Dairy Science, 60 (10): 1550–1553.

Rosero D S, Boyd R D, Odle J, et al., 2016. Optimizing dietary lipid use to improve essential fatty acid status and reproductive performance of the modern lactating sow: a review [J]. Journal of Animal Science and Biotechnology, 7 (1): 1–18.

Ruiz–Lopez N, Usher S, Sayanova O V, et al., 2015. Modifying the lipid content and composition of plant seeds: engineering the production of LCPUFA [J]. Applied Microbiology and Biotechnology, 99: 143–154.

Simopoulos A P, 2016. An increase in the n–6/n–3 fatty acid ratio increases the risk for obesity [J]. Nutrients, 8 (3): 128.

Tocher D R, 2010. Fatty acid requirements in ontogeny of marine and freshwater fish [J]. Aquaculture Research, 41 (5): 717–732.

Van Vliet T, Katan M B, 1990. Lower ratio of n–3 to n–6 fatty acids in cultured than in wild fish [J]. The American Journal of Clinical Nutrition, 51 (1): 1–2.

Wood J D, 1984. Fats in Animal Nutrition//Chapter 20: Fat deposition and the quality of fat tissue in meat animals [M]. New York: Academic Press, 407–435.

Wood J D, Enser M, Fisher A V, et al., 2008. Fat deposition, fatty acid composition and meat quality: a review [J]. Meat Science, 78 (4): 343–358.

Woods V B, Fearon A M, 2009. Dietary sources of unsaturated fatty acids for animals and their transfer into meat, milk and eggs: a review [J]. Livestock Science, 126 (1–3): 1–20.

第三章　饲草 α-亚麻酸生物强化

牧草（grass/herbage）是指以草本植物为主栽培的或野生的饲用植物，包含可供饲用的半灌木、灌木、小乔木。1948 年美国农业年鉴 *Grass*（牧草）包含了上述饲用植物。英国 1936 年出版的最早的专业期刊 *Herbage Abstracts*（草类文摘）除了上述植物外还包括观赏、草坪植物，以及有毒有害的牧场植物。1946 年王栋编著的《牧草学讲义》和 1950 年出版的《牧草学通论》等一系列著作的牧草含义与上述文献一致。可将牧草一词视为饲用植物的总称。饲草（forage/grass）是指牧草中栽培型为主的饲用植物，也包括农作物秸秆［如全株玉米（*Zea mays*）、饲用高粱（*Sorghum bicolor*）等］（任继周，2015；林克剑，2023）。

生物强化首先由 Bouis 等定义，并演变为通过农业干预或遗传选择增加作物可食用部分中必需元素的生物可利用浓度的过程（Galié，2021）。

饲草是草食动物必需脂肪酸（α-亚麻酸）的重要来源。饲草的脂肪酸组成中 ALA 含量最高，占总脂肪酸（TFA）的 40% ~ 75%。单胃型食草动物能够更有效地将 PUFA 从饲粮中转移到肉中。例如，马是一种后肠发酵草食动物，这使得 PUFA 在后肠受到微生物的生物氢化作用之前，能够有效地吸收和沉积到组织中。当马自由放养时，ALA 可占马肉皮下脂肪组织 TFA 的 24.3%（Gupta，1951；He，2005；Guil，2013）。由于瘤胃微生物的生物氢化作用，反刍动物对饲粮中的 PUFA 直接吸收和沉积的效率非常低。但通过瘤胃生物氢化反应，反刍动物可利用 ALA、LA 生产共轭亚油酸（CLA），具有抗炎、免疫调节、抗氧化、抗动脉粥样硬化和抗癌等重要功能（Dewhurst，2006）。因此，研究饲草 α-亚麻酸生物强化，对于增加草食畜禽的必需脂肪酸供应，减少畜禽与人类竞争其他宝贵的 n-3 多不饱和脂肪酸（n-3 PUFA）资源，促进畜禽健康养殖，提高品质具有重要意义。

第一节 饲草脂质和脂肪酸组成

一、饲草脂质

同其他高等植物一样，饲草脂质可分为结构类脂质和贮藏类脂质。结构类脂质存在于各种膜和保护表层。膜脂存在于叶绿体膜、线粒体膜、内质网膜和质体膜等，主要由糖脂和磷脂组成。表面脂质主要为蜡质，含有少量长烃、脂肪酸和角质层。贮藏类脂质存在于种子中，主要是甘油三酯（Van，1994）。由于饲草被利用的部分是叶、茎等营养体，贮藏类脂质在饲草中是微不足道的成分。饲草地上部分（包括叶、茎）一般含有2%~4%DM的粗脂肪（乙醚提取物）。其中叶片中粗脂肪含量为3%~10%DM。饲草的大部分脂肪酸位于叶绿体内的类囊体膜中，占叶绿体DM的30%~40%（Butler，1974）。叶绿体作为植物光合作用的关键细胞器，是植物脂质研究的热点之一。它被外膜和内膜包围，并包括自然界中发现的最广泛的膜系统之一，组成类囊体的光合膜。类囊体膜独特的粗脂肪组成是两种半乳糖脂，单乳糖二酰基甘油（MGDG）和双乳糖二酰基甘油（DGDG）。MGDG 和 DGDG 占类囊体脂类总量的 60~80 mol%（Hurlock，2014）。半乳糖脂对植物的新陈代谢非常重要，它们的组成相当稳定。ALA 是草类半乳糖脂的主要脂肪酸（95%），而 LA 仅占2%~3%。半乳糖脂的含量随着饲草成熟而下降，并随着叶与茎的比例和其他代谢活性植物组织的比例而变化（Van，1994）。饲草中其他常见的脂肪酸，如 LA 和棕榈酸，以及少量的硬脂酸和油酸，更多地在磷脂和其他糖脂中发现，这些磷脂和其他糖脂构成植物细胞的其他膜（Buccioni，2012）。富含 ALA 的类囊体膜与其他细胞膜的差别对饲草脂肪酸的总体含量和组成有重要影响。根以磷脂为主，以 C16:0 和 C18:2n-6 为主要脂肪酸（Stumpf，1980）。

二、饲草与谷物脂肪酸组成的差异

饲草中主要的脂肪酸有三种，即 ALA、LA 和棕榈酸（C16:0），占 TFA 的93%（Clapham，2005）。其中 ALA 是主要的脂肪酸，通常占禾本科饲草 TFA 的 50%~75%，豆科饲草 TFA 的 40%~50%（Glasser，2013）。ALA 也是最易变化的，ALA 含量的变化对饲草 TFA 的影响最大。与新鲜饲草相比，当动物饲喂谷物或精料饲粮时，肉中 n-3 PUFA 的含量较低，最主要的原因是谷物中 ALA 的含量低（表 3-1）。

表 3-1 谷物和饲草的必需脂肪酸含量 （%TFA）

饲料名称	玉米*	小麦*	大麦*	大豆*	苜蓿草粉*	多花黑麦草#	杂交狼尾草#	羊茅§	鸭茅§	黑麦草§	Timothy§
亚油酸	56.5	56.4	55.4	53.1	19.3	7.1	12.6	13.4	15.7	12.3	20.3
亚麻酸	1	5.9	5.6	7.4	37	69.9	61	55.9	51.8	61	49.9

注：*（中国饲料数据库情报网中心，2020），#（冯德庆，2011），§（Glasser，2013）。

第二节　饲草 α-亚麻酸的生物强化

饲草中的脂肪酸含量和组成受到多种因素的影响，饲草 α-亚麻酸的生物强化主要考虑以下三个方面的因素：饲草自身因素（品种、生育期）、收获贮藏工艺（刈割、施肥、萎蔫、青贮）和环境因素（季节效应、温度、光照、水分）。

一、品种

在不同科、种和栽培品种之间，脂肪酸的含量存在差异。例如，禾本科、豆科饲草在同一生育期（抽穗期或 10% 开花期）收获时，同一科（禾本科或豆科）的物种之间以及两个科之间都存在显著差异。豆科植物 C14：0、C16：0、C18：0、C18：1n－9、C18：2n－6 和 TFA 含量较高，而 C18：3n-3 含量较低（Boufaied 2003）。

各科不同种间也存在较大差异。当从 10% 开花期的植物中采集新鲜饲料样品时，白三叶（*Trifolium reens*）的 ALA 含量高于红三叶（*T. pratense*）和苜蓿（*Medicago sativa*），而 n-6/n-3 比值低于红三叶和苜蓿（Clayton，2014）。

不同品种的多年生黑麦草在个体脂肪酸和 TFA 含量上存在差异（Elgersma，2003）。C18：2n-6 含量最高的品种为二倍体多年生黑麦草，含量最低的品种为四倍体多年生黑麦草。C18：3n-3 含量在品种间和倍性间存在显著差异，四倍体高于二倍体（Gilliland，2002）。

上述结果表明，品种间和品种间的个体脂肪酸和 TFA 存在显著差异，有通过育种提高脂肪酸含量的空间。然而，脂肪酸含量的相关遗传差异可能在幼嫩生长的植物中更为明显，而开花和衰老等因素对成熟饲草的影响更重要（Dewhurst，2006）。

二、生育期

植物的生育期是影响脂肪酸含量的主要因素之一。研究表明随着饲草成熟度的增加，脂肪酸含量下降（Boufaïed，2003；Barta，1975）。

黑麦草中 TFA 含量的最高水平是在草处于营养生长阶段时。在生育后期被刈割时，饲草总脂质和包括 ALA 和 LA 在内的大多数主要脂肪酸的含量较低（Dewhurst，2001；Glasser，2013）。猫尾草（*Phleum pratense* L.）在生育后期刈割时，ALA 和 LA 的含量较低，LA/ALA 的比值较高（Boufaïedl，2003）。

随着成熟度的提高，饲草脂肪酸含量降低的主要原因之一是叶茎比的降低（Boufaïed，2003；Dewhurst，2003）。因为叶片含有更高含量的脂肪酸，特别是 ALA（Dewhurst，2006）。猫尾草的叶茎比随着植株成熟而降低，茎的脂肪酸含量比叶低 50%~70%（Bélanger，1996；Boufaïed，2003）。因此，叶茎比是影响饲草脂肪酸含量的一个重要的因素。

还有证据表明开花过程也会导致脂肪酸含量的降低（Dewhurst，2002）。因此，防止开花的管理措施应该可增加饲草中脂肪酸的含量。

因此，在比较不同品种饲草之间脂肪酸组成差异时，处于相似生育期是重要的前提条件。由此可见，饲草的脂肪酸含量可以通过管理草地，如通过放牧或刈割来控制。在生育期早期阶段进行刈割可能导致饲草中脂肪酸含量高于后期刈割。

三、刈割

收获时，饲草中 ALA 和 LA 含量由于不同酶的氧化和降解而降低，这是受损组织中启动的植物防御机制（Elgersma，2003）。由于类囊体膜的不断更新和置换，植物细胞内始终存在一些脂溶酶活性。植物受到伤害，如刈割会刺激快速的应激反应，其中脂肪酶会从脂膜中释放 ALA 和 LA。脂加氧酶催化这些 PUFA 的脱氧，生成过氧化 PUFA，这些 PUFA 是至少七个不同酶家族的底物。过氧化 PUFA 对茉莉酸盐和绿叶挥发物产生直接或间接的防御作用。持绿性可以减缓或减少叶绿体的衰老（Goossen，2018）。

研究表明 TFA、CP 和 ALA 随着黑麦草的再生间隔（20~38 d）的增加而降低（Dewhurst，2001；Elgersma，2003；Witkowska，2008）。因此，在农艺措施中，可通过缩短再生间隔，增加刈割次数，提高饲草重要的脂肪酸含量。

四、施肥

提供充足的氮肥可以提高饲草中 TFA 和 ALA 的含量（Glasser，2013）。研究表明，0~120 kg/ha 氮肥施肥水平范围内，禾本科饲草脂肪酸含量和组成呈线性变化，施氮增加了饲草 TFA 和 CP 含量以及 ALA 的比例，而其他，如 C18:2、C18:1、C18:0、C16:0 的比例则降低了（Boufaied，2003；Elgersma，2005；Witkowska，2008）。120 kg/ha 氮肥的猫尾草中 TFA 含量比未施肥的对照提高 26%。C16:0（18%）、C18:2（12%）和 C18:3（40%）含量显著提高（Boufaïed，2003）。但在生育后期，某些脂肪酸（C16:1 和 C18:3n-3）随着饲草成熟而降低。此外，多年生黑麦草中氮含量与 TFA 之间存在正线性关系（Elgersma，2005；Witkowska，2008）。研究者认为施氮肥提高了饲草叶片中叶绿体数量和富含 ALA 的类囊体膜含量，从而提高了脂肪酸含量的增加（Dewhurst，2013）。

研究还发现，磷肥对饲草的脂肪酸含量没有明显影响（Lee，2006；Boufaïed，2003；Barta，1975）。钾肥的提高与脂肪酸含量没有直接关系（Barta，1975）。

五、萎蔫

饲草萎蔫过程脂肪酸的损失是相当可观的。例如，晒草导致禾本科和豆类作物 TFA 含量平均下降 2.4 g/kg DM，TFA 中 ALA 比例平均下降 7.13 %。干燥条件较差的晒干草方式可导致苜蓿的 ALA 含量大幅下降，大部分干草 ALA 含量几乎是新鲜苜蓿的一半。而良好干燥条件下生产的苜蓿颗粒 ALA 含量与新鲜饲料相似，说明良好的干燥条件有助于 ALA 的保存（Glasser，2013）。氧化是造成饲草 PUFA 损失的一个主要因素，植物脂肪酶是主要的因子。饲草贮存过程大多数脂肪酸的损失可能是内源性植物酶的脂分解活性以及随后 PUFA，尤其是 ALA 的氧化造成的（Goossen，2018）。

在饲草萎蔫过程的不同阶段，ALA 和 TFA 损失不一样（Dewhurst，1998，2002；Elgersma，2003；Warren，2002）。例如，多年生黑麦草 ALA 的比例的下降主要在萎蔫初期，饲草 DM 含量达到 45% 鲜重后，TFA 含量没有继续下降（Khan，2011）。三叶草（Trifolium spp. L.）萎蔫至 40% ~ 50% 鲜重时，其脂溶酶活性大大降低（Van Ranst，2009）。

猫尾草在最初的萎蔫中 ALA 和 TFA 含量有所下降，但在延长干燥至干草的过程中没有进一步降低（Boufaïed，2003）。

六、青贮

Meta 分析表明，关于青贮对饲草脂肪酸的影响，对于大多数脂肪酸来说，不同品种的饲草之间没有显著影响。青贮诱导脂肪含量略有增加（未萎蔫青贮较高，对干草不显著），以及 TFA 略有增加（仅对未萎蔫青贮显著）。青贮诱导的脂肪酸组成变化相对较小，但显著（一般小于新鲜饲草值的 10%）。不经过萎蔫的青贮对 C18:3 含量没有影响，经过萎蔫的青贮和干草平均降低 5%（Glasser，2013）。

值得注意的是，许多研究评价青贮对饲草脂肪酸的影响时，没有排除青贮前的萎蔫过程脂肪酸的损失，而经过萎蔫过程脂肪酸的损失是相当可观的。这个因素导致了许多研究结果的不一致（Clayton，2014）。

七、季节效应

Meta 分析也显示，在已发表文献中 TFA 含量和 ALA 比例存在明显的季节性变化。TFA 含量和 ALA 比例从春季到 6、7 月呈下降趋势，到秋季再上升（Glasser，2013）。黑麦草 TFA 含量春季比夏季高 32%~53%，秋季比夏季高 18%~25%（Witkowska，2008）。这种季节变化可能不是其本身的直接影响，而是由温度差异和饲草处在不同生育期的结果。

八、温度

温度是季节效应的一个组成部分，也是影响饲草脂肪酸含量和组成的重要因素。饲草叶绿体脂膜、类囊体膜通过调整饱和度水平保持硬度和流动性的平衡，以响应温度的变化（Goossen，2018）。温度降低会激活去饱和酶，从而增加 n-3 PUFA 的比例，如 ALA、C16:3n-3 在植物中的比例（Falcone，2004；Xu，1997）。这些变化增强了膜的流动性，保持了膜的完整性，允许必要的跨膜运输继续进行，从而最大限度地减少对细胞功能的破坏（Uemura，1995）。为了应对更高的温度，植物需要提高膜的硬度以获得最佳的膜性能，从而增加饱和脂肪酸如硬脂酸的含量（Harwood，1996）。

温度升高还可以通过提高饲草成熟和木质素化的速率（增加植物组分中的中性洗涤纤维，NDF），并通过改变叶片和茎组分的相对比例，稀释富含 ALA 的类囊体膜的数量，从而间接影响饲草脂肪酸含量和组成（Buxton，1994）。

九、光照

光强度是影响饲草脂肪酸组成的另一个环境因素，主要是通过影响叶绿体含量。研究表明脂肪酸含量与光合活性之间存在正相关关系（Witkowska，2008）。自然光照条件下的大麦 ALA 的含量比低光照条件下或黑暗条件下的高（Grey，1967；Newman，1971）。此外，光照时间越长，植物 PUFA 含量越高（Trémolières，1971）。

十、水分

在耐水分胁迫的品种中，脂肪酸数量和脂肪酸不饱和程度的增加（即更多的 ALA 和 C16:3n-3），说明维持足够数量和更大比例的不饱和膜脂肪酸，维持脂膜的稳定性和完整性，对植物在干旱胁迫下生存是至关重要的（Upchurch，2008；Yu，2014；Perlikowski，2016）。另外，水分亏缺可抑制脂质生物合成，并刺激脂质分解和过氧化活性（Upchurch，2008）。

第三节　饲草脂肪酸合成及调控

在植物体中饱和脂肪酸的生物合成主要是在叶绿体基质中进行，起始于乙酰辅酶 A，然后经过一系列脂肪酸合成酶的作用，聚合形成 16C～18C 的饱和脂肪酸。不饱和脂肪酸的合成始于饱和脂肪酸的去饱和作用。首先，它们在 Δ9 脂肪酸去饱和酶（SAD，硬脂酰-ACP 去饱和酶）的作用下，催化合成棕榈油酸和油酸。油酸通过 Δ12 脂肪酸去饱和酶的作用，形成亚油酸；亚油酸进一步通过 Δ15 去饱和酶的作用，合成 α-亚麻酸；或者通过 Δ6 去饱和酶的作用，合成 γ-亚麻酸（王利民，2020）。

硬脂酰-ACP 去饱和酶（SAD）催化植物十八碳不饱和脂肪酸合成的第一步去饱和反应，存在于植物叶绿体基质中，是提高植物体内不饱和脂肪酸含量的关键酶（Lindqvist，1996）。植物不饱和脂肪酸含量的增加可显著提高植物的低温抗性（Kodama，1995）。目前，已经从蓖麻（*Ricinus communis* L.）、黄瓜（*Cucumis sativus* L.）、马铃薯（*Solanum tuberosum* L.）、油菜（*Brassica campestris* L.）、葡萄（*Vitis vinifera* L.）等多种植物中克隆到 *SAD* 编码基因，并对 SAD 的结构及功能进行了研究。研究表明，应用转基因技术增加植株 *SAD* 基因表达，进而增加植物膜脂不饱和脂肪酸含量，最终可以提高植物的抗寒性。

Δ12 脂肪酸去饱和酶是去饱和反应中的关键酶之一，催化油酸脱氢形成亚油酸，存在于内质网及质体上，根据其不同的电子供体分为 FAD2、FAD6两类。植物 FAD2 基因的转基因研究取得了很大进展，获得了转基因玉米、大豆、花生、油菜等。通过农杆菌介导的方法，将克隆到的油菜 FAD2 基因反义引入油菜中，发现油酸含量明显提高（石东乔，2002）；FAD2 基因过表达的银腺杨与对照植株相比亚麻酸含量提高（周洲，2007）；油橄榄在油酸合成的过程中，低温胁迫下 FAD2 转录表达量增加，且在不同基因型植株中表现一致（Matteucci，2011）。FAD6 基因主要负责植物质体双不饱和脂肪酸的合成，在调节叶绿体膜不饱和脂肪酸含量，维持叶绿体膜稳定上有重要作用。小球藻相关研究表明，4 ℃条件下 FAD6 基因转录表达量为 15 ℃的4 倍，且 FAD6 基因转录表达量与环境温度变化呈负相关（Lu，2010）。

Δ15 脂肪酸去饱和酶位于质体或内质网膜上，催化 ALA 和 C16:3n-3 的生物合成，它们在改变植物膜脂脂肪酸的组成、提高其不饱和度、增加叶绿体的发育及叶片成熟过程中三烯脂肪酸的含量、增强抗冷性及低温光抑制后光合能力的恢复等方面具有重要作用（高岩，2010）。Δ15 脂肪酸去饱和酶包括 FAD3 和 FAD7、FAD8 两类，FAD3 基因编码内质网型 Δ15 脂肪酸去饱和酶，负责质体内膜膜脂之外所有不饱和甘油酯的合成，在常温下表达。目前已经从拟南芥、油菜、油橄榄等多种植物中分离到 FAD3 基因，在番茄中过表达 FAD3 基因，4 ℃低温处理后转基因番茄叶片中亚麻酸含量增加（Yu，2009）。将拟南芥中分离的基因 FAD7 导入烟草，转基因烟草十六碳三烯脂肪酸和亚麻酸含量增加，而它们的前体十六碳二烯脂肪酸和亚油酸含量则降低（Kodama，1994），在番茄植株中反义表达 FAD7 基因，转反义株系中亚麻酸含量明显降低（刘训言，2006）。FAD8 基因受低温诱导表达，FAD8 蛋白在高温下累积受抑制。将 FAD8 基因在水稻中过表达，转基因品系中十六碳三烯脂肪酸和亚麻酸含量均增加，且 2 ℃处理 7 d 后，转基因植株受损伤程度明显低于对照植株（Wang，2006）。烟草中过表达 FAD8 基因使三烯脂肪酸含量上升，植株的抗热性明显下降（Zhang，2005）。

磷脂酰胆碱甘油二酯转磷酸胆碱酶（PDCT）可以调节不饱和脂肪酸的最终含量，影响种子油中脂肪酸的组成，在胡麻种子成熟期，PDCT 基因表达量与种子油中硬脂酸及亚麻酸含量呈显著正相关，而与亚油酸含量呈显著负相关（王树彦，2016）。研究表明，拟南芥中 PDCT 基因突变（rod1）能够降低其多不饱和脂肪酸的积累（Lu，2009），将亚麻中克隆到的 PDCT 基因转入拟南芥 rod1 突变体，可以恢复突变体植株的多不饱和脂肪酸水平

（Wickramarathna，2015）。紫苏 *PDCT* 基因在不同发育时期的种子中均有表达，其中，在开花后 20 d 表达量最高，该基因高量表达之后进入脂肪酸快速积累期，说明 *PDCT* 基因在紫苏种子脂肪酸代谢积累过程发挥了一定作用（任文燕，2019）。

长链脂酰辅酶 A 合成酶（LACS）是包含在脂酰辅酶 A 合成酶家族中的一类酶，在脂肪酸合成和分解代谢中具有重要的作用（李庆岗，2012），活化游离脂肪酸，创建和维护细胞内酰基辅酶 A 含量，大多数 LACS 在催化 C16 和 C18 脂肪酸方面都具有很重要的作用，目前，已经从多种高等植物中研究得到 *LACS* 基因，其中在模式植物拟南芥的研究中发现 *LACS* 基因家族共有 9 个基因成员（Shockey，2002）。对拟南芥 *LACS*1 基因进行酵母表达研究，同时使用 GC-MS 检测脂肪酸成分，发现 *LACS*1 可以对游离的长链脂肪酸进行催化、活化，对脂肪酸代谢有一定作用（陈红，2017）；对油菜中 *LACS*9 基因进行相应功能表达研究，验证 *LACS*9 基因产物具有 LACS 活性，属于 *LACS* 基因家族，通过过表达研究，证实 *LACS*9 可以影响叶片 TAG 的合成，从而能够影响叶绿素的合成（郑香峰，2014）。

参考文献

陈红，余春娥，孙汝浩，等，2017. 拟南芥长链脂肪酰辅酶 A 合成酶基因（*LACS*1）的克隆及功能分析 [J]. 分子植物育种，15（5）：1623-1629.

冯德庆，黄勤楼，李春燕，等，2011. 28 种牧草的脂肪酸组成分析研究 [J]. 草业学报，20（6）：214-218.

高岩，郭东林，郭长虹，2010. 三烯脂肪酸在高等植物逆境胁迫应答中的作用 [J]. 分子植物育种，8（2）：365-369.

李庆岗，陶著，杨玉增，等，2012. 长链脂酰 CoA 合成酶（ACSL）的研究进展 [J]. 中国畜牧兽医，39（6）：137-140.

林克剑，刘志鹏，罗栋，等，2023. 饲草种质资源研究现状、存在问题与发展建议 [J]. 植物学报，58（2）：241-247.

刘训言，2006. 番茄叶绿体 ω-3 脂肪酸去饱和酶基因（*LeFAD*7）的克隆及其在温度逆境下的功能分析 [D]. 泰安：山东农业大学.

任继周，2015. 几个专业词汇的界定、浅析及其相关说明 [J]. 草业学报，24（6）：1-4.

任文燕，周雅莉，杨慧娟，等，2019. 紫苏 *PfPDCT* 基因序列特征及表

达分析 [J]. 山西农业科学, 47 (5): 706-709.

石东乔, 周奕华, 陈正华, 2002. 植物脂肪酸调控基因工程研究 [J]. 生命科学, 14 (5): 291-295, 317.

王利民, 符真珠, 高杰, 等, 2020. 植物不饱和脂肪酸的生物合成及调控 [J]. 基因组学与应用生物学, 39 (1): 254-258.

王树彦, 韩冰, 周四敏, 等, 2016. 胡麻脂肪酸含量与相关基因差异表达 [J]. 中国油料作物学报, 38 (6): 771-777.

郑香峰, 2014. 油菜长链脂酰辅酶 A 合成酶基因 *BnLACS9* 参与叶绿素的生物合成 [D]. 镇江: 江苏大学.

中国饲料数据库情报网中心, 2020. 中国饲料数据库中国饲料成分及营养价值表第 31 版 [EB/OL]. https://www. chinafeeddata. org. cn/admin/Zylist/slcfb_ml? ver=31.

周洲, 张德强, 卢孟柱, 2007. 毛白杨油酸去饱和酶基因 *PtFAD2* 的克隆与表达分析 [J]. 林业科学, 43 (7): 16-21.

Barta A L, 1975. Higher fatty acid content of perennial grasses as affected by species and by nitrogen and potassium fertilization 1 [J]. Crop Science, 15 (2): 169-171.

Bessa R J B, 2000, Santos-Silva J, Ribeiro J M R, et al. Reticulo-rumen biohydrogenation and the enrichment of ruminant edible products with linoleic acid conjugated isomers [J]. Livestock Production Science, 63 (3): 201-211.

Bélanger G, McQueen R E, 1996. Digestibility and cell wall concentration of early-and late-maturing timothy (*Phleum pratense* L.) cultivars [J]. Canadian Journal of Plant Science, 76 (1): 107-112.

Boufaïed H, Chouinard P Y, Tremblay G F, et al., 2003. Fatty acids in forages. I. Factors affecting concentrations [J]. Canadian Journal of Animal Science, 83 (3): 501-511.

Buccioni A, Decandia M, Minieri S, et al., 2012. Lipid metabolism in the rumen: new insights on lipolysis and biohydrogenation with an emphasis on the role of endogenous plant factors [J]. Animal Feed Science and Technology, 174 (1-2): 1-25.

Butler G W, Bailey R W, 1974. Chemistry and biochemistry of herbage [M]. London, UK: Academic Press.

Buxton D R, Fales S L, 1994. Plant environment and quality [C] // George C. Fahey Jr. Forage Quality, Evaluation, and Utilization. Lincoln: the American Society of Agronomy, Inc.: 155-199.

Clapham W M, Foster J G, Neel J P S, et al., 2005. Fatty acid composition of traditional and novel forages [J]. Journal of Agricultural and Food Chemistry, 53 (26): 10068-10073.

Clayton E H, 2014. Long-Chain Omega-3 Polyunsaturated Fatty Acids in Ruminant Nutrition: Benefits to Animals and Humans [M]. NSW: NSW Department of Primary Industries.

Daley C A, Abbott A, Doyle P S, et al., 2010. A review of fatty acid profiles and antioxidant content in grass-fed and grain-fed beef [J]. Nutrition Journal, 9 (1): 1-12.

Dewhurst, 1998. Effects of extended wilting, shading and chemical additives on the fatty acids in laboratory grass silages [J]. Grass and Forage Science, 53 (3): 219-224.

Dewhurst R J, Moorby J M, Scollan N D, et al., 2002. Effects of a stay-green trait on the concentrations and stability of fatty acids in perennial ryegrass [J]. Grass and Forage Science, 57 (4): 360-366.

Dewhurst R J, Scollan N D, Lee M R F, et al., 2003. Forage breeding and management to increase the beneficial fatty acid content of ruminant products [J]. Proceedings of the Nutrition Society, 62 (2): 329-336.

Dewhurst R J, Scollan N D, Youell S J, et al., 2001. Influence of species, cutting date and cutting interval on the fatty acid composition of grasses [J]. Grass and Forage Science, 56 (1): 68-74.

Dewhurst R J, Shingfield K J, Lee M R F, et al., 2006. Increasing the concentrations of beneficial polyunsaturated fatty acids in milk produced by dairy cows in high-forage systems [J]. Animal Feed Science and Technology, 131 (3-4): 168-206.

Dhiman T R, Anand G R, Satter L D, et al., 1999. Conjugated linoleic acid content of milk from cows fed different diets [J]. Journal of Dairy Science, 82 (10): 2146-2156.

Elgersma A, Ellen G, Van der Horst H, et al., 2003. Comparison of the fatty acid composition of fresh and ensiled perennial ryegrass (*Lolium Pe-*

renne L.), affected by cultivar and regrowth interval [J]. Animal Feed Science and Technology, 108 (1-4): 191-205.

Elgersma A, Maudet P, Witkowska I M, et al., 2005. Effects of nitrogen fertilisation and regrowth period on fatty acid concentrations in perennial ryegrass (*Lolium Perenne* L.) [J]. Annals of Applied Biology, 147 (2): 145-152.

Falcone D L, Ogas J P, Somerville C R, 2004. Regulation of membrane fatty acid composition by temperature in mutants of Arabidopsis with alterations in membrane lipid composition [J]. BMC Plant Biology, 4: 1-15.

Galić L, Vinković T, Ravnjak B, et al., 2021. Agronomic biofortification of significant cereal crops with selenium-A review [J]. Agronomy, 11 (5): 1015-1028.

Gilliland T J, Barrett P D, Mann R L, et al., 2002. Canopy morphology and nutritional quality traits as potential grazing value indicators for Lolium perenne varieties [J]. The Journal of Agricultural Science, 139 (3): 257-273.

Glasser F, Doreau M, Maxin G, et al., 2013. Fat and fatty acid content and composition of forages: a meta-analysis [J]. Animal Feed Science and Technology, 185 (1-2): 19-34.

Gray I K, Rumsby M G, Hawke J C, 1967. The variations in linolenic acid and galactolipid levels in Gramineae species with age of tissue and light environment [J]. Phytochemistry, 6 (1): 107-113.

Guil-Guerrero J L, Rincón-Cervera M A, Venegas-Venegas C E, et al., 2013. Highly bioavailable α-linolenic acid from the subcutaneous fat of the Palaeolithic Relict "Galician horse" [J]. International Food Research Journal, 20 (6): 3249-3258.

Gupta S S, Hilditch T P, 1951. The component acids and glycerides of a horse mesenteric fat [J]. Biochemical Journal, 48 (2): 137-146.

Harwood J L, 1996. Recent advances in the biosynthesis of plant fatty acids [J]. Biochimica et Biophysica Acta (BBA) -Lipids and Lipid Metabolism, 1301 (1-2): 7-56.

He M L, Ishikawa S, Hidari H, 2005. Fatty acid profiles of various muscles and adipose tissues from fattening horses in comparison with beef cattle and pigs [J]. Asian – Australasian Journal of Animal Sciences, 18 (11): 1655–1661.

Hurlock A K, Roston R L, Wang K, et al., 2014. Lipid trafficking in plant cells [J]. Traffic, 15 (9): 915–932.

Jenkins T C, Wallace R J, Moate P J, et al., 2008. Board-invited review: recent advances in biohydrogenation of unsaturated fatty acids within the rumen microbial ecosystem [J]. Journal of Animal Science, 86 (2): 397–412.

Khan N A, Cone J W, Fievez V, et al., 2011. Stability of fatty acids during wilting of perennial ryegrass (*Lolium Perenne* L.): effect of bruising and environmental conditions [J]. Journal of the Science of Food and Agriculture, 91 (9): 1659–1665.

Kodama H, Hamada T, Horiguchi G, et al., 1994. Genetic enhancement of cold tolerance by expression of a gene for chloroplast [omega] −3 fatty acid desaturase in transgenic tobacco [J]. Plant Physiology, 105 (2): 601–605.

Kodama H, Horiguchi G, Nishiuchi T, et al., 1995. Fatty acid desaturation during chilling acclimation is one of the factors involved in conferring low–temperature tolerance to young tobacco leaves [J]. Plant Physiology, 107 (4): 1177–1185.

Lee S W, Chouinard Y, Van B N, 2006. Effect of some factors on the concentration of linolenic acid of forages [J]. Asian–australasian Journal of Animal Sciences, 19 (8): 1148–1158.

Lindqvist Y, Huang W, Schneider G, et al., 1996. Crystal structure of delta9 stearoyl–acyl carrier protein desaturase from castor seed and its relationship to other di–iron proteins [J]. The EMBO Journal, 15 (16): 4081–4092.

Lu C, Xin Z, Ren Z, et al., 2009. An enzyme regulating triacylglycerol composition is encoded by the ROD1 gene of *Arabidopsis* [J]. Proceedings of the National Academy of Sciences, 106 (44): 18837–18842.

Lu Y, Chi X, Li Z, et al., 2010. Isolation and characterization of a stress–dependent plastidial Δ 12 fatty acid desaturase from the Antarctic microalga Chlorella vulgaris NJ–7 [J]. Lipids, 45: 179–187.

Matteucci M, D'Angeli S, Errico S, et al., 2011. Cold affects the transcription of fatty acid desaturases and oil quality in the fruit of *Olea europaea* L. genotypes with different cold hardiness [J]. Journal of Experimental Botany, 62 (10): 3403-3420.

Newman D W, Rowell B W, Byrd K, 1973. Lipid transformations in greening and senescing leaf tissue [J]. Plant Physiology, 51 (2): 229-233.

Perlikowski D, Kierszniowska S, Sawikowska A, et al., 2016. Remodeling of leaf cellular glycerolipid composition under drought and re-hydration conditions in grasses from the Lolium-Festuca complex [J]. Frontiers in Plant Science, 7: 1027.

Shockey J M, Fulda M S, Browse J A, 2002. Arabidopsis contains nine long-chain acyl-coenzyme a synthetase genes that participate in fatty acid and glycerolipid metabolism [J]. Plant Physiology, 129 (4): 1710-1722.

Stumpf P K, Conn E E, 1980. The Biochemistry of Plants: Methodology [M]. New York, USA: Academic Press.

Trémolières A, Lepage M, 1971. Changes in lipid composition during greening of etiolated pea seedlings [J]. Plant Physiology, 47 (2): 329-334.

Uemura M, Joseph R A, Steponkus P L, 1995. Cold acclimation of Arabidopsis thaliana (effect on plasma membrane lipid composition and freeze-induced lesions) [J]. Plant Physiology, 109 (1): 15-30.

Upchurch R G, 2008. Fatty acid unsaturation, mobilization, and regulation in the response of plants to stress [J]. Biotechnology Letters, 30: 967-977.

Van Ranst G, Fievez V, Vandewalle M, et al., 2009. Influence of herbage species, cultivar and cutting date on fatty acid composition of herbage and lipid metabolism during ensiling [J]. Grass and Forage Science, 64 (2): 196-207.

Van Soest P J, 1994. Nutritional Ecology of the Ruminant [M]. Ithaca, New York: Cornell University Press.

Wang J, Ming F, Pittman J, et al., 2006. Characterization of a rice

(*Oryza sativa* L.) gene encoding a temperature-dependent chloroplast ω-3 fatty acid desaturase [J]. Biochemical and Biophysical Research Communications, 340 (4): 1209-1216.

Warren H E, Tweed J K S, Youell S J, et al., 2002. Effect of ensiling on the fatty acid composition of the resultant silage [J]. Multi-Function Grasslands, 7: 100-101.

Wickramarathna A D, Siloto R M P, Mietkiewska E, et al., 2015. Heterologous expression of flax phospholipid: Diacylglycerol cholinephosphotransferase (PDCT) increases polyunsaturated fatty acid content in yeast and *Arabidopsis* seeds [J]. BMC biotechnology, 15 (1): 1-15.

Witkowska I M, Wever C, Gort G, et al., 2008. Effects of nitrogen rate and regrowth interval on perennial ryegrass fatty acid content during the growing season [J]. Agronomy Journal, 100 (5): 1371-1379.

Xu Y, Siegenthaler P A, 1997. Low temperature treatments induce an increase in the relative content of both linolenic and λ3-hexadecenoic acids in thylakoid membrane phosphatidylglycerol of squash cotyledons [J]. Plant and Cell Physiology, 38 (5): 611-618.

Yu B, Li W, 2014. Comparative profiling of membrane lipids during water stress in Thellungiella salsuginea and its relative *Arabidopsis thaliana* [J]. Phytochemistry, 108: 77-86.

Yu C, Wang H S, Yang S, et al., 2009. Overexpression of endoplasmic reticulum omega-3 fatty acid desaturase gene improves chilling tolerance in tomato [J]. Plant Physiology and Biochemistry, 47 (11 - 12): 1102-1112.

Zhang M, Barg R, Yin M, et al., 2005. Modulated fatty acid desaturation via overexpression of two distinct ω-3 desaturases differentially alters tolerance to various abiotic stresses in transgenic tobacco cells and plants [J]. The Plant Journal, 44 (3): 361-371.

第四章　n-3 PUFA 在畜禽养殖中的应用

如前述，包括 ALA 在内的 n-3 PUFA 等生物活性物质无论对于人类，还是畜禽都具有重要的生物功能：维持生物膜正常功能、调控机体的脂质代谢、免疫功能、炎症反应、神经保护、生殖激素分泌、抗氧化、调节肠道菌群以及合成其他生物活性物质等。随着人们对健康的日益重视，对 n-3 PUFA 的需求不断增加，天然资源却在枯竭（如油性海洋鱼类）。容易获得的 n-3 PUFA 资源如鱼油、亚麻油等应优先满足人类的需要，而那些含量分散、提取加工成本高、但蕴藏量大的 n-3 PUFA 资源，如饲草、亚麻籽等油料作物加工副产物等，可通过畜禽食物链加以利用与开发，既满足畜禽对 ALA 等 n-3 PUFA 的需求，减少数量庞大的畜禽群体与人类直接竞争宝贵的 n-3 PUFA 资源，又能促进畜禽的健康养殖，提高肉奶的品质。

第一节　n-3 PUFA 的来源

ALA 主要来自植物，包括部分植物种子（如亚麻、紫苏等）、茎叶（饲草）和微藻。DHA 和 EPA 主要来源于鱼类和微藻，可以通过油性鱼类的鱼肉获得，如鲑鱼、沙丁鱼、鲱鱼、鲭鱼、长鳍金枪鱼和鳟鱼等，也可来源部分非油性鱼类（如鳕鱼）的肝脏。此外，部分微藻含有丰富的 EPA 和 DHA，是一种可持续的来源（Elagizi，2021）。

一、亚麻籽油、亚麻籽及亚麻籽饼（粕）

亚麻（*Linum usititatissimum* L.），属亚麻科（Linaceae）亚麻属（*Linum*）一年生或多年生草本植物，别名胡麻。亚麻籽是亚麻的种子，现已成为世界十大油料作物种子之一，产量约居世界油料产量的第七位，主产于加拿大、阿根廷、印度等国。我国是亚麻籽的主产地之一，主要分布于甘肃、山西、内蒙古和陕西等地。不同产地亚麻籽含油率在 36.59% ~ 44.88%，含油率与产地的生长季积温呈显著负相关。亚麻籽是一种富含 n-

3 PUFA 的天然来源，亚麻籽油中相对含量最高的脂肪酸分别是 ALA（53.36%~65.84%）、LA（10.14%~16.39%）、油酸（10.03%~l2.37%）、硬脂酸（3.98%~9.85%）和棕榈酸（2.41%~7.97%）（张晓霞，2017）。亚麻籽营养丰富，除了油脂以外，蛋白质含量 20%~30%，中性洗涤纤维含量 25.2%，钙含量略高于大豆，其他矿物质与大豆类似。亚麻籽的能量达 16.51 MJ/kg，高于玉米，可提高饲粮的整体营养水平。亚麻籽饼粕是亚麻籽制油后的副产品，亚麻籽经过压榨法提油后的残渣为亚麻籽饼，经过化学方法浸提或预压提油后的残渣为亚麻籽粕。亚麻籽饼（粕）含 30%以上蛋白质、膳食纤维和多种抗氧化活性物质，是畜禽优质的蛋白类饲料来源。然而，亚麻籽及其饼粕纤维含量较高，因含有生氰糖苷（CGs）、抗维生素 B_6 因子、植酸和胰蛋白酶抑制因子等抗营养因子，限制了亚麻籽饼（粕）在畜禽生产中应用（郝京京，2020）。

二、紫苏

紫苏（*Hyssopus officinalis*）是唇形科野芝麻亚科（Lamiodease）一年生草本植物，别名红苏、赤苏、苏子、红紫苏等。紫苏是多用途的经济植物，主产于甘肃、陕西等地，在我国已有 2 000 多年的栽培历史。紫苏油中相对含量最高的脂肪酸分别是 ALA（51.10%~60.75%）、LA（12.60%~21.50%）、油酸（13.50%~21.70%）、硬脂酸（0.90%~2.80%）和棕榈酸（6.29%~10.30%）。紫苏油中维生素 E 的总含量为 500.9 mg/kg。紫苏油是一种极具开发潜力的营养保健油（蔡秋声，1990；牟朝丽，2006）。

三、鱼油和鱼粉

鱼油和鱼粉是养殖动物 n-3 PUFA 的重要来源，特别是 EPA 和 DHA。表 4-1 和表 4-2 总结了各种鱼粉的粗脂肪含量和脂肪酸组成。影响鱼类的脂质含量和脂肪酸组成的因素有多种，包括鱼类种类、食性，以及盐度、温度、季节、地理位置等环境因素（Taşbozan，2017）。

最重要因素是鱼类物种间的差异。根据鱼类鱼肉的脂质含量，一般可分为低脂鱼（<5%，EE%）、中脂鱼（5%~10%，EE%）和高脂鱼（>10%，EE%）三类。常见的低脂鱼：鳕鱼、比目鱼、金枪鱼、罗非鱼、大比目鱼、海洋鲈鱼。中脂鱼：蓝鱼、鲶鱼、虹鳟鱼和剑鱼。高脂鱼：鲱鱼、鲭鱼、沙丁鱼和鲑鱼（大西洋鲑、红鲑）。其中不同鱼类脂质储存的方式和储存的部位不同。如鳕鱼是一种低脂鱼，但鳕鱼肝富含 n-3 PUFA。因为鳕鱼不将脂质储存在肌肉组织中，而只将脂质储存在肝脏中。而鲑鱼和鳟鱼则将脂质储存在肌肉组织和周围器官中，而不将脂质储存在肝脏。

表 4-1　鱼粉的常规成分

饲料名称	英文名称/饲料描述	干物质/%	粗蛋白质/%	粗脂肪/%
鱼粉（AAFCO）*	Fish meal, AAFCO	88.0	59.0	5.6
鱼粉（大西洋鲱鱼）*	Fish meal, herring, Atlantic	93.0	72.0	10.0
鱼粉（大鲱鱼）*	Fish meal, menhaden	92.0	62.0	9.2
鱼粉（秘鲁鳀鱼）*	Fish meal, anchovy, Peruvian	91.0	65.0	10.0
鱼粉（淡水大肚鲱）*	Fish meal, freshwater, Alewife	90.0	65.7	12.8
鱼粉（红鱼）*	Fish meal, red fish	92.0	57.0	8.0
鱼粉（沙丁鱼）*	Fish meal, sardine	92.0	65.0	5.5
鱼粉（金枪鱼）*	Fish meal, tuna	93.0	53.0	11.0
鱼粉（白鱼）*	Fish meal, white	91.0	61.0	4.0
鱼粉（CP67%）#	Fish meal, 中国饲料号 5-13-0044, 进口 GB/T 19164-2003, 特级	92.4	67.0	8.4
鱼粉（CP60.2%）#	Fish meal, 中国饲料号 5-13-0046, 沿海产的海鱼粉, 脱脂, 12 样平均值	90.0	60.2	4.9
鱼粉（CP53.5%）#	Fish meal, 中国饲料号 5-13-0077, 沿海产的海鱼粉, 脱脂, 11 样平均值	90.0	53.5	10.0

注：*（中国饲料数据库情报网中心，2021）；#（中国饲料数据库情报网中心，2020）。

表 4-2　几种鱼油中的脂肪酸含量 *　　（%TFA）

	鳀鱼 (Anchovy)	沙丁鱼 (Sardine)	毛鳞鱼 (Capelin)	鲱鱼 (Herring)	鲭鱼 (Menhaden)
C14:0	7.2	7.6	7.9	6.2	9.9
C16:0	17.8	16.2	10.7	12.7	20.9
C16:1	9.8	9.2	9.9	7.5	12.5
C18:0	3.9	3.5	1.2	1.1	3.4
C18:1	12.0	11.4	16.1	12.9	13.0
C18:2n-6	1.1	1.3	1.2	1.1	1.1
C18:3n-3	0.8	0.9	0.3	0.7	0.8

（续表）

	鳀鱼 （Anchovy）	沙丁鱼 （Sardine）	毛鳞鱼 （Capelin）	鲱鱼 （Herring）	鲱鱼 （Menhaden）
C18:4n-3	2.4	2.0	1.4	1.4	
C20:1	1.9	3.2	19.8	15.1	1.9
C20:4n-6	0.3	1.6	0.1	0.3	0.6
C20:5n-3（EPA）	18.3	16.9	3.7	6.8	12.2
C22:1	1.4	3.8	17.1	22.0	0.7
C22:5n-3	1.5	2.5	0.3	0.8	1.7
C22:6n-3（DHA）	8.5	21.9	2.0	5.8	7.9
n-6	1.4	2.9	1.3	1.4	1.7
n-3	31.5	44.2	7.7	15.5	22.6

注：* （Cho，2011）。

产卵期和季节的变化对某些鱼类的脂质含量有显著影响。例如，鲱鱼的最低脂质水平在 4 月，为 5% 左右。7 月鲱鱼的脂质水平最高可超过 25%。鲭鱼 6—7 月脂质水平最低为 5%，而在 9 月至翌年 1 月时脂质水平高于 20%，其中在 12 月可接近 30%（Taşbozan，2017）。不同生态条件的水生环境影响鱼类脂质成分变化。作为鱼类的初级食物来源，海洋藻类和浮游生物富含 EPA 和 DHA，亚油酸和亚麻酸的含量较低。与海洋微藻相比，淡水微藻中 ALA 的含量高于 EPA 和 DHA。淡水微藻中含有大量的 LA，海洋微藻中 LA 的含量低。许多淡水鱼可以将 ALA 转化为 EPA 和 DHA，这对海水鱼就不那么容易了（唐威，2009）。一项针对马来西亚海洋和淡水鱼的研究发现，淡水鱼的 EPA 含量在 0.63% ~ 1.41% TFA，而海洋鱼的 EPA 含量在 4.68% ~ 10.62% TFA。DHA 含量分别在 0.14% ~ 0.25% TFA 和 2.50% ~ 10.05% TFA。

随着栖息深度的增加，鱼类 PUFA 减少，而 MUFA 增加（Hayashi，1975）。50 ~ 400 m 的各种鱼类的分析结果表明，上层鱼含大量的 PUFA，中下层鱼类含大量的 MUFA，新西兰深海鱼类 MUFA 是 PUFA 的 1 ~ 10 倍，MUFA 特别丰富可作为深海鱼类的脂肪酸特征。一般来说，同食草和杂食性鱼类相比，食肉鱼类在养殖条件下可以更好地消化高脂饲料中的脂类，因为它们具有更高的特异性和更高的脂肪酶活性。储存脂质的遗传潜能（Glen-cross，2009）。此外，研究表明冷水鱼比温水鱼积累更多的 LC n-3 PUFA 帮助其适应寒冷的环境。野生（海洋）鱼类比养殖鱼类含有更多的 n-3 PUFA，因为大多数海洋鱼类捕食的浮游植物和浮游动物中含有丰富的 LC n-3 PUFA。而养殖鱼类饲料的谷物和植物油中含有更多比例的 n-6 PUFA。总体而言，海洋物种、食肉食性物种和生活在冷水中的物种含有大量的 EPA 和 DHA，是动物重要的 n-3 PUFA 来源。

四、微藻

上节所述，鱼类是人和动物 n-3 PUFA 的重要来源，特别是 EPA 和 DHA。但由于鱼类通常不擅长将 ALA（或 LA）转化为 EPA、DHA 等 VLCP-UFA（Tocher，2003），因此这些 VLCPUFA 脂肪酸基本来源于藻类的从头合成。藻类既有长达数十米的大型藻类，也有几微米大小的微藻。绝大部分微藻属于真核生物，蓝藻属于原核生物。

大量绿藻中 ALA 含量较高。衣藻（Chlamydomonas）的某些菌株含量高达 62.3%（Lang，2011），其他如杜氏藻（Dunaliella tertiolecta），60.2%（Nielsen，2019）；轮匝毛藻（Chaetopeltis orbicularis），57.5%；卡特藻（Carteria），54.6%（Lang，2011）；斜生栅藻（Scenedesmus obliquus），41.17%（De Oliveira，2020）。许多蓝藻也积累了高含量的 ALA，如：浮丝藻（Planktothrix），48.6%；念珠藻（Nostoc），41.4%；束丝藻（Aphanizomenon），38.8%；鱼腥藻（Anabaena），38.1%（Gugger，2002）；鱼腥藻（Anabaena），54.6%~64.0%；念珠藻（Nostoc），54.4%；筒孢藻（Cylindrospermum），52.3%；眉藻（Calothrix），40.0%等（Lang，2011）。其他微藻，金藻（Chrysophyceae）的 Poteriochromonas malhamensis 菌株 933 - 1d 中发现了相当多的 ALA，39.5%；真眼点藻纲（Eustigmatophyceae）的 Ellipsoidion parvum 菌株，40.86%~42.0%；微拟球藻（Nannochloropsis sp），35.7%；黄藻（Xanthophyceae in Tribonema aequale）（菌株 880-1），25.3%（Lang，2011）。隐藻（Cryptophytes）中，Chilomonas sp.（菌株 977-2b）含有 28.9% 的 ALA（Lang，2011），Rhodomonas salina，21.14%（Nielsen，2019）。

微藻中，20C 以上的碳氢链长度的脂肪酸数量不多，其中 EPA 含量高的微藻有 Tetraselmis suecica，19.47%，（Nielsen，2019）；Chlamydomonas allensworthii，24.0%；硅藻的三角褐指藻 Phaeodactylum tricornutum（菌株 1090-1b），23.8%（Lang，2011）；Biddulphia aurica，26.0%（Orcuut，1975）。

DHA 含量高的微藻主要有隐甲藻（Crypthecodinium cohnii，Crypthecodinium sp.）和裂壶藻 Schizochytrium sp.，含量高达 50%~60%

（*Spolaore*，2006）。其他 DHA 含量高的微藻有：角藻 *Ceratium horridum*，29.3%（Lang，2011）；裸甲藻 *Gymnodinium sanguineum*，24.2%（Mansour，1999）；球等鞭金藻 *Isochrysis galbana*，28.37%（Nielsen，2019）；小球藻 *Chlorella* sp，26.13%（*Sivaramakrishnan*，2020）。

随着未来鱼类供应的限制，利用藻类生产 VLCPUFA 日益增加。目前对藻类 n-3 VLCPUFAs 生物合成的研究越来越多，例如相关用于 VLCPUFA 形成的藻类酶已被用于转基因作物。通过这些方法，藻类对未来 EPA 和 DHA 的生产越来越重要。

五、饲草

饲草地上部分（包括叶、茎）一般含有 2%~4% DM 的粗脂肪（乙醚提取物）。其中叶片中粗脂肪含量为 3%~10%。饲草的脂肪酸组成中主要有三种脂肪酸：ALA、LA 和棕榈酸。其中 ALA 含量最高，40%~75% TFA。关于饲草的脂肪酸，在第三章有详细介绍。

第二节　n-3 PUFA 在生猪养殖中的应用

一、n-3 PUFA 对猪生产性能的影响

（一）母猪和仔猪

在妊娠后期和哺乳期，通过给母猪饲粮中添加适量的 n-3 PUFA，可以提高母猪的采食量、能量摄入量和必需脂肪酸的摄入量。n-3 PUFA 可以通过肠道直接吸收进入血液，增加母猪各组织中的 n-3 PUFA 含量，降低 n-6/n-3 比例。这不仅可以改善母猪子宫内膜的脂肪酸成分，促进前列腺素的分泌，还能促进胚胎的发育和成熟。同时，妊娠后期通过胎盘运输的脂肪酸量逐渐增加，有助于胎内仔猪大脑、视网膜和肌肉的发育（Farmer，2007；2008）；促进母猪乳腺发育，增加哺乳期母猪乳汁中免疫球蛋白和 n-3 PUFA 含量；特异性地支持免疫调节作用，增强肠道完整性和屏障功能，减少炎症细胞因子产生，提高母猪与仔猪的免疫水平（Calder，2013），增加仔猪断奶重和成活率；显著改善了断奶平均个体重、仔猪平均日增重、仔猪断奶窝重、窝增重等指标，提高后代仔猪生产性能（王力等，2020；Rosero，2012；Quiniou，2008）。

因此，在这一阶段给母猪添加 n-3 PUFA 有助于提高生产性能和仔猪的

健康。大量研究表明饲粮中添加 n-3 PUFA 对母猪及后代仔猪体脂肪酸组成的产生显著影响。Rooke（2014）研究报道，从母猪妊娠第 93 d 至泌乳第 7 d 添加 3%金枪鱼油同大豆油相比提高了母猪血浆、初乳和常乳中 DHA 含量，LA 含量降低，新生仔猪组织的 n-3 PUFA 含量更高。Luo（2009）研究报道，在母猪哺乳期饲粮中添加 7%鱼油比 7%猪油显著降低了母猪泌乳第 21 d 常乳中单不饱和脂肪酸（MUFA）（C16:1n-7、C18:1n-9）和 n-6 PUFA（C18:2、C20:4）含量，而显著升高了 n-3 PUFA（C18:3、C20:5、C22:5、C22:6）含量。Amusquivar（2010）研究报道，在母乳妊娠第 60 d 至分娩期间饲粮中添加鱼油比橄榄油显著提高了母猪泌乳第 3 d 常乳中 n-3 PUFA 含量。饲粮中加 1%螺旋藻或 1%小球藻对断奶仔猪的平均日采食量、平均日增重和料重比没有显著影响，但能显著提高断奶仔猪的能量消化率和空肠绒毛高度，且 1%小球藻组的断奶仔猪腹泻率显著降低（Furbeyre，2017）。

Jansman（2007）在断奶仔猪饲粮中添加了 8.5%的亚麻籽粕显示出生长抑制，说明断奶仔猪消化器官及肠道发育未完善，对亚麻籽粕中的抗营养因子适应能力有限。

（二）育肥猪

日粮中添加亚麻油有利于提高育肥猪的生长性能和猪肉中 n-3 PUFA 富集。Więcek 等（2010）研究报道，整个育肥期的饲粮中都添加 4%亚麻油，可显著增加猪的日增重和背膘中的 n-3 PUFA。陈静（2019）用亚麻油替代不同水平的玉米油，饲粮 LA/ALA 分别为 32:1、22:1、13:1、9:1、6:1 和 3:1，结果表明日增重在（13:1）~（9:1）时达到最大，而料重比在 6:1 时最小。

大部分研究显示，在猪饲粮中适量添加亚麻籽或者亚麻籽饼粕替代一定比例的豆粕可以改善猪肉品质，不影响猪生长性能及胴体性状，降低饲粮成本。石宝明（2012）研究报道，在生长育肥猪饲粮中添加 10%亚麻籽，猪净增重、平均日增重、平均日采食量及料重比均无显著差异。邓波（2019）研究报道，50~80 kg 阶段生长育肥猪饲粮中添加 10%亚麻籽，显著提高了平均日增重、眼肌面积，对屠宰率、胴体长、平均背膘厚等胴体性状无显著影响，增加了猪肌肉中 ALA 含量，显著降低了 n-6/n-3。刘则学（2006）研究报道，饲粮中添加 10%亚麻籽，第 1 个月平均日增重无显著影响，第 2 个月平均日增重显著提高，随着饲喂亚麻籽饲粮时间的延长，肌肉内 n-6/n-3 有所下降。说明在生长育肥猪饲粮中添加一定比例的亚麻籽可改善猪的生长性能，但是需要一定的适应期。Eastwood（2009）研究报道，在育肥猪的三个阶段（32~60 kg、60~85 kg 和 85~115 kg）分别添加 0、5%、10% 和 15% 的亚麻籽饼，对猪 ADG、ADFI 和肉料比没有影响，背膘中的 ALA 含量从 11.1 mg/g 增加到 47.4 mg/g。Ndou 等（2019）研究报道，猪采食添加亚麻籽粕的饲粮可以诱导其肠道发酵，显著增加盲肠、回肠总挥发性酸含量。在生长猪饲粮中添加亚麻籽粕能使猪空肠绒毛高度以及绒毛高度与隐窝深度比值增加（Ndou, 2018）。

微藻中含有丰富的蛋白质，其中富含的藻胆蛋白能够提高机体免疫力。微藻中还含有丰富的多糖和膳食纤维，能够调控肠道微生物区系，促进胃肠道健康，促进猪生长。Šimkus 等（2013）研究发现，在 85 日龄 Landrass 和 Yorkshire 杂交猪的饲粮中添加水分含量为 75% 的新鲜螺旋藻（2 g/头/d），当猪体重达到 95 kg 时，同对照组（0 添加）相比，平均日增重提高了 9.26%，每增重 100 kg 体重快了 7.37 d，胴体产量高出 2.02%。

二、n-3 PUFA 对猪繁殖性能的影响

（一）公猪

哺乳动物精子脂肪酸中，n-3 PUFA 占有较高的比例。其中公羊、公牛精子脂肪酸中分别含有 61.4% 和 55.4%DHA，公猪精子脂肪酸中除了含有 37.7%DHA，还有 27.9% 二十二碳五烯酸（DPA）（Maldjian, 2003），说明 n-3 PUFA 在动物生殖功能中起着关键作用。精子的脂肪酸组成受饲粮的影响。不同比例和来源的 PUFA 可影响精子质膜结构、脂质组成和顶体反应。研究表明饲粮中的 n-3 PUFA 可以有效地转化到猪精子中，可促进动物精子的成熟（Maldjian, 2003）。DHA 与精子质膜流动性密切相关，而精子的膜流动性与雄性配子的受精能力有关（曾凡熙, 2012；Conquer, 1999）。

基于豆粕-玉米饲粮中 n-6/n-3 PUFA 的比例为 6∶1，有可能导致精子生成过程中 n-3 PUFA 供应不足，影响精子质量。当饲粮中 n-6/n-3 PUFA 失衡会抑制睾丸组织管腔中初级精母细胞到精子的发生过程，降低雄鼠精子活力、精子数量、睾丸组织中曲细精管内部的初级精母细胞数量及血清睾酮含量（丁宁, 2017）。研究表明，公猪精子中 n-6/n-3 PUFA 比例与精子活力、活率、正常形态和正常质膜呈正相关，种公猪饲粮 n-6/n-3 PUFA 的适宜比例为 1∶1（Am-In, 2011；Lin, 2016）。同样 1∶1 比例的饲粮能促进后备公猪睾丸发育和附性腺的功能，通过调节睾酮及前列腺素的合成与分泌，以及提高精浆中总抗氧化能力和抗氧化酶活性，提高直线前进运动精子的数量和精子活率。因此在种公猪饲粮中适量补充 n-3 PUFA 是必要的（袁崇善, 2022）。

但过量的 DHA 可能并不会被利用。Castellano（2010）将步鱼油和金枪鱼油添加到公猪饲粮中，虽然 2 种鱼油的 DHA 与 EPA 比例（1.8：1.5 和 5.0：0.8）不同，但高比例的 DHA 却没有在血浆中 DHA 的比例（1.8：1.3 和 1.5：1.0）上得到体现，说明猪吸收饲粮中添加的 DHA 时存在一个饱和的剂量，超过了则可能不会被吸收。Castellano（2011）的研究发现，添加不同水平的 DHA 鱼油对睾丸组织磷脂中 DHA 含量没有显著影响，但都显著高于添加饱和脂肪酸组，说明试验添加的 DHA 的量已经满足睾丸组织将血浆中 DHA 转移到磷脂中的最大量。

在公猪饲粮中添加 n-3 PUFA（如鱼油）可以延长精液的保存时间。同时，虽有研究结果表明它能提高公猪精子密度和精子数量、提高精子活率，但重复性不够好，对公猪精子畸形率的影响效果不稳定，仍需要进行深入的研究（曾凡熙，2012）。

（二）母猪

母猪妊娠后期饲粮中添加油脂对母猪总产仔数、产活仔数、仔猪初生平均个体重和初生窝重等产仔性能无显著性影响。母猪在哺乳期产生大量的乳汁，如果以单位体重来计算产奶量，1 头奶牛 1 d 的产奶量为 50 g/kgBW，1 头母猪 1 d 产奶量高达 60 g/kgBW。多数母猪哺乳期都处于严重的分解代谢状况，从而导致体重和背膘损失。这是影响母猪下一个繁殖周期繁殖性能的重要因素之一（管武太，2014）。母猪乳中脂肪、蛋白质和乳糖所提供的能量分别占乳总能的 60%、22%和 18%（Jackson，1995）。饲粮中添加油脂能提高母猪乳中脂肪含量，并影响母猪每天的乳脂产量和乳中能量的输出量。Rosero（2012）报道，母猪哺乳期饲粮中添加油脂并没有对母猪断奶时的体重产生影响，但有降低母猪哺乳期背膘损失的趋势。

此外，Smits（2011）报道了从怀孕第 107 d 开始，在母猪饲粮中添加鱼油（3 g/kg），产仔前 8 d 每天饲喂 3 kg，断奶前自由采食处理日粮，结果表明提高了母猪下一个繁殖周期的产仔数，而与能量摄入无关。Smits 推测可能是由于母猪哺乳期添加鱼油中的 n-3 PUFA 有助于卵泡的发育和卵母细胞质量的提高。

三、n-3 PUFA 对猪肉品质的影响

通过饲喂生产的富含 n-3 PUFA 的猪肉产品，已在加拿大和美国实现商业化（Pieszka，2005）。Leikus（2018）发现，在（体重 25~50 kg）的瑞典约克夏×挪威兰德良种杂交育肥猪日粮中添加 2.5%亚麻籽油（50 kg 以上添

加 5%），可显著增加猪肉 ALA、C20:3n-3、EPA、DPA 和 n-3 PUFA 的含量，降低肉中 n-6/n-3 比例，以及肉的血栓形成指数。考虑到亚麻油的成本因素，可在屠宰上市前 30~60 d，在育肥猪饲粮中添加 3%~4% 的亚麻油，以显著增加猪肉中 n-3 PUFA 沉积。时间越长 n-3 PUFA 沉积越多，喂食 30 d 达到 70% 的 ALA 最大沉积量。如果喂食 60 d，可达到 95%（王力，2020）。

饲粮中补充亚麻籽及其副产品也可显著提高猪肉产品的 n-3 PUFA 含量。Eastwood（2009）研究报道，在肥育猪日粮中加入 15% 的亚麻籽饼，每 100 g 猪肉可提供 1 g ALA，而对照组只能提供 0.5 g ALA；根据膳食参考摄入量，成年男性每日 n-3 PUFA 需求量为 1.6 g，成年女性为 1.1 g。因此，每 100 g 添加 15% 亚麻籽粕/饼饲喂的猪肉，可分别满足成年男性 63% 和女性 91% 的日常需要量，而来自对照组的 100 g 猪肉只会满足成年男性 31% 和女性 45% 的膳食参考摄入量。

在猪饲粮中添加微藻能够提高猪肉中营养物质的含量，其中以提高肌肉中 DHA 含量尤为明显（Sardi，2006）。Moran（2018）在 Hypor 育肥猪日粮中添加 0.25% 和 0.50% 异养微藻（DHA 含量 17.6 g/100 g），饲喂 121 d，育肥猪背膘 DHA 含量达到 203.96 和 304.50 mg/100 g，显著高于对照组（0 添加）的 59.58 mg/100 g。阉割公猪腰最长肌 DHA 含量达到 18.03 和 28.12 mg/100 g，显著高于对照组的 6.31 mg/100 g，且阉割公猪的富集程度高于母猪（16.99 mg/100 g 和 24.02 mg/100 g）。

此外，研究表明饲喂适量饲草能够调节猪机体脂肪酸组成，改善猪肉品质。朱晓艳（2018）在长×大或大×长二元育肥猪（体重 60.28 kg）日粮中添加 5%、10%、20% 和 30% 的苜蓿草粉，试验 72 d，结果表明随饲粮苜蓿草粉添加水平的增加，育肥猪的肌肉 SFA、MUFA 含量逐渐减少，不饱和脂肪酸（UFA）、PUFA、n-6 PUFA 和 n-3 PUFA 含量逐渐增加。20% 和 30% 苜蓿草粉组的肌肉 PUFA、亚油酸、ALA、n-6 PUFA 和 n-3 PUFA 含量均显著高于对照组（0 添加）、5% 和 10% 苜蓿草粉组，肌肉 n-6/n-3 极显著低于对照组。李碧侠（2020）在苏山猪（体重 60.0 kg）日粮中添加 10%、15% 和 20% 苜蓿草粉，试验 80 d，结果表明随着饲粮中苜蓿草粉添加量的增加，屠宰率、板油重、背膘厚、背最长肌亮度值、MUFA、必需氨基酸和鲜味氨基酸含量显著高于对照组（0 添加），失水率、红度值和黄度值显著低于对照组，说明添加苜蓿显著改善苏山猪肌肉颜色，提高苏山猪肌肉嫩度、鲜味，进而改善猪肉品质。蒋恒（2023）在杜×长×大育肥猪（体重 75.5 kg）日粮中添加 5%、10% 和 15% 苜蓿草粉，试验 120 d，结果表明随着苜蓿添加量的提高，肌肉脂肪含量逐渐降低，同对照组（0 添加）相比，5%、10%组 SFA 显著降低，油酸、UFA 和总脂肪酸含量显著提高。王嘉为（2016）在杜×长×大去势公猪（体重 24.8 kg）日粮中添加 5%、10% 和 15% 苜蓿草粉，试验 28 d，结果表明苜蓿草粉显著增加了结肠食糜中总短链脂肪酸、乙酸和丁酸的浓度。随着饲粮中苜蓿草粉含量的增加，血清 PUFA 含量显著提高，而 SFA 和 MUFA 含量显著下降，说明苜蓿具有调节猪机体脂肪酸组成的作用。

第三节　　n-3 PUFA 在马养殖中的应用

马是一种体型较大的后肠发酵型食草动物，与反刍动物相比，其独特的消化系统可以更有效地将 PUFA 从饲粮转移到肉中。马肉的 ALA 含量为 0.43%~23.9%，高于肉牛的 0.26~3.96%（Aldai，2009）。马肉的 LA 含量在 12%~32.4%，与猪肉（12.8%~23.4%）和鸡肉（13.7%~24.7%）相近（Skiba，2010；Wood，2008；Woods，2009）。而且，每单位马肉的反式脂肪酸沉积量和甲烷排放量都很低。一些研究人员甚至认为马肉可以作为牛肉等红肉的替代品。马肉的消费正在慢慢增加。马肉消费量较大的国家有巴西、加拿大、日本、韩国、俄罗斯、意大利、瑞士、法国、波兰和西班牙等。

马适应持续进食，采食量大。马咀嚼效率高，胃相对较小，食糜通过胃和小肠的速度快。饲喂后 3 h 到达后肠发酵区。纤维饲料部分在盲肠和结肠交由微生物发酵，大量吸收挥发性脂肪酸，占其能源供应的 60%~70%。马后肠还具有选择性保留盲肠内粗颗粒、结肠内液体和小颗粒的能力。另外，胆囊的缺失和胰液的持续分泌也是马适应持续进食的一种能力。这些能力增加了马的采食量，虽然消化效率低，但是马能够适应更广泛的食物，包括低质量的饲料（Belaunzaran，2015）。

与反刍动物相反，由于马的消化发酵室后定位，饲料中的脂肪酸在进入广泛的微生物代谢之前就被吸收了。这使得牧草中富含的 ALA 的 PUFA 在后肠进行生物氢化之前能够有效地吸收和沉积到组织中。由于肝脏和胰液不断分泌胆道盐，其中尤其富含脂肪酶，马能够在小肠中高效消化大量的膳食脂质。研究表明，即使在脂肪添加量达到干物质采食量的 20% 左右时，马的脂质消化能力仍然相当有效。

此外，相比较其他动物，马对牧草中富含 ALA 的半乳糖脂类有较高水解能力。这与其胃前微生物的活性，以及特定的蛋白质相关的胰脂肪酶 2

（pancreatic lipase related to protein2，PLRP2）有关。据报道，PLRP2 在猪、火鸡和反刍动物中不存在，但在马中却惊人地存在（De，2008）。这种酶可能解释了同猪和家禽相比，马组织中沉积的 ALA 含量高的原因。例如，在草地放牧条件下，马组织中积累了大量的 ALA（ALA 含量达到 23.9%，n-3 PUFA 含量为 24.4%）。上述数据表明，马可能是将 n-3 PUFA 从牧场转移到人类的最佳物种之一。如果同时食用马肉和背膘，其 n-3 PUFA 的总含量可以满足一些建议中规定的人类每日 n-3 PUFA 的需求（Guil-Guerrero，2014）。因此，长期以来对于主要依赖陆生哺乳动物维持生存、很少接触海洋哺乳动物的人们来说，马是一个很好的 n-3 PUFA 来源。

第四节　n-3 PUFA 在家禽养殖中的应用

脂类在家禽的营养、生物化学和生理学中发挥着重要作用。脂类能量值至少是碳水化合物和蛋白质的两倍，为了提高日粮能量密度，以满足家禽快速生长的需要，人们越来越关注在日粮中最大限度地使用脂类补充剂。日粮中添加脂类还具有其他优点，包括减少灰尘、降低碾碎日粮中的颗粒分离、改善适口性、脂溶性维生素载体、提供必需脂肪酸以及润滑饲料加工设备（Ravindran，2016）。此外，补充脂肪可减缓饲料通过消化道的速度，从而有更多时间更好地消化和吸收营养（Mateos，1981）。家禽的必需脂肪酸包括 LA、ALA 和 AA 等，需要在日粮中供应。缺乏这些必需脂肪酸会导致生长和免疫系统功能受损，包括生长迟缓、耗水量增加、抗病能力下降、睾丸重量降低、第二性征发育延迟、蛋重下降等（Watkins，1991）。为确保这些必需脂肪酸的充足供应，Leeson（2009）建议家禽日粮中脂肪的最低添加量为 1%。根据脂肪和谷物的相对价格，家禽日粮通常添加 2%~5% 脂肪。通常避免在颗粒日粮中添加超过 4% 的脂肪，因为这会对颗粒质量产生负面影响（Abdollahi，2013）。补充富含 n-3 PUFA 的原料对家禽生长性能、胴体特征尤其是对脂肪沉积和脂肪酸组成产生重要的影响，结果与所选家禽种类、添加 n-3 PUFA 原料来源和水平、饲喂时间长短等多种因素有关。与其他油脂相比，亚麻籽油、鱼油和海藻在脂肪酸组成上更易满足家禽对 n-3 PUFA 的需要，有利于家禽最佳生产性能、屠体品质、免疫性能、产蛋性能、蛋品质及繁殖性能的发挥。饲料中的脂肪酸组成（SFA、PUFA、U/S 比值、n-6 PFFA、n-3 PUFA、n-6/n-3 比值）是决定脂肪来源对肉禽、蛋禽和种禽影响效果的主要因素（孙丽华，2016）。

一、n-3 PUFA 对家禽生产性能的影响

Hazim（2010）研究了在代谢能基本一致的条件下，葵花籽油、玉米油、亚麻籽油和鱼油对种鹌鹑产蛋性能和繁殖性能的影响，结果表明 3% 鱼油组的产蛋率、蛋重、饲料转化效率、蛋的受精率和孵化率显著高于其余三组，亚麻籽油组次之，葵花籽油组最差，孵化过程中鱼油组胚胎死亡率显著降低。卢元鹏（2009）研究了在 300 日龄绍鸭日粮添加鱼油，2% 水平下的蛋鸭产蛋率最高，日均产蛋率达到 83.75%；料蛋比以 3% 鱼油组最低，较喂基础日粮对照组降低 8.97%，各添加水平下的组间日均采食量、破蛋率、死淘率等指标无显著差异。Kim（2008）研究报道，同时添加共轭亚油酸和富含不饱和脂肪酸的油脂时，蛋壳强度、蛋壳厚度、蛋重、蛋黄高度、蛋黄颜色和哈氏单位明显改善。Ebeid（2011）研究表明，添加鱼油和亚麻籽油显著增加蛋壳厚度，提高蛋壳质量。刘永祥（2015）在 21 日龄雄性 AA 肉仔鸡饲粮中添加共轭亚油酸（CLA）和鱼油，饲喂 21 d，结果表明 2%CLA 组、2% 鱼油组和 1%CLA＋1% 鱼油混合组肉仔鸡的腹脂率显著低于豆油组（2%）。

周源（2017）研究报道，在 200 日龄的海兰灰蛋鸡饲粮中添加 1.5% 亚麻籽可使蛋能显著降低采食量和料蛋比，改善蛋鸡生产性能，并显著提高鸡蛋中 n-3 PUFA 的沉积（68.32 mg/100 g vs. 37.21 mg/100 g），提高蛋壳硬度和哈夫单位，降低血清中的炎性细胞因子 IL-4 水平。Aziza（2013）研究报道，在蛋鸡饲粮中添加 10% 亚麻籽粉能提高蛋鸡产蛋率。Wang（2010）研究报道，在饲粮中添加 9% 葵花籽＋4% 亚麻籽（n-6/n-3 比值为 5.67）显著增加蛋重和蛋黄重，而蛋黄中胆固醇含量显著降低。Chen（2014）研究报道，在饲粮中添加 15% 亚麻籽能显著提高蛋鹅饲料转化率和产蛋率，添加适量 n-3 PUFA 对肉鹅生长性能有益。

有的研究表现了不同的结果。Crespo（2001）和黄玉兰（2010）试验表明在饲粮中添加 4% 亚麻籽不影响肉鸡的日增重和日采食量。Baéza（2017）研究表明，饲粮中添加 15% 亚麻籽不影响蛋鸭产蛋性能。邓兴照（2006）在蛋鸡饲粮中添加 25% 全脂亚麻籽，蛋鸡产蛋率显著降低。Poudyal（2013）研究认为亚麻籽粕组鸡的采食量、体重、产蛋量均比对照组低，但用亚麻籽粕饲喂蛋鸡是生产 n-3 PUFA 富集蛋的一个简便途径。

大多数研究表明亚麻仁饼粕不适宜用于鸡饲料中，特别是仔鸡，没有改善肉用仔鸡的营养消化率或生产性能（Trevino，2000）。在肉用仔鸡中，增

加亚麻仁饼的饲喂量，会增加胃黏度而降低营养的吸收，从而导致体重的降低（Bhatty，1993）。饲喂亚麻仁饼的鸡比饲喂菜籽饼的鸡产每公斤鸡蛋所需要的饲料多，但蛋黄脂肪中不饱和脂肪酸含量有所增加（Halle，2013）。

二、n-3 PUFA 对家禽繁殖性能的影响

脂肪酸是合成甘油三酯、胆固醇酯、磷脂的基础物质，生殖激素和前列腺素（prostaglandin，PG）分别是胆固醇和二十烷酸的衍生物。PUFA 对前列腺素、睾酮、雌二醇等生殖激素的合成有重要影响，这些激素对动物生殖器官的生长、分化及动物生育能力等方面发挥着重要作用。在饲粮中适当添加 PUFA 有助于提高家禽的繁殖性能。PUFA 主要通过调节生殖激素、影响磷脂组成、提高抗氧化活性等方式影响家禽的繁殖性能。

（一）公禽

n-3 PUFA 和 n-6 PUFA 是家禽精子和卵子内脂质的重要组成。动物精子细胞脂肪中含有 50% 以上的不饱和脂肪酸，与哺乳动物不同的是禽类精子中 n-6 PUFA 占数量上的绝对优势（Cerolini，2006）。PUFA 为精子代谢和某些生理功能的完成提供能量，且 PUFA 构成精子质膜中磷脂的主要成分，维持精子细胞膜的流动性，有利于精子的鞭毛性运动、顶体反应和受精作用的完成（Rajes，2014）。

n-3 PUFA 和 n-6 PUFA 在影响家禽繁殖性能方面相互协调和制约。n-6 PUFA 是家禽精子主要的脂肪酸，可促进睾酮、前列腺素的合成和分泌，促进精子发生，提高精子的抗氧化能力。但 PUFA 容易被氧化，产生过氧化物、氢氧化物、醛和酮等有害物质，对家禽生殖细胞氧化损伤。研究发现，过量的 n-6 PUFA 增加了精液的丙二醛浓度，发生过氧化反应，减少精子数量，降低精液品质（Fu，2021；刘珊珊，2014）。ALA 和 DHA 可促进家禽睾酮的合成、改善精子质膜的流动性、增强精子的抗氧化能力、提高家禽精子活力（Cerolini，20006）。适量 n-3 PUFA、n-6 PUFA 及适当的 n-3/n-6 比例可提高雄性家禽的精液质量（梁铭其，2023）。

Corduk（2007）研究表明，与添加植物油相比，鱼油显著增加精液的受精能力，并伴随精子细胞中 DHA 含量的显著增加，C20:4n-6 和 C22:4n-6 含量显著降低。Bongalhardo（2009）报道鱼油可改善种公鸡精液的受精能力，且在青年公鸡上的改善效应更加明显、持久。Hazim（2010）研究葵花籽油、玉米油、亚麻籽油和鱼油对种鹌鹑精液的影响，以精液量、精子密度、精子存活率、异常精子量作为考核指标，3%鱼油组显著优于其余三组，

亚麻籽油组次之，菜籽油组和玉米油组最差，且二者之间没有显著差异。Asl（2018）研究发现，添加鱼油可以提高肉鸡的精子运动能力、抗脂质过氧化能力和提高人工授精后的受精率。富含 DHA 的精液在人工授精后能显著增加青年公鸡的繁殖性能，则在饲粮中添加 DHA 可延长种公鸡的精液周期（Cerolini，2003）。Luisa（2006）在火鸡饲粮中添加 2%鱼油，发现火鸡精液中 n-3 脂肪酸显著升高，n-6/n-3 比值显著降低，并有提高孵化率、降低胚胎死亡率的趋势，且添加鱼油依然不改变 n-6 PUFA 在含量上的优势。Zaniboni（2006）通过鱼粉增加火鸡饲粮中 n-3 PUFA 的含量，发现火鸡精子细胞中 n-3 PUFA 显著增加，n-6/n-3 比值显著降低，精子活力显著提高。Cerolini（2006）在种鸡上的研究表明，1%鱼油使精液中 MDA 的含量显著升高，但在含 1%鱼油饲料中同时添加 300 mg/kg 维生素 E，精子活力和精液评分显著高于其他各组，表明同时使用鱼油和维生素 E 可增强精子细胞的抗氧化能力并提高精液品质（Corduk，2007；Zaniboni，2009）。

（二）雌禽

n-3 PUFA 对卵泡质量、胚胎质量、胚胎发育和胎儿死亡率有影响（Wathes，2007）。与禽类 F1 代卵泡膜卵磷脂结合的 EPA 和 ARA，可以产生游离的 EPA 和 ARA 并在细胞基质中释放，产生前列腺素如 PGE 和 PGF，参与雌禽排卵调节（贾玉东，2011）。PG 作为促性腺激素的第二信使参与细胞环核苷酸（cAMP）反应，促进卵母细胞增殖。ALA 和 DHA 可以提高禽类血液中雌激素和促卵泡激素水平，影响卵母细胞和胚胎脂肪酸组成，改善其品质，并降低凋亡基因表达和胚胎死亡率（梁铭其，2023）。添加鱼油可以增加蛋鸡大黄卵泡的数量（Nateghi，2019）。添加亚麻籽或亚麻籽油可能通过改变雌激素信号传导和新陈代谢来保护母鸡的卵巢（Dikshit，2016）。

蛋黄中的脂肪主要来源于饲料及自身合成。通过给动物提供不同的油脂可以改变蛋黄中的脂肪酸组成，并影响种禽母、子代免疫性能，提高子代的成活率。Cherian（2008）研究表明，富含 n-3 PUFA 的受精蛋孵化率相对较高（n-3 PUFA 蛋：83.8%和 n-6 PUFA 蛋：80%）。Cherian（2009）研究分别以 3.5%葵花籽油、1.75%葵花籽油+1.75%鱼油、3.5%鱼油为基础的饲粮对母鸡及其孵出雏鸡的影响，结果表明，DHA 是蛋黄中主要的 n-3 LCPUFA（1.5%、8.8%和 10.7%），AA 是蛋黄中主要的 n-6 LCPUFA（4.6%、2.1%和 1.3%），蛋黄和孵出雏鸡心室中的 n-3 LCPUFA 随着鱼油用量的增加而增加，而 n-6 LCPUFA 则呈相反的趋势，3.5%鱼油组 7 日龄雏鸡血液中 PGE2 和 TXA2 含量显著低于其余两个组。母源 n-3 PUFA 主要是通过蛋黄这一纽带传递到子代的组织器官中，从而影响子代的生长和健康状况（Astrid，2015）。随着种鸡饲粮 n-6/n-3 PUFA 比的增加，第 14 d 和第 24 d 胚胎肝脏和大脑的 ALA、DHA 和 n-3 PUFA 含量增加，而 LA、ARA 和 n-6 PUFA 含量降低（Khatibjoo，2018）。

Hazim（2010）研究了在代谢能基本一致的条件下，葵花籽油、玉米油、亚麻籽油和鱼油对种鹌鹑产蛋性能和繁殖性能的影响，3% 鱼油组的产蛋率、蛋重、饲料转化效率、蛋的受精率和孵化率显著高于其余三组，亚麻籽油组次之，葵花籽油组最差，孵化过程中鱼油组胚胎死亡率显著降低。Halla（2007）在种母鸡饲粮中分别添加 3% 葵花籽油、1.5% 葵花籽油 + 1.5% 鱼油和 3% 鱼油，饲喂 46 d，发现随着鱼油含量的增加，蛋中 n-3 PUFA 显著升高，n-6 PUFA 显著降低，3% 鱼油组雏鸡免疫器官中的 EPA、DHA 和白细胞三烯 LTB5 的含量以及 LTB5/LTB4 比值显著升高，AA 的含量显著降低。

也有部分研究报道了不同的结果。Baéza（2017）报道，饲喂富含 n-3 PUFA（n-6/n-3 为 1.29）的饲粮对雌鸭繁殖性能没有影响。Chen（2014）在雌鹅饲粮中分别添加 0、5%、10%、15% 亚麻籽粉，发现 n-3 PUFA 含量不同对雌鹅繁殖性能无显著影响。这是否与所选家禽种类、添加 n-3 PUFA 原料来源等因素相关有待进一步研究。

三、n-3 PUFA 对家禽肉蛋品质的影响

禽肉和禽蛋中的 PUFA 含量主要取决于饲粮中的 PUFA 含量。n-3 PUFA 不仅是动物细胞合成脂质的重要成分，还是调节脂质代谢的重要因子。它可以调节血浆中甘油三酯、胆固醇和低密度脂蛋白的合成和分解。适量添加 PUFA 可以减少禽类体内胆固醇的合成，促进脂肪分解，并减少脂肪在肝脏中积累。影响饲料中 PUFA 转化和沉积效率的因素包括饲料中的脂肪酸组成、脂肪酸来源、禽类的品种和年龄（梁铭其，2023）。

（一）n-3 PUFA 在家禽肉中的沉积

Ribeiro（2013）研究表明，亚麻籽油和微海藻均可使肉鸡胸肌和腿肌中 n-3 PUFA 的含量显著增加，但微海藻的作用似乎更加突出。Rymer（2010）对比混合植物油、鱼油和微海藻对鸡胸肌和腿肌中脂肪酸组成的影响，鱼油组和微海藻组胸、腿肌中的 n-3 PUFA 显著高于混合植物油组，且随微海藻用量（1.1%、2.2% 和 3.3%）的增加逐渐升高。张剑（2021）研究发现，450 日龄北京油鸡腿肌 PUFA 含量显著高于 150 日龄北京油鸡。

（二）n-3 PUFA 在家禽蛋中的沉积

亚麻籽油、鱼油和海藻是富集蛋中 n-3 PUFA 最有效的途径之一。亚麻籽油主要富集 ALA，鱼油和海藻能更加有效地富集 EPA 和 DHA，这与亚麻籽油本身含有较高的 ALA，鱼油和海藻富含 EPA 和 DHA 有关。ALA 需要通过去饱和酶、链延长酶等的作用才能转化为 EPA 和 DHA，其效率相对较低。相比鱼油，使用亚麻籽的成本更低而且没有异味，亚麻籽在家禽的研究和养殖中应用较为广泛（孙丽华，2016）。

岳巧娴（2019）通过 Meta 分析表明蛋鸡日粮中添加亚麻籽能提高蛋黄中 ALA、DHA 和 n-3 PUFA 的富集水平，降低 AA 和 n-6/n-3（Ebeid，2008；Bean，2002，2003；邓波，2017）。蛋黄中富集多不饱和脂肪酸的水平受亚麻籽添加剂量和蛋鸡产蛋周龄的影响，添加 10% 亚麻籽有利于蛋黄富集 n-3 PUFA，降低 n-6/n-3 的比例，产蛋前期的富集水平优于产蛋后期。Sultan（2015）研究表明，蛋鸡日粮中添加 10% 亚麻籽，蛋黄中多不饱和脂肪酸的富集水平与添加 15% 剂量没有差异，但显著高于添加量为 5%。沈勇（2012）研究发现，饲喂含 6% 亚麻籽饲料，蛋黄中 DHA 沉积量呈现逐渐增加的趋势，开始时 4.15 mg/g（CK），到 15 d 时含量升至最高 7.77 mg/g，早期呈现一定的蓄积。饲喂含有 10% 亚麻籽饲料，蛋黄中 DHA 沉积量呈现迅速提高的趋势，在 5 d 达到最高 8.65 mg/g，但随饲喂时间的延长，DHA 的沉积能力逐渐减弱。赵丽娜（2007，2008）研究表明，在试验前三周，n-3 PUFA 的富集在饲喂含亚麻籽饲料的前三周呈线性增长，三周以后趋于稳定。LA、DHA 和 n-3 PUFA 的沉积随蛋鸡产蛋周龄的增加而减少，其可能因素为产蛋量与多不饱和脂肪酸的沉积呈反向相关。吕学泽（2016）研究报道，采用 31 周龄京白 939 蛋鸡，饲喂 ω-3 小麦型日粮 6 周，结果表明，ALA 沉积量随着饲喂周龄延长呈上升趋势，2 周龄含量（2.54%）至 6 周龄（3.22%）较 1 周龄（0.28%）相比差异显著，以 4 周龄（3.40%）最高。

Ahmad（2014）应用菜籽油和亚麻籽油调整蛋鸡饲料中的 n-6/n-3 比值（20∶1、10∶1、4∶1、2∶1、1∶1、1∶2），随着 n-6/n-3 比值的降低，蛋黄中 n-3 PUFA 显著增加，n-6 PUFA 显著降低，当 n-6/n-3 比值不超过 4 时，鸡蛋的 n-6/n-3 比值更加符合人体的理想需要。Khatibjoo（2018）认为肉种鸡日粮中 n-3 PUFA、n-6 PUFA 的绝对量可能比 n-6/n-3 的比例更重要，为了考虑种鸡的繁殖和生产性能，有必要在 n-6/n-3 适当比例的基础上提供更高水平的 n-3 PUFA、n-6 PUFA。

饲料中鱼油添加量多时，蛋会产生鱼腥味，这可能是鱼油中的高度不饱和脂肪酸如 DHA 和 EPA 极易受氧化酸败所致（Lawlor，2010）。而添加海藻却不会影响蛋的风味，这主要与海藻本身含有具有抗氧化功能的维生素有关。因此，很多学者对富含 n-3 PUFA 蛋的抗氧化进行了深入研究，结果发现添加具有抗氧化作用的橙皮素和柚皮素、大豆异黄酮、α-生育酚和橄榄叶等生物活性物质显著增强其抗氧化性能，减少蛋不良风味的产生（Ting，2011；Ni，2012；Botsoglou，2012）。

第五节　n-3 PUFA 在反刍动物养殖中的应用

与单胃动物不同，由于瘤胃微生物的生物氢化作用，反刍动物对饲粮中的 PUFA 直接吸收和沉积的效率非常低。但反刍动物食草量大（一头 600 kg 体重的奶牛每天合理的采食量约为 16 kg DM），通过大量食草，无疑是反刍动物获得 ALA 这一必需脂肪酸时最经济的途径。此外，通过瘤胃生物氢化反应，反刍动物可利用 ALA、LA 生产具有重要功能的生物活性物质共轭亚油酸（CLA）等，对反刍动物的健康养殖，提高肉奶品质具有重要意义。

一、瘤胃中脂类分解和生物氢化

（一）瘤胃环境

瘤胃每毫升活液中有 1 010 种细菌，107 种原生动物，106 种真菌和酵母，温度为 38~39 ℃，pH 值在 6.0~6.7，氧化还原电位为 150~350 mV。任何偏离这些条件都可能影响瘤胃微生物种群及其发酵产物（Buccioni，2012）。

研究表明饲粮脂肪酸在瘤胃内的损失可忽略不计。仅有少量的脂肪酸（FA）通过瘤胃上皮的吸收或代谢分解为挥发性脂肪酸（VFA）或 CO_2（WU，1991）。此外，微生物能够从碳水化合物中合成大量的不饱和脂肪酸（UFA）。因此，到达十二指肠的脂肪酸既有来源于饲粮，也有微生物活性的结果。

（二）脂类分解和生物氢化

多数研究者认为饲粮脂质在瘤胃发酵过程中主要经过两个过程：脂类分解（lipolysis，LP）和生物氢化（biohydrogenation，BH）（Jenkins，1993）。瘤胃微生物的活动导致长链脂肪酸的合成，如共轭亚油酸（CLA）、共轭亚麻酸（CALA）异构体或者其他 BH 中间体。虽然其中一些成分在瘤胃液中浓度较低，但它们却在组织脂质和乳脂中积累（Destaillats，2005；Akraim，2007）。LP 是 BH 必要的步骤，也是决定瘤胃中氢化速率的因素。脂类分解致使酯类释放游离脂肪酸（FFA），进入 BH 反应。由于后续的氢化反应只有在羧基部分游离的情况下才会发生，所以 LP 是 BH 必要的步骤。

1. 脂类分解

摄食后，酯化的饲料脂质就被微生物脂肪酶广泛水解，释放出脂肪酸组分（Jenkins，1993）。脂溶厌氧菌产生一种细胞结合酯酶和一种脂肪酶。脂肪酶是一种包裹在由蛋白质、脂质和核酸组成的膜状颗粒中的细胞外酶。这种脂肪酶将酰基甘油完全水解为 FFA 和甘油，少量的单甘油酯或双甘油酯。甘油迅速发酵，产生丙酸作为主要最终产物。瘤胃微生物产生的半乳糖苷酶和磷脂酶（包括磷脂酶 a、磷脂酶 c、溶血磷脂酶和磷酸二酯酶）催化植物半乳糖和磷脂的水解也可能产生 FFA（Jenkins，1993）。

能够水解酯类的微生物数量很低，而且它们的活性是高度专一的（Henderson，1971）。溶纤维丁酸弧菌（*Butyrivibrio fibrisolvens*）和脂解厌氧弧菌（*Anaerovibrio lipolytica*）的不同菌株都能够水解酯键。溶纤维弧菌脂肪酶水解磷脂，脂解厌氧弧菌仅水解甘油三酯和二甘油酯，它们的水解速率不同。脂肪酶的活动也存在于原生纤毛虫中，但不存在于真菌中（Dehority，2003），尽管它们的贡献小于细菌。

2. 生物氢化

不饱和 FFA 在瘤胃内容物中的半衰期相对较短，因为它们被微生物快速氢化成更饱和的最终产物。

生物氢化反应的第一步是异构化反应，将不饱和脂肪酸中的 cis-12 双键转化为 trans-11 异构体。脂肪酸必需有一个游离的羧基，异构酶才能起作用。在多不饱和脂肪酸中，如 C18:2 存在一个 cis-9，cis-12 二烯双键构型。一旦异构酶发挥作用形成 trans-11 键，微生物还原酶就会使 C18:2 中的 cis-9 键发生氢化。trans-Vaccenic acid（t11 C18:1）氢化为 C18:0 的程度取决于瘤胃的条件。例如，无细胞瘤胃液和饲料颗粒的存在促进了完全氢化合成硬脂酸，但它被大量亚油酸不可逆转地抑制（Jenkins，1993）。

3. LA、ALA 和 OA 瘤胃氢化过程

反刍动物饲料中通常含有 LA、ALA 和油酸 OA。油酸在瘤胃微生物的作用下加氢主要生成饱和脂肪酸 C18:0，并伴随着反式脂肪酸 t6、t7、t9、t10-t16 C18:1 等的生成（图 4-1）。亚油酸在异构酶的作用下主要生成 c9t11 C18:2，后在瘤胃微生物的作用下氢化为 t11 C18:1，最后氢化为

C18:0，并伴随着异构体 t9t11、t9c12、c9c11、c10c12、t10c12 和 t10t12 C18:2 等的生成，以及氢化中间产物 t8-t10、t12、c10-c12 C18:1 等的生成（图4-2）。α-亚麻酸在异构酶的作用下主要生成 c9t11c15 C18:3，后在瘤胃微生物的作用下氢化为 t11c15 C18:2，进一步氢化为 t11 C18:1，最终氢化为 C18:0，并伴随着异构体 c9t13c15、t9t11c13、t10c12c15 和 t9t11c15 C18:3 等的生成，以及氢化中间产物 t11c13、t11t13、t13t15、t13c15、c12t12、t10c15、t11t14、c12c15、t12c15 C18:2 和 t12-t16、c11、c12 及 c15 C18:1 等的生成（图4-3）（普宣宣，2022；Dewanckele，2020）。

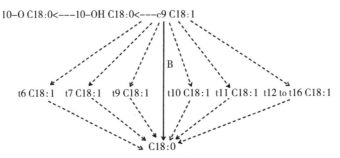

图4-1　油酸瘤胃生物氢化主要路径

（资料来源：普宣宣，2022）

注：实线、虚线分别代表主要、次要途径；B 代表瘤胃生物氢化细菌。

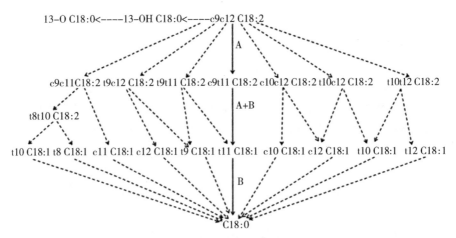

图4-2　亚油酸瘤胃生物氢化主要路径

（资料来源：普宣宣，2022）

注：实线、虚线分别代表主要、次要途径；A、B 分别代表两类瘤胃生物氢化细菌。

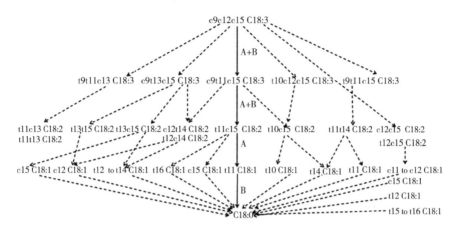

图4-3　α-亚麻酸瘤胃生物氢化主要路径

（资料来源：普宣宣，2022）

注：实线、虚线分别代表主要、次要途径；A、B分别代表两类瘤胃生物氢化细菌。

4. 影响生物氢化的因素

（1）细菌

瘤胃细菌和原生动物是参与不饱和脂肪酸生物氢化的主要微生物。根据氢化产物的不同，可将瘤胃氢化细菌分为A、B两类。A类细菌可氢化不饱和脂肪酸的最终产物为反式单不饱和脂肪酸，包括丁酸弧菌属、密螺旋体属、微球菌属、真细菌、真细菌F2/2、真细菌W461、白色瘤胃球菌F2/6、革兰氏阴性杆菌EC7/2、革兰氏阴性杆菌R8/3及革兰氏阴性弧菌2/9/1等。B类细菌可氢化不饱和脂肪酸的最终产物为饱和脂肪酸C18:0，包括 *Fusocillus babrahamensis P2/2*、*FusocillusT344*、革兰氏阴性杆菌R8/5、丁酸产生菌 *B. hungatei* 和 *Eubacterium ruminantium* 等（普宣宣，2022）。

（2）真菌

瘤胃真菌可生物氢化亚油酸（LA），但其BH率低于瘤胃细菌（Nam，2007）。与瘤胃细菌一样，真菌生物氢化的最终产物是t11 C18:1。Orpinomyces是最活跃的生物氢化真菌。

（3）原虫

多数研究表明原虫是瘤胃中CLA和t11 C18:1的主要来源，也是到达反刍动物十二指肠CLA和t11 C18:1的主要贡献者。原虫CLA和t11 C18:1含量比细菌高4~5倍。原虫不形成CLA和t11 C18:1，但它们在合并BH细菌中间体方面非常有效（Devillard，2006）。有研究表明，原虫丰度与瘤胃t11

C18:1 含量呈正相关，与 t10 C18:1 及瘤胃生物氢化完整性呈负相关（Francisco，2019），原虫可能抑制了不饱和脂肪酸氢化为饱和脂肪酸的最后一步。Or-Rashid（2007）研究报道，原虫和细菌混合可以改变亚油酸的生物氢化路径，这也可能与原虫对细菌的吞噬作用相关。

（4）瘤胃 pH 值

减少瘤胃生物氢化的最简单方法之一是通过降低瘤胃 pH 值来改变瘤胃微生物区系。日粮中含有较高比例的淀粉能达到这种效果（Kalscheur，1997）。

（5）精料用量

当饲粮中精料用量增加，纤维含量降低时，瘤胃中纤维素分解菌数量减少（Kalscheur，1997）。这种饲粮有利于脂质通过瘤胃而不会减少，尤其是 OA 和 LA。另外，当饲粮中精料含量高时，增加亚油酸（C18:2n-6）的摄入量，会产生其他的 BH 通路导致一些反式脂肪酸（TFAs）的出现（Sejrsen，2006）。饲喂谷物降低了瘤胃生物氢化，增加了胴体脂肪和乳汁的不饱和度。这一效应是由于低瘤胃 pH 值导致脂肪分解减少。此外，饲粮低氮、饲料粒径小可导致脂肪分解率和氢化率降低（Jenkins，1993）。

（6）添加的脂肪量和类型

饲料中添加的脂肪量和类型可影响瘤胃中脂质的 BH。例如，鱼油富含 C20:5 n-3（EPA）和 C22:6 n-3（DHA），而大豆、葵花籽、菜籽油和亚麻油等油籽主要含有 LA 等。这些脂肪酸在瘤胃中被氢化，并诱导合成 BH 中间产物，如共轭异构体和反式异构体。

（7）饲草组织结构

植物结构脂的水解程度较低，这是因为在发生脂解之前需要去除周围的细胞基质。干燥与贮藏相比，也会降低牧草脂质的水解程度（Dewhurst，2006）。随着牧草成熟程度的增加，瘤胃脂肪分解率和氢化率降低（Gerson，1988）。

（8）草粉颗粒大小

研究表明干草的脂肪分解与颗粒大小有关，在饲草颗粒 1~2 mm 时，脂肪分解率要高于 0.1~0.4 mm，前者草粉颗粒上的细菌种群密度比后者高 600%（Gerson，1988）。饲草被磨成极细颗粒时，细菌对饲草颗粒表面的黏附性较差，通过瘤胃的转运率增加，从而减少了接触微生物活性的时间，造成瘤胃脂肪分解率和氢化率降低。

（9）植物固有酶活性

如多酚氧化酶能够保护植物脂质不被脂肪分解以及植物脂肪酶变性。饲料脂质主要以极性膜脂的形式存在，它们与 PPO 产生的高亲电性邻醌形成复合物。这些极性脂质-苯酚复合物可提供一定的保护，防止脂肪分解，从而使 PUFA 逃出瘤胃生物氢化。

植物脂氧合酶参与了田间枯萎过程中 PUFA 的损失，这些过程也可能对瘤胃功能产生影响。Hatanaka（1993）和 De Gouw（1999）报告了割草过程中释放的挥发性化合物的成分，这些植物脂肪氧化酶催化聚氨酯脂肪酸氧合，形成挥发性氢过氧化物、醇、醛和酮的混合物。这些化合物在自然界中具有抗菌功能，可能会对瘤胃微生物种群产生影响。Lee（2005）研究表明，两种典型的脂肪酸氧化产物（即氢过氧化物和长链醛类）可增加 LA 和 ALA 的生物氢化，并增加体外 t11 C18:1 的形成。

（10）缩合单宁等化合物

缩合单宁，如 L. corniculatus 和 Sulla 中的单宁，提供了另一种减少生物氢化的方法。其机制是选择性抑制几种布氏纤维弧菌菌株，布氏纤维弧菌是最重要的生物氢化瘤胃细菌物种之一。此外，其他如皂苷、原花青素和儿茶酚胺等生物活性化合物都可抑制脂肪酶（Dewhurst，2006）。

5. 瘤胃保护

反刍动物肉产品中脂肪酸的组成与饲粮中的脂肪在瘤胃的降解程度和生物氢化作用密切相关，因此可以通过对有益脂肪酸进行过瘤胃保护，从而增加其在肉产品中的沉积，提高肉品质。由于瘤胃微生物的氢化作用，使日粮 PUFA 在反刍动物机体中利用效率较低。如反刍动物体内未保护的 ALA 被氢化的比例约为 85%~100%，LA 为 70%~95%（Doreau，1994）。而且直接添加不饱和脂肪对瘤胃微生物有一定毒害作用，降低纤维素在瘤胃的降解率，改变瘤胃微生物区系。因此有必要对日粮中的不饱和脂肪酸进行保护。游离羧基是抑制瘤胃微生物生长的关键，同时也是进行氢化反应的前提，非酯化程度越高，越有利于氢化作用的发生。脂肪酸的共轭双键结构越稳定，则越不利于氢化作用的发生系（Jenkins，1993）。因而钝化羧基是保护油脂的理想方法。常用方法包括对脂蛋白基质进行甲醛处理，用不溶于水的脂膜进行微胶囊化，制备脂肪酸酰胺及脂肪酸钙盐形式添加，其中钙盐的功效最为显著（Putnam，2003）。此外，用油料籽实代替植物油、牧草和 PUFA 配合使用能起到更好的效果。例如，Nute（2007）研究报道，羔羊羊腿肉中 LA 从添加鱼油组的 11.5% 升高到瘤胃保护脂肪组的 33.7%，ALA 从添加鱼油和海藻类复合组的 1.4% 升高到添加亚麻籽组的 6.9%，C22:6n-3 从瘤胃保护脂肪组的 0.6% 升高到瘤胃保护脂肪组和海藻类复合组的 5.35%。另外，亚麻籽经过甲醛处理可阻止 n-3 PUFA 在瘤胃被氢化，增加 n-3 PUFA 在反刍动物组织的沉积。

6. 抗氧化剂

抗氧化剂能够有效清除体内自由基，防止脂质过氧化，尤其是保护细胞膜上的 PUFA 不被氧化，增加 PUFA 的沉积效果。此外，增加肉的 PUFA 含量会导致软质、流动性脂肪和异味的存在，进而导致氧化变质缩短保质期（Haak，2008）。饲粮中添加抗氧化剂能延长肉的货架期。常用的抗氧化剂有维生素 E、硒、生育酚、番茄红素、茶多酚等生物活性物质。Liu（2013）研究报道，绵羊日粮中添加维生素 E 能显著降低绵羊背最长肌和臀中肌的 SFA 含量，提高 MUFA 含量，并显著提高背最长肌中 c9t11 CLA 含量。番茄红素（Lycopene，LP）主要存在于成熟的番茄中，是目前研究报道的最强抗氧化剂之一，其淬灭单线态氧速率常数是维生素 E 的 100 倍，日粮中添加番茄红素后，巴美肉羊背最长肌 IMF 以及 SFA 含量降低，PUFA 含量升高（Bou，2011）。樊懿萱（2018）研究报道，在 3 月龄的湖羊日粮添加 10% 紫苏籽、0.75 mg/kg 酵母硒，饲养 60 d，显著增加了肌肉和肝 n-3 多不饱和脂肪酸含量，降低了 n-6/n-3 的比值，显著提高了血清 CAT 活性和 T-AOC，降低了肝中丙二醛含量，从而抑制脂质过氧化反应，提高了肝中 CAT 和 GPx 基因的表达量。Corino（2008）研究报道在饲粮中添加 α-生育酚乙酸酯（150 mg/kg）和有机硒（0.25 μg/kg）可以防止富含 PUFA 猪肉的氧化以延长货架期。硒是一种强抗氧化剂，添加硒可改善畜禽因 PUFA 强化引发脂质氧化问题，更多的相关内容在后面的章节详细讨论。

二、鱼油在反刍动物养殖中的应用

（一）鱼油对反刍动物生产性能的影响

研究表明饲粮中添加适宜水平的 PUFA 对反刍动物的生产具有积极影响。PUFA 作为反刍动物体内脂肪的重要组成成分，还可以增加饲粮的能量密度。当前 PUFA 作为反刍动物饲料添加剂应用十分广泛。但是由于成本、风味、不易存贮等因素，相对于亚油酸、亚麻油籽及加工品等其他 n-3 PUFA 来源，鱼油的应用比较少。

Hernández-García（2017）研究报道，添加 11.2 g/kg、12.8 g/kg 鱼油对羔羊的平均日增重和饲料转化率具有积极影响。Kairenius（2018）研究报道，在饲粮中添加鱼油（200 g/d）或鱼油（200 g/d）＋葵花籽油（500 g/d），均能够降低奶牛的干物质采食量（dry matter intake，DMI），并增加平均日增重（average daily gain，ADG）。Bahnamiri（2019）也研究报道饲粮中添加2.1%鱼油导致泌乳奶牛 DMI 减少，与 Keady（2000）和 Wistuba（2006）的研究结果一致。饲喂含有脂质补充剂饲粮的反刍动物 DMI 降低，可能是产生了更大能量密度的调节摄入反应，表明 DMI 受到能量饱腹感机制的调节（姚朝辉，2023）。也有研究表明，饲粮中添加过多的不饱和脂肪酸可能会对瘤胃微生物产生毒性并抑制其生长，对其瘤胃中性洗涤纤维和有机物的消化具有负面影响（Jenkins，1993）。

（二）鱼油对反刍动物免疫性能的影响

鱼油中富含的 DHA 和 EPA 具有抗炎活性，可增加动物体内免疫细胞中脂肪酸及其代谢物的数量，提高免疫力（Wall，2010）。Mohtashami（2022）研究报道，在中等热应激条件下（月平均 THI 分别为 78.8、76.7 和 75.7，最高和最低月温度分别为 37.68 ℃和 20.47 ℃），荷斯坦犊牛日粮中添加鱼油改善了犊牛的免疫功能和饲料效率。鱼油还可促进牛淋巴细胞的增殖，有助于降低牛的发病率（Wistuba，2005）。

（三）鱼油对反刍动物瘤胃发酵的影响

评价瘤胃发酵的主要指标是瘤胃 pH 值、瘤胃挥发性脂肪酸产量和组成比例、瘤胃液氨态氮浓度，它们分别反映了瘤胃发酵水平和瘤胃内环境状况、瘤胃发酵模式和能量转化效率以及瘤胃氮代谢情况（于胜晨，2018）。Abughazaleh（2003）研究报道，添加富含中 EPA 和 DHA 的鱼油会抑制瘤胃生物氢化，减少 t11 C18:1 转化为 C18:0（Bilby，2006），造成瘤胃液、肉及奶中 t11 C18:1 的积累（Klein，2011）。研究表明在反刍动物日粮中添加一定量的 DHA，对瘤胃中的纤维分解菌产生毒害作用，改变碳水化合物瘤胃发酵模式，降低了奶牛瘤胃乙酸的含量，增加了丙酸的含量（Meeprom，2021），降低 VFA 含量，进而影响瘤胃 CH_4 的生成率（Hernández-García，2017）。山羊日粮中加入鱼油降低了 NH_3-N 浓度和总 VFA 以及乙酸和丙酸比例，可显著降低瘤胃原虫数量（Thanh，2018），瘤胃液丙酸的相对含量明显提高，乙酸的相对含量明显降低，羔羊瘤胃内乙酸与丙酸比例以及醋酸酯丰度显著降低（Zhao，2016）。

（四）鱼油对反刍动物产品品质的影响

1. 鱼油对反刍动物产品脂肪酸组成的影响

Bahnamiri（2019）研究报道，添加鱼油（1%、2.1% DM）显著增加牛背最长肌中 VA、CLA、EPA 和 DHA 的浓度，从而降低了 n-6/n-3 比值，且不会对胴体特性产生不良影响。Moloney（2021）研究报道，在公牛屠宰前的 88 d 的精料中添加含有瘤胃保护的鱼油（50g/kg DM），肌肉 EPA+DHA 含量从 7 mg/100 g 增加到 12 mg/100 g。

饲粮组成的改变显著影响乳中脂肪酸的变化（Chilliard，2007）。Swanepoel（2020）研究报道，饲喂鱼油增加了牛奶中 C18:1、t10 C18:1、t11 C18:1 以及 DHA 含量，其中 DHA 浓度提高 50%。在山羊日粮中添加鱼油提高了乳脂中 t11 C18:1 和 c9t11 CLA 的含量（分别约 540% 和 1 380%），EPA 和 DHA 含量也显著增加（Almeida，2019）。Beyzi（2020）研究表明，随着日粮中鱼油的增加，山羊乳中饱和脂肪酸、C18:1、C18:2、C18:3 和 C20:5 的表观转移效率降低，C22:6 的转移效率提高。

2. 鱼油对反刍动物肉品质指标的影响

Przybylski（2017）研究报道，在考力代羔羊日粮中添加 1% 鱼油，背最长肌的 pH 48 min 值较高，肉的亮度、红度和黄度数值较低。Korkmaz（2022）研究报道，在罗曼诺夫羔羊日粮中添加 50 mL 的鱼油可改善其背最长肌颜色值，获得较优 pH 值。此外，添加鱼油能够减少牛肉的滴水损失和蒸煮损失（Wolf，2019）。

三、微藻在反刍动物养殖中的应用

（一）微藻对反刍动物生长性能的影响

微藻含有丰富的 PUFA、蛋白质、纤维和矿物质，有的还存在一些免疫调节物质，如小球藻生长因子（CGF）等。适量添加微藻可提高日粮的能量水平，刺激和增强免疫系统，促进反刍动物生长，提高饲料转化效率。

徐晨晨（2021）研究报道，在柴达木福牛日粮中添加 100 g/d 富含 DHA 微藻，ADG 显著增加；当添加 100 g/d、200 g/d 微藻时，料重比均显著降低。Meale（2014）研究报道，在羔羊日粮中分别添加 1%、2%、3% 富含 DHA 的微藻，DMI、ADG 均增加。高磊（2021）研究表明，添加微藻饲喂柴达木福牛 60 d 后，微藻组试验牛的体重、体高和管围均显著或极显著高于对照组。Moran（2017）研究报道，在饲粮中添加富含 DHA 的金橘藻能使奶牛每日产奶量提高 1.9 kg。

但是研究表明，添加过量的富含 DHA 的微藻能够影响瘤胃微生物消化。瘤胃中的不饱和脂肪酸增加了血液中代谢物的浓度，激活了下丘脑饱腹感中心的受体，从而抑制杂交羔羊的食欲，降低了 DMI（Van，2016）。Franklin（1999）研究报道，在荷斯坦奶牛日粮中添加富含 DHA 的微藻 910 g/d，DMI 显著降低 20%。

（二）微藻对反刍动物免疫机能的影响

小球藻中含有一种小球藻生长因子（CGF）的物质，可以刺激和增强免疫系统。小球藻产生的一种酸性多糖能抑制有害病原体的增殖，具有免疫刺激特性。螺旋藻能增强巨噬细胞功能和白细胞介素-1（IL-1）的产生，但不影响免疫球蛋白 G（IgG）水平。螺旋藻还能激活免疫球蛋白 A（IgA）的分泌，以实现免疫调节。黏膜表面分泌的 IgA 具有微生物凝集、中和细菌酶、毒素和抗原抑制等特性，能够对抗各种病毒和细菌病原体。扁藻的细胞壁由酸性多糖组成，有利于肠道微生物群的生长。杜氏盐藻产生的胞外多糖具有免疫刺激、抗病毒和抗肿瘤的特性。微藻不仅通过提供营养来改善动物的健康和性能，还通过促进增强肠道微生物群的生物活性来使动物受益（姜洋洋，2023）。

Šimkus（2007）研究报道，饲喂螺旋藻的奶牛血液中血红蛋白和红细胞数量分别显著增加 8.9%、13.1%，表明螺旋藻能提高奶牛的产奶量，刺激奶牛的造血功能，增强其非特异性免疫力。Rezamand（2016）研究表明，随着日粮中 n-3 PUFA 含量增加，乳细胞中促炎肿瘤坏死因子（TNF-α）表达呈线性降低，外周血单个核细胞（PBMC）分离出的促炎标志物白细胞介素 IL-1β、IL-8 和 TNF-α 表达量分别降低 29%、20% 和 27%，IL-6 水平随着日粮中 n-3 PUFA 增加而增加。Paschoal（2013）研究表明，摄入富含 n-3 PUFA 的饲料可改变淋巴细胞增殖、细胞因子合成和抗体产生。

（三）微藻对反刍动物抗氧化性能的影响

由于微藻生存环境的复杂性和自身较强的环境抗逆性，它们可以产生多种抗氧化代谢产物。例如，超氧化物歧化酶（每 100 g 螺旋藻粉中 SOD 的酶活性为 20 000~60 000 U）、抗坏血酸、谷胱甘肽、维生素 E、酚类、类胡萝卜素、β-二甲基硫酸内酰丙酸、真菌孔蛋白以及一些特殊的植物化学物质，如微藻多糖等。这些生物活性物质具有抗氧化、提高免疫力和抗病能力等功能（Coulombier，2021）。

Abdullah（2015）研究报道，山羊日粮中添加 1%微藻粉，山羊血浆中 SOD、GSH-Px 活性显著提高。Mavrommatis（2021）研究报道，在奶山羊日粮中添加 20~60 g/d 微藻，血浆中 FRAP、GST、谷胱甘肽还原酶（GR）活性提高，羊乳中 CAT 活性提高，40~60 g/d 组精料采食量降低，认为 20 g/d 微藻为山羊日粮最适宜添加量。Xu（2021）研究报道，添加 100 g/d 微藻显著提高柴达木福牛血清 SOD、GSH-Px 活性和 T-AOC，显著降低 MDA 含量。

（四）微藻对反刍动物瘤胃发酵的影响

DHA 被认为是比 EPA 更强的瘤胃反式 C18 脂肪酸饱和抑制剂，抑制 t11 C18:1 转化为 C18:0（AbuGhazaleh，2004）。李海庆（2019）在滩羊日粮中添加 2%富含 DHA 的裂壶藻粉，瘤胃液中 t11 C18:1 含量极显著提高约 168.8%。Or-Rashid（2008）在奶牛生产中也发现类似结果，导致瘤胃中 C18:0 减少，t11 C18:1 和 n-3 PUFA 增加。

CH_4 是瘤胃内产生的主要气体，也是检测瘤胃微生物发酵的重要指标。Zhu（2016）研究报道，饲喂 6.1 g/d 微藻对山羊瘤胃液 pH 值和 TVFA 含量无影响，18.3 g/d 微藻可增加山羊瘤胃液 pH 值，降低 TVFA 的含量，促进乙酸转化为丙酸和丁酸，导致乙酸浓度下降，丙酸和丁酸逐渐上升。Mavrommatis（2021）研究表明 20 g/d 微藻可以抑制山羊瘤胃中产甲烷菌产生。Marques（2019）报道，泌乳中期奶牛日粮中添加微藻，瘤胃 pH 值呈线性增加，乙酸浓度与 TVFA 含量降低，丙酸、丁酸和支链脂肪酸（BCFA）含量无显著变化，瘤胃中氨态氮（NH_3-N）浓度显著降低。

（五）微藻对反刍动物肉质的影响

与鱼油相比，微藻中的 n-3 PUFA 在反刍动物瘤胃中生物氢化较少，微藻类的饲料在提高动物肉奶中 DHA 和 EPA 水平方面效果较好。Carvalho（2018）在安格斯×西门塔尔肉牛（体重 438 kg）日粮中添加富含 DHA 的微藻 100 g/d，达到体重 621 kg 时屠宰，结果表明微藻对 n-6 脂肪酸含量没有影响，但使 LM 的 n-3 脂肪酸含量和 n-3/n-6 比例增加了 1 倍多，EPA 和 DHA 含量增加了 4 倍和 6.25 倍。

（六）微藻对反刍动物产奶性能和乳品质的影响

微藻中富含的蛋白质、多糖和脂肪酸等营养物质，日粮中适量添加微藻可以提高反刍动物的产奶量，并且提高乳品质。Kulpys（2009）研究报道，饲喂螺旋藻的奶牛在 90 d 的试验期内每天摄入 200 g 螺旋藻，每头奶牛平均每天产奶 34 kg，比对照组增产 6 kg。潘坛等（雷琼，2021）研究表明，萨能奶山羊能较好适应日粮中的海藻粉补充剂，且添加 40 g/d 海藻粉能显著提高产奶量，说明在日粮中添加微藻对反刍动物奶产量有积极作用。

添加微藻可减少 PUFA 在瘤胃中的生物氢化，更多的 n-3 PUFA 被小肠吸收并转移到乳腺，增加乳中 PUFA 的含量，提高乳品质。Liu（2020）在荷斯坦奶牛日粮中添加 170 g/d、255 g/d 微藻，试验 60 d，显著提高血液中 LA、DHA、n-3 和 n-3/n-6 比例，DHA 转移效率分别为 10.1% 和 11.3%。Glover（2012）研究报道，含 DHA 微藻补充剂显著降低了牛奶脂肪含量（3.97 vs. 4.69），使牛奶中 DHA 含量增加 4 倍（0.06~0.26 g/100 g FA）。Till（2019）研究报道，随日粮中微藻添加量（0 g/d、50 g/d、100 g/d 或 150 g/d）的增加，奶牛乳脂含量呈线性下降，牛奶 DHA 含量线性增加，饲喂 150 g/d 微藻的牛奶 DHA 含量比对照高 0.29 g/100 g FA。

四、亚麻籽及加工副产物在反刍动物养殖中的应用

亚麻是一种重要的油料作物，亚麻籽不仅富含 PUFA、蛋白质等营养成分，还富含类黄酮、木酚素等抗氧化剂。亚麻籽饼粕为生产亚麻籽油的副产品，可作为畜禽日粮的蛋白质来源。在畜禽日粮中合理添加亚麻籽或亚麻籽饼粕，可增加畜禽产品中的 PUFA 含量，提高畜禽产品的品质，但直接添加高比例的亚麻籽饼粕，由于生氰苷（CGs）、抗维生素 B_6 因子、植酸、胰蛋白酶抑制因子等有毒物质或抗营养成分，会降低动物的采食量和生产性能。

（一）亚麻籽及加工副产物对反刍动物生产性能的影响

Kholif（2018）研究报道，哺乳期 Nubian 山羊采食含 20 mL 亚麻油的日粮，提高了乳产量和饲料效率，降低了乳脂含量。亚麻籽饼（粕）可作为反刍动物重要的蛋白质来源，但应注意饲粮氨基酸的平衡和亚麻籽饼（粕）的毒性作用，一般认为添加比例不可高于 20%（陶薪燕，2022）。

（二）亚麻籽及加工副产物对反刍动物瘤胃发酵的影响

研究表明在肉牛（Jordan，2006）和奶牛（Martin，2016）饲粮中添加亚麻籽油，可以降低总甲烷排放量。在奶牛饲粮中添加亚麻籽或者亚麻籽粕会使瘤胃 pH 降低，总挥发性脂肪酸含量增加，乙酸与丙酸的比值下降。挥发性脂肪酸作为弱酸，可在瘤胃中电解离释放出 H^+，使瘤胃 pH 值降低，而乙酸与丙酸比值的降低也有益于提高饲料能量的转化效率。

（三）亚麻籽及加工副产物对反刍动物产品品质的影响

亚麻籽及其制品作为蛋白质饲料添加到反刍动物日粮中，可以提高肉和

奶的品质。多不饱和脂肪酸（PUFA）与饱和脂肪酸（SFA）的比值（P/S）是衡量肉类营养价值的重要指标，P/S 比值在 0.45 左右较为合理，而大多数肉类的 P/S 比值在 0.1 左右，PUFA 含量较低（陶薪燕，2022）。在肉牛育肥期饲粮中添加亚麻籽可优化肉牛肌肉的脂肪酸组成，增加 PUFA 含量及牛肉 P/S 比值，使肉中大理石花纹增多，提高牛肉品质（Margetak，2012）。Elmore（2000）研究表明，使用亚麻籽和鱼油作为羔羊饲料补充剂，羊肉 ALA 含量增加 1 倍，EPA 和 DHA 分别增加 2 倍和 4 倍，改善了萨福克和大豆羔羊的肉质。

Correddu（2016）研究报道，将 300 g/d 葡萄籽、220 g/d 亚麻籽、葡萄籽+亚麻籽混合物添加到泌乳 Sarda 羊的饲粮后，其乳中 SFA 的含量显著下降，UFA 的含量显著升高，其中混合组效果最为明显，混合组乳中油酸、α-亚麻酸和 c9t11 CLA 的含量显著升高。孙涛（2005）研究表明，添加 15%亚麻籽可提高乳脂率、共轭亚油酸与长链脂肪酸含量和 n-3/n-6 值，提高牛奶的营养价值。

五、饲草在反刍动物养殖中的应用

饲草是反刍动物必需脂肪酸（α-亚麻酸）的重要来源。饲草地上部分（包括叶、茎）一般含有 2%~4% DM 的粗脂肪（乙醚提取物），其中叶片中粗脂肪含量为 3%~10% DM。新鲜饲草的 ALA 可占 40%~75% TFA。而且反刍动物食草量大，饲草无疑是反刍动物获得 ALA 最经济的途径。

（一）饲草对瘤胃发酵的影响

在动物必需脂肪酸方面，饲草提供的前体与精料不同。精料中 LA 含量丰富，而饲草 ALA 含量较高，特别是鲜草。因此，饲草和精料的脂质在瘤胃发酵过程中 BH 通路和产物不同。日粮中鲜草的浓度越高，可用于合成 CLA 和 n-3 PUFA 的 ALA 前体就越多（Raes，2004）。Lourenço（2008）研究表明饲喂鲜草，可观察到 BH 中间产物的积累。t11 C18:1 和 c9t11 CLA 的比例较高，抑制了生成硬脂酸的末端 BH 步骤，增加了 t11 C18:1 和 c9t11 CLA 的沉积。有的植物提取物或特定的次生代谢物（如缩合单宁或皂苷）可抑制脂肪酶活性（Sharma，2005；Moreno，2003）。Dewhurst（2006）报道，日粮中豆科植物的存在增加了瘤胃 PUFA 的流出率，这可能与多酚氧化酶的存在有关。多酚氧化酶可减少贮藏过程中的脂肪分解和瘤胃脂肪酸代谢（Lee，2007）。反刍动物大量摄入牧草，随着牧草摄入量的增加，瘤胃通过动力学更高，缩短瘤胃滞留时间，减少了饲草脂质与瘤胃中脂肪酶和生物氢化的接触，有助于提高 n-3 PUFA 在肉奶中的沉积。食用精料会降低瘤胃 pH 值，从而降低纤维梭菌 B. fibrisolven 的活性，相反，以草为基础的日粮则为细菌合成提供了更有利的瘤胃环境，有助于 CLA 等有益 PUFA 在肉奶中的沉积。

（二）饲草对反刍动物肉品质的影响

1. 饲草对反刍动物肉中脂肪酸组成的影响

无论基因构成、性别、年龄、物种或地理位置如何，草料或精料日粮的饲喂结果表明，在脂质库和身体组织中的脂肪酸谱和抗氧化剂含量存在显著差异（Garcia，2008；De，2009）。Daley（2010）对比了草饲和谷饲牛肉品质的差异（表 4-3）。

与精料饲喂的牛相比，草饲牛的总脂肪含量通常较低。在 60% 的研究案例中，精料饲喂牛肉的肉豆蔻酸（C14:0）和棕榈酸（C16:0）含量高于草饲牛肉。因此，与精料饲养的牛肉相比，草饲牛肉倾向于产生更有益的 SFA 成分。牛肉的胆固醇含量为 73 mg/100 g，与其他肉类差别不大（猪肉 79 mg/100 g；羊肉 85 mg/100 g；鸡肉 76 mg/100 g；火鸡 83 mg/100 g）（Wheeler，1987）。研究表明，牛的品种、营养和性别并不影响牛骨骼肌的胆固醇浓度，相反，胆固醇含量与 IMF 浓度高度相关（Rule，2002）。随着 IMF 水平的升高，每克组织中的胆固醇浓度也随之升高（Alfaia，2007）。由于牧场饲养的牛肉总体脂肪含量较低，尤其是大理石花纹或 IMF 水平较低（Leheska，2008），因此草饲牛肉的总体胆固醇含量也较低。Garcia（2008）研究报道，放牧和精料喂养的母牛组织中胆固醇含量分别为 40.3 g/100 g 和 45.8 g/100 g。

目前已有的大量研究结果基本一致表明，与精料相比，在育成期饲喂饲草经常会导致肌肉中的 SFA 浓度降低和 n-3 PUFA 浓度升高（Scollan，2014）。据报道，阿根廷牧场牛肉和饲养场牛肉的 EPA 含量分别为 15 mg/100 g 和 4 mg/100 g，DHA 含量分别为 12 mg/100 g 和 6 mg/100 g（Garcia，2008），而美国牧场牛肉和精饲料牛肉的 EPA 含量分别为 8 mg/100 g 和 4 mg/100 g，DHA 含量分别为 1.49 mg/100 g 和 1.46 mg/100 g（Leheska，2008）。表 4-3 显示，与精料喂养的牛肉相比，草饲牛明显增加了肉中的 n-3 PUFA 含量，而 n-6 PUFA 的含量保持不变，产生了更有利的 n-6/n-3 的比值。草饲牛肉和谷饲牛肉的平均值分别为 1.53 和 7.65（Daley，2010）。

表 4-3　草饲牛肉和谷饲牛肉脂肪酸组成的差别

品种/单位	处理	C12:0	C14:0	C16:0	C18:0	Total MUFA	t11 C18:1	C18:2 n-6 LA	Total CLA	C18:3 n-3 ALA	C20:5 EPA n-3	C22:5 DPA n-3	C22:6 DHA n-3	SFA	PUFA	PUFA/SFA	n-6	n-3	n-6/n-3	参考文献
杂交阉牛/(g/100g lipid)	草饲	0.05	1.24	18.42	17.54	24.69	1.35	12.55	5.14	5.53	2.13	2.56	0.2	37.3	28.1	0.75	12.55	10.42	1.2	Alfaia, 2009
	谷饲	0.06	1.84	20.79	14.96	34.99	0.92	11.95	2.65	0.48	0.47	0.91	0.11	37.7	16.6	0.44	11.95	1.97	6.1	
混合牛/(g/100g lipid)	草饲	0.05	2.84	26.9	17	42.5	2.95	2.01	0.85	0.71	0.31	0.24	NA	46.8	4.1	0.09	2.01	1.26	1.6	Leheska, 2008
	谷饲	0.07	3.45	26.3	13.2	46.2	0.51	2.38	0.48	0.13	0.19	0.06	NA	43.0	3.2	0.08	2.38	0.38	6.3	
安格斯牛/(%TFA)	草饲	NA	2.19	23.1	13.1	37.7	3.22	3.41	0.72	1.30	0.52	0.70	0.43	38.4	7.1	0.18	3.41	2.95	1.2	Garcia, 2008
	谷饲	NA	2.44	22.1	10.8	40.8	2.25	3.93	0.58	0.74	0.12	0.30	0.14	35.3	5.8	0.16	3.93	1.3	3.0	
西门塔尔牛公牛/(%TFA)	草饲	0.04	1.82	22.56	17.64	56.09	NA	6.56	0.87	2.22	0.94	1.32	0.17	42.1	12.1	0.29	6.56	4.65	1.4	Nuernberg, 2005
	谷饲	0.05	1.96	24.26	16.8	55.51	NA	5.22	0.72	0.46	0.08	0.29	0.05	43.1	6.8	0.16	5.22	0.88	5.9	
杂交阉牛/(%TFA)	草饲	NA	2.2	22.0	19.1	34.17	4.20	5.4	NA	1.4	TR	0.6	TR	43.3	7.4	0.17	5.4	2.0	2.7	Descalzo, 2005
	谷饲	NA	2.0	25.0	18.2	37.83	2.80	4.7	NA	0.7	TR	0.4	TR	45.2	5.8	0.13	4.7	1.1	4.3	
赫里福德牛/(%TFA)	草饲	NA	1.64	21.61	17.74	40.96	NA	3.29	0.53	1.34	0.69	1.04	0.09	41.0	7.0	0.17	3.29	3.16	1.0	Realini, 2004
	谷饲	NA	2.17	24.26	15.77	46.36	NA	2.84	0.25	0.35	0.3	0.56	0.09	42.2	4.4	0.10	2.84	1.3	2.2	

注：NA 表示该值未在原始研究中报告。TR 表示检测到的痕量。数据来自 Daley（2010）。

共轭亚油酸是反刍动物肉类和奶类中发现的一组多不饱和脂肪酸，是亚油酸共轭异构体的一般混合物。在已发现的多种异构体中，cis-9，trans-11 CLA 异构体占反刍动物产品中 CLA 总量的 80%~90%（Nuernberg，2002）。天然的 CLA 有两个来源：瘤胃中多不饱和脂肪酸（PUFA）的细菌异构化和/或生物氢化，以及脂肪组织和乳腺中反式脂肪酸的脱饱和作用。草饲牛肉提供了更高浓度的 t11 C18:1，这是一种重要的 MUFA，可促进 CLA 的合成，而 CLA 是一种在人体组织内合成的强效抗癌物质（Bauman，2020）。通过富含鲜草和青绿饲料的膳食，可自然增加牛肉产品脂质部分中的 t11 C18:1 和 CLA。虽然在精料和青绿饲料中都能找到前体物，但用草喂养的反刍动物产生的 CLA 是用高谷饲养的反刍动物的 2~3 倍，这主要是由于瘤胃 pH 值更为有利（French，2000）。

2. 饲草对反刍动物肉中其他生物活性成分的影响

由于自然界生存环境的复杂性和自身的环境抗逆性，饲草可以产生多种具有生物活性的次生代谢物。这些生物活性物质一般是植物中含量较低的低分子量化合物，属于不同的化学类别，例如黄酮类、异黄酮类、单宁类或其他酚类、萜烯类、皂苷类、氰苷类、生物碱、功能性脂肪酸、维生素等（Tava，2022）。饲草中的生物活性物质参与各种新陈代谢过程，或为适应环境变化（光合作用、干旱、极端气温、紫外线辐射等），或为防御病原体及动物侵袭，具有抗氧化、抗菌、消炎、杀虫等特性。这些源自天然的生物活性物质不仅能影响动物营养，在畜牧业中发挥着重要的作用，还可能对人类健康产生重要的影响。

研究表明饲喂新鲜饲草能为反刍动物提供各种天然的生物活性物质，符合人们追求天然健康的消费理念。梁琪（2018）在体重 62 kg 奶山羊全混合日粮中分别添加 0 g/d、10 g/d、20 g/d 和 30 g/d DM 马齿苋青贮料，试验 60 d，结果表明羊乳中总多酚（TPC）（0.35 mg/g、1.29 mg/g、2.98 mg/g、3.14 mg/g）、总黄酮（TFC）（微量、微量、0.40 mg/g、0.42 mg/g）和 β-胡萝卜素（0.34 mg/100g、微量、0.79 mg/100g、0.80 mg/100g）的含量均随着马齿苋青贮添加量增加而增多。多种生物活性物质具有抗氧化作用，能稳定脂肪酸，延长货架期，使肉类更受欢迎（Gatellier，2005）。如玉米青贮料中 β-胡萝卜素含量极低，新鲜饲草是 β-胡萝卜素、α-生育酚等丰富的来源。O'Sullivan（2002）比较了玉米与青草青贮对零售包装牛肉质量的影响，饲喂玉米青贮料的牛肉脂质氧化显著较高，青草青贮日粮的牛肉色泽稳定性最好，α-生育酚水平分别为：2.08 μg/g 肉

vs. 3. 84 μg/g 肉；青草青贮饲养的牛肉在色泽、脂质氧化和 α-生育酚水平方面的整体质量优于青贮玉米饲养的牛肉。Moloney（2008）报道，放牧植物多样性牧场的肉牛肌肉中维生素 E 的平均浓度可达到 4. 8~6. 3 mg/kg。

3. 饲草对反刍动物肉中风味成分的影响

研究表明，肉的风味主要存在于水溶性成分中，但物种特有的风味存在于肉的脂质成分中。红肉在烹饪过程中产生的风味来自氨基酸和还原糖之间的马氏反应以及脂质的热降解。前者产生烤味/肉味，后者产生物种风味差异（Mottram，1998）。改变肉类脂质部分脂肪酸组成的日粮也会改变产生的挥发性物质的数量和类型，从而改变肉类的香气和风味（Elmore，1999）。Elmore（2004）比较了谷饲和草饲烤牛肉中的挥发性化合物和脂肪酸组成，谷饲牛肉中亚油酸含量较高，烹饪时产生的 1-辛烯-3-醇（1-Octen-3-ol）、己醛（hexanal）、2-戊基呋喃（2-pentylfuran）、三甲胺（trimethyl-amine）、顺式和反式-2-辛烯（cis- and trans-2-octene）以及 4,5-二甲基-2-戊基-3-恶唑啉（4,5-dimethyl-2-pentyl-3-oxazoline）的含量比草饲牛肉高出 3 倍以上，而草饲烤牛肉中草源性 1-phytene 的含量要高得多，这是一种摄入草的叶绿素衍生物。Raes（2003）比较了比利时本地生产的利穆赞和比利时蓝牛屠体零售牛肉与阿根廷和爱尔兰进口牛肉的脂肪酸组成和风味。脂肪酸图谱表明，前者的肉来自精料饲养的动物，而后者主要是草饲动物。感官分析和风味挥发性分析表明，草饲动物的风味强度更高，这与挥发性化合物含量较高有关，草饲动物长链 PUFA 氧化产生的低分子量不饱和醛类含量更高。

在羊肉中，8~10 个碳原子的支链脂肪酸被认为是羊肉特有风味的主要成分。长链不饱和脂肪酸的氧化产物也会增加羊肉的风味强度。研究表明，羊肉的风味强度因品种或父系品种的不同而存在差异，但是研究结果并不一致（Duckett，2001）。Young（2003）比较了在牧草日粮或玉米精料日粮饲喂 132~232 d 的羔羊（公羊或阉羊）风味。结果表明，以 4-甲基辛酸（4-methyloctanoic acid）为典型代表的具有物种特征的短支链脂肪酸（short branched-chain fatty acids，BCFA）的浓度在牧草喂养的羔羊中较低，尤其是在 232 d 时，尽管动物之间的差异很大。牧草日粮羊脂肪中的 3-甲基吲哚（3-methylindole）、3-甲基苯酚（3-methylphenol）浓度更高。经作者分析，羊肉风味明显与吲哚（尤其是甲基吲哚）有关，在较小程度上与甲基苯酚有关。3-甲基吲哚是造成绵羊肉田园风味的主要原因，脂肪氧化产物代表了一种背景风味，这种风味在数量上随脂肪酸组成而变化。Fisher

（2000）研究了鲜草或精料喂养的羊肉，表明后者的风味得分较低，而异常羊肉风味、金属味、苦味、膻味和馊味方面得分较高。还有研究表明，放牧白三叶或紫花苜蓿的羔羊比放牧鲜草牧场的羔羊风味更浓，而生长速度慢的鲜草牧场羔羊比生长速度快的牧场羔羊或精料羔羊风味更浓（Roussett-Akrim，1997；Duckett，2001）。

（三）饲草对反刍动物乳品质的影响

反刍动物乳脂的脂肪酸组成受动物因素、饲料因素和环境因素等多种因素影响（Kalač，2010）。动物因素包括品种、胎次和泌乳阶段的影响等。环境因素关于季节、耕作制度、牛群管理、挤奶频率等。在饲料因素中，饲粮和各种类型的瘤胃保护或非保护脂肪补充剂是脂肪酸的主要来源。鲜草或青贮料一直是不同饲喂系统中反刍动物日粮的主要成分。

在牛乳脂肪中检测到的数百种脂肪酸中，只有少数会影响营养、感官和技术特性。主要脂肪酸具有直链和偶数碳原子数。奇数链和支链脂肪酸是牛乳脂肪中的次要成分。SFA、MUFA 和 PUFA 在 TFA 中的典型比例分别为 69%、27% 和 4%。牛乳脂肪中各种反式不饱和脂肪酸的比例在总脂肪酸的 2%~8%。其中，常见的是 t11 C18:1（Jensen，2002）。c9t11 CLA 在乳脂中的年平均含量为 0.59%，冬季和夏季分别为 0.38% 和 0.96%（Ledoux，2008）。总体而言，饲草较高的日粮处理提高了牛奶中 ALA 和 cis9，trans11-CLA 的浓度，而牛奶中 SFA 的浓度在大多数情况下都有所降低（Kalač，2010）。

综上，尽管同鱼油、微藻等相比，饲草的脂肪酸含量水平相对较低，但由于其生物量庞大，并且草食动物食草量大，使得饲草成为草食动物获取 ALA 这一必需脂肪酸时最经济的选择。单胃动物能够有效地吸收和沉积日粮中的 ALA 到组织中。反刍动物由于瘤胃微生物的氢化作用，对 ALA 直接吸收和沉积的效率低，但是饲草作为反刍动物必需脂肪酸的主要来源，仍然可以通过代谢转化满足反刍动物对 DHA 和 EPA 的生理需求，而且还增加了肉奶中共轭亚油酸、黄酮类、维生素等各种具抗氧化、抗炎、免疫调节作用的生物活性物质（Bauman，2020）。饲草对提高草食动物生产性能和品质，促进健康养殖具有重要的作用。

参考文献

蔡秋声，1990. 一种新保健油-富含 A-亚麻酸紫苏油 [J]. 粮食与油脂（3）：38-40.

陈静，刘显军，王彤，等，2019. 饲粮必需脂肪酸组成对育肥猪生长性能和血清生化指标的影响 [J]. 动物营养学报，31（8）：3543-3550.

邓波，门小明，吴杰，等，2019. 亚麻籽对生长育肥猪生长性能、胴体性状、肉质和脂肪酸组成的影响 [J]. 动物营养学报，31（9）：4024-4032.

邓波，门小明，朱冬荣，等，2017. 亚麻籽和鱼油对蛋鸡蛋黄 n-3 多不饱和脂肪酸 含量与肝脏脂肪酸代谢的影响 [J]. 动物营养学报，29（8）：2751-2761.

邓兴照，齐广海，刘福柱，等，2006. 日粮多不饱和脂肪酸类型对蛋鸡生产性能和蛋黄脂肪酸富集的影响 [J]. 中国畜牧杂志，42（3）：31-34.

丁宁，张欣，刘姗姗，等，2017. n-6/n-3 多不饱和脂肪酸营养失衡对小鼠精子发生的影响 [J]. 现代生物医学进展，17（21）：4001-4006.

樊懿萱，邓凯平，澹台文静，等，2018. 多不饱和脂肪酸日粮中添加酵母硒对湖羊脂肪酸组成和抗氧化的影响 [J]. 畜牧兽医学报，49（8）：1661-1673.

高磊，洪金，李慧，等，2021. 微藻对柴达木福牛生长性能的影响 [J]. 黑龙江畜牧兽医（12）：97-101.

管武太，2014. 油脂在母猪饲粮中的应用研究进展 [J]. 动物营养学报，26（10）：3071-3081.

郝京京，史海涛，谢拉准，等，2020. 亚麻籽与亚麻籽饼粕的营养价值及其在畜禽饲粮中的应用 [J]. 动物营养学报，32（9）：4059-4069.

黄玉兰，杨焕民，李祥辉，2010. 亚麻籽对 AA 肉鸡生产性能及胴体品质的影响 [J]. 黑龙江畜牧兽医（上半月）（9）：81-83.

贾玉东，2011. 前列腺素和槲皮素对鸡等级前卵泡发育的调节作用及机理的研究 [D]. 杭州：浙江大学.

姜洋洋，佟海峰，王磊，等，2023. 饲料中添加微藻对反刍动物影响的研究进展 [J]. 饲料研究，46（5）：131-137.

蒋恒，王昊然，王怀树，等，2023. 苜蓿草粉对育肥猪胴体性状、肉品质以及肌肉中氨基酸、脂肪酸的影响 [J]. 中国饲料（4）：57-62.

李碧侠，赵为民，付言峰，等，2020. 苜蓿草粉对苏山猪屠宰性能、胴体品质和肉质性状的影响 [J]. 动物营养学报，32（3）：1090-1098.

李海庆，2019. 日粮不饱和脂肪酸对滩羊体脂 CLA 调控作用及机理研究 [D]. 银川：宁夏大学.

梁铭其，陈伟，张亚男，等，2023. 多不饱和脂肪酸对家禽脂类代谢及 繁殖性能调节作用的研究进展 [J]. 中国畜牧兽医，50（10）： 4015-4024.

梁琪，高占军，玉柱，等，2018. 日粮中不同马齿苋青贮添加量对奶山 羊泌乳性能的影响 [J]. 中国畜牧兽医，45（8）：2204-2211.

刘珊珊，李晓曦，林艳，等，2014. 膳食中高 n-6/n-3 多不饱和脂肪 酸比值对小鼠精子浓度及活度的影响 [J]. 医学研究生学报（7）： 676-678.

刘永祥，刘艳丽，姜东风，等，2015. 共轭亚油酸和鱼油组合对雄性肉 鸡屠体性状、肌肉脂肪酸组成和脂质过氧化状态的影响 [J]. 动物营 养学报（8）：2517-2526.

刘则学，2006. 亚麻籽中多不饱和脂肪酸在猪不同组织中的富集规律及 对猪胴体品质的影响 [D]. 武汉：华中农业大学.

卢元鹏，原爱平，朱志刚，等，2009. 日粮不同 ω-3 多不饱和脂肪酸水 平对绍鸭产蛋性能与蛋品质的影响 [J]. 江苏农业学报，25（5）： 1086-1090.

吕学泽，贾亚雄，郭江鹏，等，2016. n-3 不饱和脂肪酸在禽产品中的 沉积与变化规律研究 [J]. 饲料工业，37（17）：14-18.

牟朝丽，陈锦屏，2006. 紫苏油的脂肪酸组成、维生素 E 含量及理化性 质研究 [J]. 西北农林科技大学学报（自然科学版），34（12）： 195-198.

普宣宣，李秋爽，王敏，等，2022. 不饱和脂肪酸瘤胃微生物氢化与调 控奶牛泌乳性能的研究进展 [J]. 中国畜牧杂志，58（10）：8-13.

沈勇，王建发，郭丽，等，2012. 亚麻籽对鸡蛋蛋黄中 DHA 和 EPA 含 量的影响 [J]. 营养学报，34（1）：50-54.

石宝明，郎婧，单安山，2012. 亚麻籽和维生素 E 对育肥猪胴体脂肪酸 构成的影响 [J]. 中国畜牧杂志，48（13）：48-51.

孙丽华，肖秋霞，杨琳，2016. 家禽脂肪营养研究进展 [J]. 中国家 禽，38（4）：44-48.

孙涛，2005. 日粮添加复合预混料及亚麻籽和大豆对奶牛产奶量和乳脂 组成的影响 [D]. 保定：河北农业大学.

唐威，赵玉蓉，2009. 鱼类必需脂肪酸的研究进展 [J]. 饲料博览
　（2）：14-17.

陶薪燕，张元庆，程景，等，2022. 亚麻籽饼（粕）的营养价值及其在
　反刍动物生产中的应用研究进展 [J]. 中国畜牧杂志，58（6）：
　111-116.

王嘉为，张蕾，祝皎月，等，2016. 饲粮中添加苜蓿草粉对生长猪结肠
　微生物区系及其代谢产物的影响 [J]. 动物营养学报，28（9）：
　2715-2723.

王力，魏堂鸿，邓继彦，等，2020. 亚麻籽及其加工副产品的营养价值
　及其在猪生产中的应用 [J]. 中国饲料（23）：4-10，29.

徐晨晨，李慧，张寿，等，2021. 富含 DHA 微藻对柴达木福牛生长性
　能和血清抗氧化指标的影响 [J]. 中国畜牧兽医，48（6）：
　2074-2081.

姚朝辉，刘凯珍，虎业浩，等，2024. 不饱和脂肪酸在反刍动物饲粮中
　的应用研究进展 [J/OL]. 动物营养学报，36（2）：708-715.

于胜晨，郝小燕，武晓东，等，2018. 胡麻饼代替豆粕对绵羊瘤胃代谢
　的影响 [J]. 动物营养学报，30（8）：3033-3042.

岳巧娴，黄晨轩，CHOLACOSMAS，等，2019.Meta 分析法研究亚麻籽
　对蛋黄中多不饱和脂肪酸的影响 [J]. 中国饲料（1）：25-30.

曾凡熙，牟永斌，靳露，等，2012.ω-3 多不饱和脂肪酸对公猪精液质
　量的影响及其机制 [J]. 动物营养学报，24（4）：624-630.

张剑，曹婧，耿爱莲，等，2021. 不同日龄北京油鸡腿肌中长链脂肪酸
　变化规律研究 [J]. 中国家禽，43（7）：10-17.

张晓霞，尹培培，杨灵光，等，2017. 不同产地亚麻籽含油率及亚麻籽
　油脂肪酸组成的研究 [J]. 中国油脂，42（11）：142-146.

赵丽娜，2007. 不同原料中的 n-3 多不饱和脂肪酸在鸡蛋中富集规律及
　对蛋鸡生产性能和鸡蛋品质的影响 [D]. 武汉：华中农业大学.

赵丽娜，罗杰，肖成林，等，2008. 日粮中添加亚麻籽和双低菜籽混合
　原料提高鸡蛋中 N-3PUFA 含量的研究 [J]. 中国粮油学报，23
　（2）：149-154.

中国饲料数据库情报网中心，2020. 中国饲料数据库中国饲料成分及营
　养价值表第 31 版 [EB/OL]. https：//www.chinafeeddata.org.cn/
　admin/Zylist/slcfb_ ml？ver=31.

中国饲料数据库情报网中心, 2021. 美国 FEEDSTUFF 饲料成分表 [EB/OL]. https://www.chinafeeddata.org.cn/admin/Zylist/index? type = feedstuff.

周源, 王定发, 胡修忠, 等, 2017. 不同来源亚麻籽对蛋鸡生产性能、蛋品质、鸡蛋脂肪酸组成和血清中炎性细胞因子的影响 [J]. 中国家禽, 39 (15): 35-39.

朱晓艳, 吕先召, 邱晓东, 等, 2018. 苜蓿草粉对育肥猪肉品质、肌肉氨基酸和脂肪酸含量的影响 [J]. 动物营养学报, 30 (9): 3473-3482.

Abdollahi M R, Ravindran V, Svihus B, 2013. Pelleting of broiler diets: an overview with emphasis on pellet quality and nutritional value [J]. Animal Feed Science and Technology, 179 (1-4): 1-23.

Abdullah M A E M, 2015. Antioxidant effect of dietary micro algae supplementation on milk, blood and rumen of dairy goats [D]. Athens: Athens Agricultural University.

AbuGhazaleh A A, Jenkins T C, 2004. Disappearance of docosahexaenoic and eicosapentaenoic acids from cultures of mixed ruminal microorganisms [J]. Journal of Dairy Science, 87 (3): 645-651.

AbuGhazaleh A A, Schingoethe D J, Hippen A R, et al., 2003. Milk conjugated linoleic acid response to fish oil supplementation of diets differing in fatty acid profiles [J]. Journal of Dairy Science, 86 (3): 944-953.

Ahmad S, Yousaf M, Kamran Z, et al., 2014. Production of n-3 PUFA enriched eggs by feeding various dietary ratios of n-6 to n-3 fatty acids and vitamin a levels to the laying hens in hot climate [J]. The Journal of Poultry Science, 51 (2): 213-219.

Akraim F, Nicot M C, Juaneda P, et al., 2007. Conjugated linolenic acid (CLnA), conjugated linoleic acid (CLA) and other biohydrogenation intermediates in plasma and milk fat of cows fed raw or extruded linseed [J]. Animal, 1 (6): 835-843.

Aldai N, Dugan M E R, Rolland D C, et al., 2009. Survey of the fatty acid composition of Canadian beef: backfat and longissimus lumborum muscle [J]. Canadian Journal of Animal Science, 89 (3): 315-329.

Alfaia C P M, Castro M L F, Martins S I V, et al., 2007. Influence of slaughter season and muscle type on fatty acid composition, conjugated linoleic acid isomeric distribution and nutritional quality of intramuscular fat in Arouquesa-PDO veal [J]. Meat Science, 76 (4): 787-795.

Almeida O C, Ferraz Jr M V C, Susin I, et al., 2019. Plasma and milk fatty acid profiles in goats fed diets supplemented with oils from soybean, linseed or fish [J]. Small Ruminant Research, 170: 125-130.

Am-In N, Kirkwood R N, Techakumphu M, et al., 2011. Lipid profiles of sperm and seminal plasma from boars having normal or low sperm motility [J]. Theriogenology, 75 (5): 897-903.

Amusquivar E, Laws J, Clarke L, et al., 2010. Fatty acid composition of the maternal diet during the first or the second half of gestation influences the fatty acid composition of sows' milk and plasma, and plasma of their piglets [J]. Lipids, 45: 409-418.

Asl R S, Shariatmadari F, Sharafi M, et al., 2018. Improvements in semen quality, sperm fatty acids, and reproductive performance in aged Ross breeder roosters fed a diet supplemented with a moderate ratio of n-3: n-6 fatty acids [J]. Poultry Science, 97 (11): 4113-4121.

Astrid K, Johan B, Nadia E, et al., 2015. Transition of maternal dietary n-3 fatty acids from the yolk to the liver of broiler breeder progeny via the residual yolk sac [J]. Poultry Science, 94 (1): 43-52.

Aziza A E, Panda A K, Quezada N, et al., 2013. Nutrient digestibility, egg quality, and fatty acid composition of brown laying hens fed camelina or flaxseed meal [J]. The Journal of Applied Poultry Research, 22 (4): 832-841.

Bahnamiri H Z, Ganjkhanlou M, Zali A, et al., 2019. Effect of fish oil supplementation and forage source on Holstein bulls performance, carcass characteristics and fatty acids profile [J]. Italian Journal of Animal Science, 18 (1): 20-29.

Bauman D E, Lock A L, Conboy Stephenson R, et al., 2020. Conjugated linoleic acid: biosynthesis and nutritional significance [J]. Advanced Dairy Chemistry, 2: 67-106.

Baéza E, Chartrin P, Bordeau T, et al., 2017. Omega-3 polyunsaturated fatty acids provided during embryonic development improve the growth performance and welfare of Muscovy ducks (*Cairina moschata*) [J]. Poultry Science, 96 (9): 3176-3187.

Bean L D, Leeson S, 2002. Metabolizable energy of layer diets containing regular or heat-treated flaxseed [J]. Journalof Applied Poultry Research, 11 (4): 424-429.

Bean L D, Leeson S, 2003. Long-term effects of feeding flaxseed on performance and egg fatty acid composition of brown and white hens [J]. Poultry Science, 82 (3): 388-394.

Belaunzaran X, Bessa R J B, Lavín P, et al., 2015. Horse-meat for human consumption-Current research and future opportunities [J]. Meat Science, 108: 74-81.

Beyzi S B, Gorgulu M, Kutlu H R, et al., 2020. The effects of dietary lipids and roughage level on dairy goat performance, milk physicochemical composition, apparent transfer efficiency and biohydrogenation rate of milk fatty acids [J]. The Journal of Agricultural Science, 158 (4): 288-296.

Bhatty R S, 1993. Further compositional analyses of flax: mucilage, trypsin inhibitors and hydrocyanic acid [J]. Journal of the American Oil Chemists' Society, 70 (9): 899-904.

Bilby T R, Jenkins T, Staples C R, et al., 2006. Pregnancy, bovine somatotropin, and dietary n-3 fatty acids in lactating dairy cows: Ⅲ. Fatty acid distribution [J]. Journal of Dairy Science, 89 (9): 3386-3399.

Bongalhardo D C, Leeson S, Buhr M M, 2009. Dietary lipids differentially affect membranes from different areas of rooster sperm [J]. Poultry Science, 88 (5): 1060-1069.

Botsoglou E, Govaris A, Fletouris D, et al., 2012. Lipid oxidation of stored eggs enriched with very long chain n-3 fatty acids, as affected by dietary olive leaves (*Oleaeuropea* L.) or α-tocopheryl acetate supplementation [J]. Food Chemistry, 134 (2): 1059-1068.

Bou R, Boon C, Kweku A, et al., 2011. Effect of different antioxidants on lycopene degradation in oil-in-water emulsions [J]. European Journal of Lipid Science and Technology, 113 (6): 724-729.

Buccioni A, Decandia M, Minieri S, et al., 2012. Lipid metabolism in the rumen: new insights on lipolysis and biohydrogenation with an emphasis on the role of endogenous plant factors [J]. Animal Feed Science and Technology, 174 (1-2): 1-25.

Calder P C, 2013. Omega-3 polyunsaturated fatty acids and inflammatory processes: nutrition or pharmacology? [J]. British Journal of Clinical Pharmacology, 75 (3): 645-662.

Carvalho J R R, Brennan K M, Ladeira M M, et al., 2018. Performance, insulin sensitivity, carcass characteristics, and fatty acid profile of beef from steers fed microalgae [J]. Journal of Animal Science, 96 (8): 3433-3445.

Castellano C A, Audet I, Bailey J L, et al., 2010. Effect of dietary n-3 fatty acids (fish oils) on boar reproduction and semen quality [J]. Journal of Animal Science, 88 (7): 2346-2355.

Castellano C A, Audet I, Laforest J P, et al., 2011. Fish oil diets alter the phospholipid balance, fatty acid composition, and steroid hormone concentrations in testes of adult pigs [J]. Theriogenology, 76 (6): 1134-1145.

Cerolini S, Pizzi F, Gliozzi T, et al., 2003. Lipid manipulation of chicken semen by dietary means and its relation to fertility: a review [J]. World's Poultry Science Journal, 59 (1): 65-75.

Cerolini S, Zaniboni S, Maldjian A, et al., 2006. Effect of docosahexaenoic acid and a-tocopherol enrichment in chicken sperm on semen quality, sperm lipid composition and susceptibility to peroxidation [J]. Theriogenology, 66 (4): 877-886.

Chen W, Jiang Y Y, Wang J P, et al., 2014. Effects of dietary flaxseed meal on production performance, egg quality, and hatchability of Huoyan geese and fatty acids profile in egg yolk and thigh meat from their offspring [J]. Livestock Science, 164: 102-108.

Cherian G, 2008. Egg quality and yolk polyunsaturated fatty acid status in relation to broiler breeder hen age and dietary n-3 oils [J]. Poultry Science, 87 (6): 1131-1137.

Cherian G, Bautista-Ortega J, Goeger D E, 2009. Maternal dietary n-3 fatty acids alter cardiac ventricle fatty acid composition, prostaglandin and thromboxane production in growing chicks [J]. Prostaglandins, Leukotrienes and Essential Fatty Acids, 80 (5-6): 297-303.

Chilliard Y, Glasser F, Ferlay A, et al., 2007. Diet, rumen biohydrogenation and nutritional quality of cow and goat milk fat [J]. European Journal of Lipid Science and Technology, 109 (8): 828-855.

Cho J H, Kim I H, 2011. Fish meal-nutritive value [J]. Journal of Animal Physiology and Animal Nutrition, 95 (6): 685-692.

Conquer J A, Martin J B, Tummon I, et al., 1999. Fatty acid analysis of blood serum, seminal plasma, and spermatozoa of normozoospermic vs. asthernozoospermic males [J]. Lipids, 34 (8): 793-799.

Corduk M, 2007. The effect of dietary fats and antioxidants on fatty acid composition and fertility ability of fowl semen [J]. Tarim Bilimleri Dergisi-Journal of Agricultural Sciences, 13 (4): 331-336.

Corino C, Musella M, Mourot J, 2008. Influence of extruded linseed on growth, carcass composition, and meat quality of slaughtered pigs at one hundred ten and one hundred sixty kilograms of liveweight [J]. Journal of Animal Science, 86 (8): 1850-1860.

Correddu F, Gaspa G, Pulina G, et al., 2016. Grape seed and linseed, alone and in combination, enhance unsaturated fatty acids in the milk of Sarda dairy sheep [J]. Journal of Dairy Science, 99 (3): 1725-1735.

Coulombier N, Jauffrais T, Lebouvier N, 2021. Antioxidant compounds from microalgae: a review [J]. Marine Drugs, 19 (10): 549.

Crespo N, Esteve-Garcia E, 2001. Dietary fatty acid profile modifies abdominal fat deposition in broiler chickens [J]. Poultry Science, 80 (1): 71-78.

Dal Bosco A, Mugnai C, Mattioli S, et al. , 2016Transfer of bioactive compounds from pasture to meat in organic free-range chickens [J]. Poultry science, 95 (10): 2464-2471.

Daley C A, Abbott A, Doyle P S, et al., 2010. A review of fatty acid profiles and antioxidant content in grass-fed and grain-fed beef [J]. Nutrition Journal, 9 (1): 1-12.

De Caro J, Eydoux C, Chérif S, et al., 2008. Occurrence of pancreatic lipase-related protein-2 in various species and its relationship with herbivore diet [J]. Comparative Biochemistry and Physiology Part B: Biochemistry and Molecular Biology, 150 (1): 1-9.

De Gouw J A, Howard C J, Custer T G, et al., 1999. Emissions of volatile organic compounds from cut grass and clover are enhanced during the drying process [J]. Geophysical Research Letters, 26 (7): 811-814.

Dehority B A, 2003. Rumen Microbiology [M]. Nottingham: Nottingham University Press.

De la Fuente J, Díaz M T, Alvarez I, et al., 2009. Fatty acid and vitamin E composition of intramuscular fat in cattle reared in different production systems [J]. Meat Science, 82 (3): 331-337.

De Oliveira C Y B, Viegas T L, Lopes R G, et al., 2020. A comparison of harvesting and drying methodologies on fatty acids composition of the green microalga Scenedesmus obliquus [J]. Biomass and Bioenergy, 132: 105437.

Destaillats F, Trottier J P, Galvez J M G, et al., 2005. Analysis of α-linolenic acid biohydrogenation intermediates in milk fat with emphasis on conjugated linolenic acids [J]. Journal of Dairy Science, 88 (9): 3231-3239.

Devillard E, McIntosh F M, Newbold C J, et al., 2006. Rumen ciliate protozoa contain high concentrations of conjugated linoleic acids and vaccenic acid, yet do not hydrogenate linoleic acid or desaturate stearic acid [J]. British Journal of Nutrition, 96 (4): 697-704.

Dewanckele L, Toral P G, Vlaeminck B, et al., 2020. Invited review: Role of rumen biohydrogenation intermediates and rumen microbes in diet-induced milk fat depression: an update [J]. Journal of Dairy Science, 103 (9): 7655-7681.

Dewhurst R J, Shingfield K J, Lee M R F, et al., 2006. Increasing the concentrations of beneficial polyunsaturated fatty acids in milk produced by dairy cows in high-forage systems [J]. Animal Feed Science and Technology, 131 (3-4): 168-206.

Dikshit A, Gao C, Small C, et al., 2016. Flaxseed and its components differentially affect estrogen targets in pre-neoplastic hen ovaries [J]. The Journal of Steroid Biochemistry and Molecular Biology, 159: 73-85.

Doreau M, Ferlay A, 1994. Digestion and utilisation of fatty acids by ruminants [J]. Animal Feed Science and Technology, 45 (3-4): 379-396.

Duckett S K, Kuber P S, 2001. Genetic and nutritional effects on lamb flavor [J]. Journal of Animal Science, 79 (suppl_ E): E249-E254.

Eastwood L, Kish P R, Beaulieu A D, et al., 2009. Nutritional value of flaxseed meal for swine and its effects on the fatty acid profile of the carcass [J]. Journal of Animal Science, 87 (11): 3607-3619.

Ebeid T A, 2011. The impact of incorporation of n-3 fatty acids into eggs on ovarian follicular development, immune response, antioxidative status and tibial bone characteristics in aged laying hens [J]. Animal, 5 (10): 1554-1562.

Ebeid T, Eid Y, Saleh A, et al., 2008. Ovarian follicular development, lipid peroxidation, antioxidative status and immune response in laying hens fed fish oil-supplemented diets to produce n-3-enriched eggs [J]. Animal, 2 (1): 84-91.

Elagizi A, Lavie C J, O'keefe E, et al., 2021. An update on omega-3 polyunsaturated fatty acids and cardiovascular health [J]. Nutrients, 13 (1): 204.

Elmore J S, Mottram D S, Enser M, et al., 1999. Effect of the polyunsaturated fatty acid composition of beef muscle on the profile of aroma volatiles [J]. Journal of Agricultural and Food Chemistry, 47 (4): 1619-1625.

Elmore J S, Mottram D S, Enser M, et al., 2000. The effects of diet and breed on the volatile compounds of cooked lamb [J]. Meat Science, 55 (2): 149-159.

Elmore J S, Warren H E, Mottram D S, et al., 2004. A comparison of the aroma volatiles and fatty acid compositions of grilled beef muscle from Aberdeen Angus and Holstein-Friesian steers fed diets based on silage or concentrates [J]. Meat Science, 68 (1): 27-33.

Farmer C, Palin M F, 2008. Feeding flaxseed to sows during late-gestation and lactation affects mammary development but not mammary expression of selected genes in their offspring [J]. Canadian Journalof Animal Science, 88 (4): 585-590.

Farmer C, Petit H V, Weiler H, et al., 2007. Effects of dietary supplementation with flax during prepuberty on fatty acid profile, mammogenesis, and bone resorption in gilts [J]. Journal of Animal Science, 85 (7): 1675-1686.

Fisher A V, Enser M, Richardson R I, et al., 2000. Fatty acid composition and eating quality of lamb types derived from four diverse breed × production systems [J]. Meat Science, 55 (2): 141-147.

Francisco A E, Santos-Silva J M, V. Portugal A P, et al., 2019. Relationship between rumen ciliate protozoa and biohydrogenation fatty acid profile in rumen and meat of lambs [J]. PLoS One, 14 (9): e0221996.

Franklin S T, Martin K R, Baer R J, et al., 1999. Dietary marine algae (*Schizochytrium* sp.) increases concentrations of conjugated linoleic, docosahexaenoic and transvaccenic acids in milk of dairy cows [J]. The Journal of Nutrition, 129 (11): 2048-2054.

French P, Stanton C, Lawless F, et al., 2000. Fatty acid composition, including conjugated linoleic acid, of intramuscular fat from steers offered grazed grass, grass silage, or concentrate-based diets [J]. Journal of Animal Science, 78 (11): 2849-2855.

Fu C, Zhang Y, Wang W, et al., 2021. Supplementing conjugated linoleic acid (CLA) in breeder hens diet increased CLA incorporation in liver and alters hepatic lipid metabolism in chick offspring [J]. British Journal of Nutrition, 2021: 1-41.

Furbeyre H, Van Milgen J, Mener T, et al., 2017. Effects of dietary supplementation with freshwater microalgae on growth performance, nutrient digestibility and gut health in weaned piglets [J]. Animal, 11 (2): 183-192.

Garcia P T, Pensel N A, Sancho A M, et al., 2008. Beef lipids in relation to animal breed and nutrition in Argentina [J]. Meat Science, 79 (3): 500-508.

Gatellier P, Mercier Y, Juin H, et al., 2005. Effect of finishing mode (pasture-or mixed-diet) on lipid composition, colour stability and lipid oxidation in meat from Charolais cattle [J]. Meat Science, 69 (1): 175-186.

Gerson T, King A S D, Kelly K E, et al., 1988. Influence of particle size and surface area on in vitro rates of gas production, lipolysis of triacylglyc-erol and hydrogenation of linoleic acid by sheep rumen digesta or Rumino-coccus flavefaciens [J]. The Journal of Agricultural Science, 110 (1): 31-37.

Glencross B D, 2009. Exploring the nutritional demand for essential fatty acids by aquaculture species [J]. Reviews in Aquaculture, 1 (2): 71-124.

Glover K E, Budge S, Rose M, et al., 2012. Effect of feeding fresh forage and marine algae on the fatty acid composition and oxidation of milk and butter [J]. Journal of Dairy Science, 95 (6): 2797-2809.

Gugger M, Lyra C, Suominen I, et al., 2002. Cellular fatty acids as che-motaxonomic markers of the genera Anabaena, Aphanizomenon, Micro-cystis, Nostoc and Planktothrix (cyanobacteria) [J]. International Journal of Systematic and Evolutionary Microbiology, 52 (3): 1007-1015.

Guil-Guerrero J L, Tikhonov A, Rodríguez-García I, et al., 2014. The fat from frozen mammals reveals sources of essential fatty acids suitable for Pa-laeolithic and Neolithic humans [J]. PloS One, 9 (1): e84480.

Haak L, De Smet S, Fremaut D, et al., 2008. Fatty acid profile and oxida-tive stability of pork as influenced by duration and time of dietary linseed or fish oil supplementation [J]. Journal of Animal Science, 86 (6): 1418-1425.

Halla J A, Jhab S, Skinnera M M, et al., 2007. Maternal dietary n-3 fatty acids alter immune cell fatty acid composition and leukotriene production in growing chicks [J]. Prostaglandins Leukotrienes and Essential Fatty Acids, 76 (1): 19-28.

Halle I, Schöne F, 2013. Influence of rapeseed cake, linseed cake and hemp seed cake on laying performance of hens and fatty acid composition of egg yolk [J]. Journal für Verbraucherschutz und Lebensmittelsicherheit, 8: 185-193.

Hatanaka A, 1993. The biogeneration of green odour by green leaves [J]. Phytochemistry, 34 (5): 1201-1218.

Hayashi K, 1975. The lipids of marine animals from various habitat depths

Ⅲ. on the characteristics of the component fatty acids in the neutral lipids of deep-sea fishes [J]. Bulletin of the Japanese Society of Fisheries, 41: 1161-1175.

Hazim J A, Al-Mashadani H A, Al-Hayani W K, et al., 2010. Effect of dietary supplementation with different oils on productive and reproductive performance of quail [J]. International Journal of Poultry Science, 9 (5): 429-435.

Hazim J A, Al-Mashadani H A, Al-Hayani W K, et al., 2010. Effect of n-3 and n-6 fatty acid supplemented diets on semen quality in japanese quail (Coturnix coturnix japonica) [J]. International Journal of Poultry Science, 9 (7): 656-663.

Henderson C, 1971. A study of the lipase produced by Anaerovibrio lipolytica, a rumen bacterium [J]. Microbiology, 65 (1): 81-89.

Hernández-García P A, Mendoza-Martínez G D, Sánchez N, et al., 2017. Effects of increasing dietary concentrations of fish oil on lamb performance, ruminal fermentation, and leptin gene expression in perirenal fat [J]. Revista Brasileira de Zootecnia, 46: 521-526.

Jackson J R, Hurley W L, Easter R A, et al., 1995. Effects of induced or delayed parturition and supplemental dietary fat on colostrum and milk composition in sows [J]. Journal of Animal Science, 73 (7): 1906-1913.

Jansman A J M, Van Wikselaar P, Wagenaars C M F, 2007. Effects of feeding linseed and linseed expeller meal to newly weaned piglets on growth performance and gut health and function [J]. Livestock Science, 108 (1-3): 171-174.

Jenkins T C, 1993. Lipid metabolism in the rumen [J]. Journal of Dairy Science, 76 (12): 3851-3863.

Jensen R G, 2002. The composition of bovine milk lipids: January 1995 to December 2000 [J]. Journal of Dairy Science, 85 (2): 295-350.

Jordan E, Kenny D, Hawkins M, et al., 2006. Effect of refined soy oil or whole soybeans on intake, methane output, and performance of young bulls [J]. Journal of Animal Science, 84 (9): 2418-2425.

Kairenius P, Leskinen H, Toivonen V, et al., 2018. Effect of dietary fish oil supplements alone or in combination with sunflower and linseed oil on ruminal lipid metabolism and bacterial populations in lactating cows [J]. Journal of Dairy Science, 101 (4): 3021-3035.

Kalač P, Samková E, 2010. The effects of feeding various forages on fatty acid composition of bovine milk fat: a review [J]. Czech Journal of Animal Science, 55 (12): 521-537.

Kalscheur K F, Teter B B, Piperova L S, et al., 1997. Effect of dietary forage concentration and buffer addition on duodenal flow of trans-C18:1 fatty acids and milk fat production in dairy cows [J]. Journal of Dairy Science, 80 (9): 2104-2114.

KEADY T W J, Mayne C S, FITZPATRICK D A, 2000. Effects of supplementation of dairy cattle with fish oil on silage intake, milk yield and milk composition [J]. Journal of Dairy Research, 67 (2): 137-153.

Khatibjoo A, Kermanshahi H, Golian A, et al., 2018. The effect of n-6/ n-3 fatty acid ratios on broiler breeder performance, hatchability, fatty acid profile and reproduction [J]. Journal of Animal Physiology and Animal Nutrition, 102 (4): 986-998.

Kholif A E, Morsy T A, Abdo M M, 2018. Crushed flaxseed versus flaxseed oil in the diets of Nubian goats: effect on feed intake, digestion, ruminal fermentation, blood chemistry, milk production, milk composition and milk fatty acid profile [J]. Animal Feed Science and Technology, 244: 66-75.

Kim H J, Yoo J S, Shin S O, et al., 2008. Effects of dietary conjugated linoleic acid (CLA) and oil containing unsaturated fatty acid supplementation on egg production rate and quality in laying hens [J]. Korean Journal of Poultry Science, 35 (2): 131-136.

Klein C M, Jenkins T C, 2011. Docosahexaenoic acid elevates trans-18:1 isomers but is not directly converted into trans-18:1 isomers in ruminal batch cultures [J]. Journal of Dairy Science, 94 (9): 4676-4683.

Korkmaz M K, 2022. Effect of fish and soybean oils feed supplementation on the characteristic of Romanov crossbred lamb meat [J]. Medycyna Weterynaryjna-Veterinary Medicine-Science And Practice, 78 (6): 291-296.

Kulpys J, Paulauskas E, Pilipavicius V, et al., 2009. Influence of cyanobacteria Arthrospira (Spirulina) platensis biomass additive towards the body condition of lactation cows and biochemical milk indexes [J]. Agronomy Research, 7 (2): 823-835.

Lang I, Hodac L, Friedl T, et al., 2011. Fatty acid profiles and their distribution patterns in microalgae: a comprehensive analysis of more than 2000 strains from the SAG culture collection [J]. BMC Plant Biology, 11 (1): 1-16.

Lawlor J B, Gaudette N, Dickson T, et al., 2010. Fatty acid profile and sensory characteristics of table eggs from laying hens fed diets containing microencapsulated fish oil [J]. Animal Feed Science and Technology, 156 (3-4): 97-103.

Ledoux M, Laloux L, 2008. Recent studies on rumenic acid levels in milk fat in France [J]. Sciences des Aliments, 28 (1-2): 12-23.

Lee M R F, Parfitt L J, Scollan N D, et al., 2007. Lipolysis in red clover with different polyphenol oxidase activities in the presence and absence of rumen fluid [J]. Journal of the Science of Food and Agriculture, 87 (7): 1308-1314.

Lee M R F, Tweed J K S, Neville M A, et al., 2005. The effect of fatty acid oxidation products on lipid metabolism during in vitro batch culture [C] //Proceedings of the British Society of Animal Science. Cambridge University Press, 73.

Leeson S, Summers J D, 2009. Commercial poultry nutrition [M]. Nottingham: Nottingham University Press.

Leheska J M, Thompson L D, Howe J C, et al., 2008. Effects of conventional and grass-feeding systems on the nutrient composition of beef [J]. Journal of Animal Science, 86 (12): 3575-3585.

Leikus R, Juskiene V, Juska R, et al., 2018. Effect of linseed oil sediment in the diet of pigs on the growth performance and fatty acid profile of meat [J]. Revista Brasileira de Zootecnia, 5: 47.

Lin Y, Cheng X, Mao J, et al., 2016. Effects of different dietary n-6/n-3 polyunsaturated fatty acid ratios on boar reproduction [J]. Lipids in Health and Disease, 15: 1-10.

Liu G, Yu X, Shengli L, et al., 2020. Effects of dietary microalgae (*Schizochytrium spp.*) supplement on milk performance, blood parameters, and milk fatty acid composition in dairy cows [J]. Czech Journal of Animal Science, 65: 162-171.

Liu K, Ge S, Luo H, et al., 2013. Effects of dietary vitamin E on muscle vitamin E and fatty acid content in Aohan fine-wool sheep [J]. Journal of Animal Science and Biotechnology, 4: 1-9.

Lopez-Huertas E, 2010. Health effects of oleic acid and long chain omega-3 fatty acids (EPA and DHA) enriched milks. A review of intervention studies [J]. Pharmacological Research, 61 (3): 200-207.

Lourenço M, Van Ranst G, Vlaeminck B, et al., 2008. Influence of different dietary forages on the fatty acid composition of rumen digesta as well as ruminant meat and milk [J]. Animal Feed Science and Technology, 145 (1-4): 418-437.

Luisa Z, Rita R, Silvia C, 2006. Combined effect of DHA and a-tocopherol enrichment on sperm quality and fertility in the turkey [J]. Theriogenology, 65 (9): 1813-1827.

Luo J, Huang F R, Xiao C L, et al., 2009. Effect of dietary supplementation of fish oil for lactating sows and weaned piglets on piglet Th polarization [J]. Livestock Science, 126 (1-3): 286-291.

Maldjian A, Penny P C, Noble R C, 2003. Docosahexaenoic acid-rich marine oils and improved reproductive efficiency in pigs [C] //Christophe A B, Vriese S R. Male Fertility and Lipid Metabolism. Belgiun: 60-72.

Mansour M P, Volkman J K, Holdsworth D G, et al., 1999. Very-long-chain (C28) highly unsaturated fatty acids in marine dinoflagellates [J]. Phytochemistry, 50 (4): 541-548.

Margetak C, Travis G, Entz T, et al., 2012. Fatty acid composition of phospholipids and in the central and external positions of triacylglycerol in muscle and subcutaneous fat of beef steers fed diets supplemented with oil containing n6 and n3 fatty acids while undergoing one of three 48 h feed withdrawal treatments [J]. Journal of Lipids, 2012: 170-180.

Marques J A, Del Valle T A, Ghizzi L G, et al., 2019. Increasing dietary levels of docosahexaenoic acid-rich microalgae: ruminal fermentation, animal performance, and milk fatty acid profile of mid – lactating dairy cows [J]. Journal of Dairy Science, 102 (6): 5054-5065.

Martin C, Ferlay A, Mosoni P, et al., 2016. Increasing linseed supply in dairy cow diets based on hay or corn silage: effect on enteric methane e-mission, rumen microbial fermentation, and digestion [J]. Journal of Dairy Science, 99 (5): 3445-3456.

Mateos G G, Sell J L, 1981. Nature of the extrametabolic effect of supple-mental fat used in semipurified diets for laying hens [J]. Poultry Science, 60 (8): 1925-1930.

Mavrommatis A, Sotirakoglou K, Kamilaris C, et al., 2021. Effects of in-clusion of *Schizochytrium* spp. and forage–to–concentrate ratios on goats' Milk quality and oxidative status [J]. Foods, 10 (6): 1322.

Mavrommatis A, Sotirakoglou K, Skliros D, et al., 2021. Dose and time response of dietary supplementation with *Schizochytrium* sp. on the abun-dances of several microorganisms in the rumen liquid of dairy goats [J]. Livestock Science, 247: 104489.

Meale S J, Chaves A V, He M L, et al., 2014. Dose–response of supple-menting marine algae (*Schizochytrium* spp.) on production performance, fatty acid profiles, and wool parameters of growing lambs [J]. Journal of Animal Science, 92 (5): 2202-2213.

Meeprom C, Suksombat W, 2021. Ruminal bio–hydrogenation and fermenta-tion in response to soybean oil and fish oil addition to fistulated cattle's diets [J]. Songklanakarin Journal of Science & Technology, 43 (4): 1010-1017.

Mohtashami B, Khalilvandi – Behroozyar H, Pirmohammadi R, et al., 2022. The effect of supplemental bioactive fatty acids on growth performance and immune function of milk-fed Holstein dairy calves during heat stress [J]. British Journal of Nutrition, 127 (2): 188-201.

Moloney A P, Fievez V, Martin B, et al., 2008. Botanically diverse forage – based rations for cattle: implications for product composition, product quality and consumer health [J]. Grassland Science in Europe, 13: 361-374.

Moloney A P, O'Riordan E G, McGee M, et al., 2021. Growth, efficiency and the fatty acid composition of blood and muscle from previously grazed late-maturing bulls fed rumen protected fish oil in a high concentrate finishing ration [J]. Livestock Science, 244: 104344.

Moran C A, Morlacchini M, Fusconi G, 2017. Enhancing the DHA content in milk from dairy cows by feeding ALL-G-RICH™ [J]. Journal of Applied Animal Nutrition, 5: e11.

Moran C A, Morlacchini M, Keegan J D, et al., 2018. Effects of a DHA-rich unextracted microalgae as a dietary supplement on performance, carcass traits and meat fatty acid profile in growing-finishing pigs [J]. Journal of Animal Physiology and Animal Nutrition, 102 (4): 1026-1038.

Moreno D A, Ilic N, Poulev A, et al., 2003. Inhibitory effects of grape seed extract on lipases [J]. Nutrition, 19 (10): 876-879.

Mottram D S, 1998. Flavour formation in meat and meat products: a review [J]. Food Chemistry, 62 (4): 415-424.

Nam I S, Garnsworthy P C, 2007. Biohydrogenation of linoleic acid by rumen fungi compared with rumen bacteria [J]. Journal of Applied microbiology, 103 (3): 551-556.

Nateghi R, Alizadeh A, Ahangari Y J, et al., 2019. Stimulatory effects of fish oil and vitamin e on ovarian function of laying hen [J]. Italian Journal of Animal Science, 18 (1): 636-645.

Ndou S P, Kiarie E, Ames N, et al., 2019. Flaxseed meal and oat hulls supplementation: impact on dietary fiber digestibility, and flows of fatty acids and bile acids in growing pigs [J]. Journal of Animal Science, 97 (1): 291-301.

Ndou S P, Tun H M, Kiarie E, et al., 2018. Dietary supplementation with flaxseed meal and oat hulls modulates intestinal histomorphometric characteristics, digesta - and mucosa - associated microbiota in pigs [J]. Scientific Reports, 8 (1): 5880.

Nielsen B L H, Gøtterup L, Jørgensen T S, et al., 2019. n-3 PUFA biosynthesis by the copepod *Apocyclops royi* documented using fatty acid profile analysis and gene expression analysis [J]. Biology Open, 8 (2): bio038331.

Ni Y D, Wu J, Tong H Y, et al., 2012. Effect of dietary daidzein supplementation on egg laying rate was associated with the change of hepatic VTG-Ⅱ mRNA expression and higher antioxidant activities during the post-peak egg laying period of broiler breeders [J]. Animal Feed Science and Technology, 177 (1): 116-123.

Nuernberg K, Nuernberg G, Ender K, et al., 2002. N-3 fatty acids and conjugated linoleic acids of longissimus muscle in beef cattle [J]. European Journal of Lipid Science and Technology, 104 (8): 463-471.

Nute G R, Richardson R I, Wood J D, et al., 2007. Effect of dietary oil source on the flavour and the colour and lipid stability of lamb meat [J]. Meat Science, 77 (4): 547-555.

Orcutt D M, Patterson G W, 1975. Sterol, fatty acid and elemental composition of diatoms grown in chemically defined media [J]. Comparative Biochemistry and Physiology Part B: Comparative Biochemistry, 50 (4): 579-583.

Or-Rashid M M, Kramer J K G, Wood M A, et al., 2008. Supplemental algal meal alters the ruminal trans-18:1 fatty acid and conjugated linoleic acid composition in cattle [J]. Journal of Animal Science, 86 (1): 187-196.

Or-Rashid M M, Odongo N E, McBride B W, 2007. Fatty acid composition of ruminal bacteria and protozoa, with emphasis on conjugated linoleic acid, vaccenic acid, and odd-chain and branched-chain fatty acids [J]. Journal of Animal Science, 85 (5): 1228-1234.

O'Sullivan A, O'Sullivan K, Galvin K, et al., 2002. Grass silage versus maize silage effects on retail packaged beef quality [J]. Journal of Animal Science, 80 (6): 1556-1563.

Paschoal V A, Vinolo M A R, Crisma A R, et al., 2013. Eicosapentaenoic (EPA) and docosahexaenoic (DHA) acid differentially modulate rat neutrophil function in vitro [J]. Lipids, 48: 93-103.

Pieszka M, Barowicz T, Migdalt W, et al., 2005. Effect of mono and polyunsaturated fatty acids on muscle cholesterol level in fattening pigs [J]. Biotechnology in Animal Husbandry, 21 (1-2): 49-54.

Poudyal H, Panchal S K, Ward L C, et al., 2013. Effects of ALA, EPA and DHA in high – carbohydrate, high – fat diet – induced metabolic syndrome in rats [J]. The Journal of Nutritional Biochemistry, 24 (6): 1041-1052.

Przybylski W, Zelechowska E, Czauderna M, et al., 2017. Protein profile and physicochemical characteristics of meat of lambs fed diets supplemented with rapeseed oil, fish oil, carnosic acid, and different chemical forms of selenium [J]. Archives Animal Breeding, 60 (2): 105-118.

Putnam D, Garrett J, Kung L M J, 2003. Evaluation key to use of rumen-stable encapsulates [J]. Feedstuffsm, 75: 10-12.

Quiniou N, Richard S, Mourot J, et al., 2008. Effect of dietary fat or starch supply during gestation and/or lactation on the performance of sows, piglets' survival and on the performance of progeny after weaning [J]. Animal, 2 (11): 1633-1644.

Raes K, Balcaen A, Dirinck P, et al., 2003. Meat quality, fatty acid composition and flavour analysis in Belgian retail beef [J]. Meat Science, 65 (4): 1237-1246.

Raes K, De Smet S, Demeyer D, 2004. Effect of dietary fatty acids on incorporation of long chain polyunsaturated fatty acids and conjugated linoleic acid in lamb, beef and pork meat: a review [J]. Animal Feed Scienceand Technology, 113 (1-4): 199-221.

Rajes M, Damodar B, Jitamanyu C, 2014. Role of Membrane lipid fatty acids in sperm cryopreservation [J]. Advances in Andrology, 2014: 1-10.

Ravindran V, Tancharoenrat P, Zaefarian F, et al., 2016. Fats in poultry nutrition: Digestive physiology and factors influencing their utilisation [J]. Animal Feed Science and Technology, 213: 1-21.

Rezamand P, Hatch B P, Carnahan K G, et al., 2016. Effects of α-linolenic acid-enriched diets on gene expression of key inflammatory mediators in immune and milk cells obtained from Holstein dairy cows [J]. Journal of Dairy Research, 83 (1): 20-27.

Ribeiro T, Lordelo M M, Alves S P, et al., 2013. Direct supplementation of diet is the most efficient way of enriching broiler meat with n-3 long-chain polyunsaturated fatty acids [J]. British Poultry Science, 54 (6): 753-765.

Rooke J A, Bland I M, Edwards S A, 1998. Effect of feeding tuna oil or soyabean oil as supplements to sows in late pregnancy on piglet tissue composition and viability [J]. British Journal of Nutrition, 80 (3): 273-280.

Rosero D S, Van Heugten E, Odle J, et al., 2012. Response of the modern lactating sow and progeny to source and level of supplemental dietary fat during high ambient temperatures [J]. Journal of Animal Science, 90 (8): 2609-2619.

Rosero D S, Van Heugten E, Odle J, et al., 2012. Sow and litter response to supplemental dietary fat in lactation diets during high ambient temperatures [J]. Journal of Animal Science, 90 (2): 550-559.

Rousset-Akrim S, Young O A, Berdagué J L, 1997. Diet and growth effects in panel assessment of sheepmeat odour and flavour [J]. Meat Science, 45 (2): 169-181.

Rule D C, Broughton K S, Shellito S M, et al., 2002. Comparison of muscle fatty acid profiles and cholesterol concentrations of bison, beef cattle, elk, and chicken [J]. Journal of Animal Science, 80 (5): 1202-1211.

Russo G L, 2009. Dietary n-6 and n-3 polyunsaturated fatty acids: from biochemistry to clinical implications in cardiovascular prevention [J]. Biochemical Pharmacology, 77 (6): 937-946.

Rymer C, Gibbs R A, Givens D I, 2010. Comparison of algal and fish sources on the oxidative stability of poultry meat and its enrichment with omega-3 polyunsaturated fatty acids [J]. Poultry Science, 89 (1): 150-159.

Sardi L, Martelli G, Lambertini L, et al., 2006. Effects of a dietary supplement of DHA-rich marine algae on Italian heavy pig production parameters [J]. Livestock Science, 103 (1-2): 95-103.

Scollan N D, Dannenberger D, Nuernberg K, et al., 2014. Enhancing the nutritional and health value of beef lipids and their relationship with meat quality [J]. Meat Science, 97 (3): 384-394.

Sejrsen K, Hvelplund T, Nielsen M O, 2006. Ruminant physiology: digestion, metabolism and impact of nutrition on gene expression, immunology and stress [M]. Wageningen: Wageningen Academic Publishers.

Sharma N, Sharma V K, Seo S Y, 2005. Screening of some medicinal plants for anti－lipase activity [J]. Journal of Ethnopharmacology, 97 (3): 453-456.

Sivaramakrishnan R, Incharoensakdi A, 2020. Plant hormone induced enrichment of *Chlorella* sp. omega-3 fatty acids [J]. Biotechnology for Biofuels, 13: 1-14.

Šimkus A, Šimkiene A, černauskiene J, et al., 2013. The effect of blue algae Spirulina platensis on pig growth performance and carcass and meat quality [J]. Veterinarija ir Zootechnika, 61 (83): 70-74.

Šimkus A, Oberauskas V, Laugalis J, et al., 2007. The effect of weed Spirulina platensis on the milk production in cows [J]. Vet. Zootech, 38: 74-77.

Skiba G, Weremko D, Fandrejewski H, et al., 2010. The relationship between the chemical composition of the carcass and the fatty acid composition of intramuscular fat and backfat of several pig breeds slaughtered at different weights [J]. Meat Science, 86 (2): 324-330.

Smits R J, Luxford B G, Mitchell M, et al., 2011. Sow litter size is increased in the subsequent parity when lactating sows are fed diets containing n-3 fatty acids from fish oil [J]. Journal of Animal Science, 89 (9): 2731-2738.

Spolaore P, Joannis-Cassan C, Duran E, et al., 2006. Commercial applications of microalgae [J]. Journal of Bioscience and Bioengineering, 101 (2): 87-96.

Sultan A, Obaid H, Khan S, et al., 2015. Nutritional effect of flaxseeds on cholesterol profile and fatty acid composition in egg yolk [J]. Cereal Chemistry, 92 (1): 50-53.

Swanepoel N, Robinson P H, 2020. Impacts of feeding a fish-oil based feed supplement through 160 days in milk on reproductive and productive performance, as well as the health, of multiparous early－lactation Holstein cows [J]. Animal Feed Science and Technology, 268: 114618.

Taşbozan O, Gökçe M A, 2017. Fatty acids in fish [J]. Fatty Acids, 1: 143-159.

Tava A, Biazzi E, Ronga D, et al., 2022. Biologically active compounds from forage plants \ J] . Phytochemistry Reviews, 21: 471-501.

Thanh L P, Phakachoed N, Meeprom C, et al., 2018. Replacement of fish oil for sunflower oil in growing goat diet induces shift of ruminal fermentation and fatty acid concentration without affecting intake and digestion [J]. Small Ruminant Research, 165: 71-78.

Till B E, Huntington J A, Posri W, et al., 2019. Influence of rate of inclusion of microalgae on the sensory characteristics and fatty acid composition of cheese and performance of dairy cows [J]. Journal of Dairy Science, 102 (12): 10934-10946.

Ting S, Yeh H S, Lien T F, 2011. Effect of supplemental levels of hesperetin and naringenin on egg quality, serum traits and antioxidant activity of laying hens [J]. Animal Feed Science and Technology, 163 (1): 59-66.

Tocher D R, 2003. Metabolism and functions of lipids and fatty acids in teleost fish [J]. Reviews in Fisheries Science, 11 (2): 107-184.

Trevino J, Rodriguez M L, Ortiz L T, et al., 2000. Protein quality of linseed for growing broiler chicks [J]. Animal Feed Science and Technology, 84 (3-4): 155-166.

Van Cleef F O S, Ezequiel J M B, D'Aurea A P, et al., 2016. Feeding behavior, nutrient digestibility, feedlot performance, carcass traits, and meat characteristics of crossbred lambs fed high levels of yellow grease or soybean oil [J]. Small Ruminant Research, 137: 151-156.

Van Rooijen M A, Mensink R P, 2020. Palmitic acid versus stearic acid: effects of interesterification and intakes on cardiometabolic risk markers-A systematic review [J]. Nutrients, 12 (3): 615.

Wall R, Ross R P, Fitzgerald G F, et al., 2010. Fatty acids from fish: the anti-inflammatory potential of long-chain omega-3 fatty acids [J]. Nutrition Reviews, 68 (5): 280-289.

Wang L, Huo G, 2010. The effects of dietary fatty acid pattern on layer's performance and egg quality [J]. Agricultural Sciences in China, 9

(2): 280-285.

Wathes D C, Abayasekara D R E, Aitken R J, 2007. Polyunsaturated fatty acids in male and female reproduction [J]. Biology of Reproduction, 77 (2): 190-201.

Watkins B A, 1991. Importance of essential fatty acids and their derivatives in poultry [J]. The Journal of Nutrition, 121 (9): 1475-1485.

Wheeler T L, Davis G W, Stoecker B J, et al., 1987. Cholesterol concentration of longissimus muscle, subcutaneous fat and serum of two beef cattle breed types [J]. Journal of Animal Science, 65 (6): 1531-1537.

Więcek J, Rekiel A, Skomiał J, 2010. Effect of feeding level and linseed oil on some metabolic and hormonal parameters and on fatty acid profile of meat and fat in growing pigs [J]. Archives Animal Breeding, 53 (1): 37-49.

Wistuba T J, Kegley E B, Apple J K, 2006. Influence of fish oil in finishing diets on growth performance, carcass characteristics, and sensory evaluation of cattle [J]. Journal of Animal Science, 84 (4): 902-909.

Wistuba T J, Kegley E B, Apple J K, et al., 2005. Influence of fish oil supplementation on growth and immune system characteristics of cattle [J]. Journal of Animal Science, 83 (5): 1097-1101.

Wolf C, Messadène-Chelali J, Ulbrich S E, et al., 2019. Replacing sunflower oil by rumen-protected fish oil has only minor effects on the physico-chemical and sensory quality of Angus beef and beef patties [J]. Meat Science, 154: 109-118.

Wood J D, Enser M, Fisher A V, et al., 2008. Fat deposition, fatty acid composition and meat quality: a review [J]. Meat Science, 78 (4): 343-358.

Woods V B, Fearon A M, 2009. Dietary sources of unsaturated fatty acids for animals and their transfer into meat, milk and eggs: a review [J]. Livestock Science, 126 (1-3): 1-20.

Wu Z, Palmquist D L, 1991. Synthesis and biohydrogenation of fatty acids by ruminal microorganisms in vitro [J]. Journal of Dairy Science, 74

（9）：3035-3046.

Xu C, Zhang S, Sun B, et al., 2021. Dietary supplementation with microalgae (*Schizochytrium* sp.) improves the antioxidant status, fatty acids profiles and volatile compounds of beef [J]. Animals, 11 (12): 3517.

Young O A, Lane G A, Priolo A, et al., 2003. Pastoral and species flavour in lambs raised on pasture, lucerne or maize [J]. Journal of the Science of Food and Agriculture, 83 (2): 93-104.

Zaniboni L, Cerolini S, 2009. Liquid storage of turkey semen: changes in quality parameters, lipid composition and susceptibility to induced in vitro peroxidation in control, n-3 fatty acids and alpha-tocopherol rich spermatozoa [J]. Animal Reproduction Science, 112 (1-2): 51-65.

Zaniboni L, Rizzi R, Cerolini S, 2006. Combined effect of DHA and α-tocopherol enrichment on sperm quality and fertility in the turkey [J]. Theriogenology, 65 (9): 1813-1827.

Zhao T, Ma Y, Qu Y, et al., 2016. Effect of dietary oil sources on fatty acid composition of ruminal digesta and populations of specific bacteria involved in hydrogenation of 18-carbon unsaturated fatty acid in finishing lambs [J]. Small Ruminant Research, 144: 126-134.

Zhu H, Fievez V, Mao S, et al., 2016. Dose and time response of ruminally infused algae on rumen fermentation characteristics, biohydrogenation and Butyrivibrio group bacteria in goats [J]. Journal of Animal Science and Biotechnology, 7: 1-12.

第五章 杂交狼尾草等饲草
α-亚麻酸研究

第一节 杂交狼尾草等 28 种饲草的脂肪酸
组成分析研究

α-亚麻酸（ALA）是动物的必需脂肪酸。ALA 及其代谢产物除了能为动物的生长、发育、繁殖等各项活动提供能量，维持生物膜正常功能外，还具有抗代谢综合征、抗癌、抗炎、抗氧化、抗肥胖、神经保护和调节肠道菌群等重要功能（Yuan，2022）。

ALA 主要来源于陆地植物，如亚麻（*Linum usitatissimum*）、紫苏（*Perilla frutescens*）和杜仲（*Eucommia ulmoides*）等植物的种子中（邱鹏程，2010）。因此，目前的相关研究都是通过在日粮中添加亚麻油等精加工油脂或者籽实，来进行动物试验（李志琼，2008；Kim，2007）。近年来，随着人们对饲草的深入研究，发现一些饲草的脂肪酸组成中也含有高比例的ALA，如杂交狼尾草（*Pennisetum americanum*×*P. purpureum*）、多花黑麦草（*Lolium multiflorum*）和高羊茅（*Festuca arundinacea*）等（冯德庆，2008；李志强，2006）。同时，通过草料来调控动物脂质代谢的相关试验也陆续有所报道（孙涛，2006；王成章，2008；闫贵龙，2010）。但是由于已报道的饲草品种较少，且采用的脂肪酸测定方法及条件不尽相同，难以了解不同品种饲草之间脂肪酸组成的差异。本部分内容主要结合福建省农业科学院农业生态研究所饲草品种圃收集的 28 种饲草种质资源，按国标的测定方法及条件进行统一测试，以期增加对不同品种间饲草脂肪酸组成的了解，为饲草质量评价、改善动物营养品质的研究及生产实践提供一些科学依据。

一、饲草样品采集处理及脂肪酸测定

（一）饲草样品采集处理

2008—2009 年在福建省农业科学院农业生态研究所饲草品种圃中采集

营养期的杂交狼尾草（*Pennisetum americanum × P. purpureum*）、象草
（N51）（*P. purpureum cv. N51*）、红象草（*P. purpureum cv. red*）、多花黑麦草
（*Lolium multiflorum*）、菊苣（*Cichorium intybus*）、串叶松香草（*Silpnium per-foliatum*）和甘薯（*Ipomoea batatas*）；开花期的白三叶（*Trifolium repens*）、
猪屎豆（*Crotalaria pallida*）、柱花草（*Stybsanthes guianensis*）和紫花苜蓿
（*Medicago sativa*）；抽穗期的苏丹草（*Sorghum sudanense*）、百喜草
（*Paspalum notatum*）；结荚期的平托花生（*Arachis pintoi*）；成熟期的苏纳达
狗尾草（*Setaria viridis cv. sunada*）、玉米（科多4号）（*Zea mays cv. keduo No. 4*）、墨西哥玉米（*Zea mays cv. mexicana*）、俯仰臂形草（*Brachiaria de-cumbens*）、黑籽雀稗（*Paspalum atratum*）、虎尾草（*Chloris virgata*）、杂交1
号臂形草（*Brachiaria ruzizienzis × B. brizantha*）、卡松古鲁狗尾草（*Setaria viridis cv. kazungula*）、10号雀稗（*Paspalum thunbergii cv. No. 10*）、坚尼草
（*Panicum maximum*）、俯仰马唐（*Digitaria decumbens*）、印度豇豆（*Vigna sinensis*）、印尼大绿豆（*Phaseolus vulgaris var. humilis*）和羽叶决明
（*Chamaecradta nictitans*）等28个饲草品种。每个品种收获5株具有代表性
的植株（甘薯为叶部位），在65℃下烘干至恒重，粉碎以后过40目
（0.425 mm）筛，装入塑料袋中密封备用。

（二）脂肪酸测定方法

采用GB/T 17377—2008测定。仪器：岛津GC2010。色谱柱：DB-23，
60 m×0.25 mm×0.25 μm。气相色谱条件为：进样后于140℃保持1 min，然
后以8℃/min上升到175℃，再以1℃/min上升到230℃，保持2 min。进
样温度：250℃；检测器温度：250℃；分流比：50∶1；进样体积：1 μL。
每个样品测定2次，取平均值。

二、杂交狼尾草等28种饲草的脂肪酸组成分析

（一）饲草的脂肪酸组成

28种饲草的脂肪酸组成中含量最高的为ALA（C18:3n-3）（表5-1，
图5-1），含量为20.4%~69.9%，平均值43.78%。含量较高的还有棕榈酸
（C16:0）13.96%和亚油酸（LA）10.93%。其他脂肪酸成分的含量都很低，
如C18:0为2.52%、C24:0为2.37%、C22:0为2.26%、C18:1n-9为
2.21%、C20:0为1.15%。

表 5-1　28 种饲草脂肪酸组成

（%TFA）

品种	科别	生育期	C12:0	C14:0	C16:0	C16:1 n-7	C18:0	C18:1 n-7	C18:1 n-9	C18:2 n-6	C18:3 n-3	C20:0	C22:0	C24:0	其他	饱和脂肪酸	不饱和脂肪酸	多不饱和脂肪酸
杂交狼尾草	禾本科	营养期	ND	0.2	13.0	0.7	0.9	0.3	1.7	12.6	61.0	ND	0.3	2.5	6.8	16.9	76.3	73.6
象草（N51）	禾本科	营养期	ND	0.1	12.4	0.6	1.0	0.2	1.9	9.3	67.6	ND	0.4	1.9	4.7	15.8	79.6	76.9
红象草	禾本科	营养期	ND	0.1	12.7	0.9	1.0	0.2	1.0	12.3	62.2	ND	0.5	3.6	5.6	17.9	76.6	74.5
多花黑麦草	禾本科	营养期	ND	0.2	9.5	2.1	0.8	0.2	1.1	7.1	69.9	ND	0.4	3.3	5.4	14.2	80.4	77.0
苏丹草	禾本科	抽穗期	0.8	0.6	13.6	ND	1.6	0.2	2.8	15.3	44.7	0.7	2.6	1.6	15.3	21.5	63.0	60.0
苏纳达狗尾草	禾本科	成熟期	0.4	0.4	11.8	ND	1.8	0.2	2.3	12.0	43.2	1.2	4.1	1.5	21.0	21.2	57.7	55.2
百喜草	禾本科	抽穗期	0.1	0.6	13.2	ND	3.0	0.3	2.9	10.2	42.4	1.5	2.3	2.1	21.2	22.8	55.8	52.6
玉米（科多4号）	禾本科	成熟期	0.9	0.8	13.9	ND	2.2	0.2	1.5	10.6	40.5	0.8	2.5	1.3	24.9	22.4	52.8	51.1
墨西哥玉米	禾本科	成熟期	0.3	0.3	12.7	ND	1.9	0.4	2.3	13.7	38.3	1.0	3.0	1.0	25.1	20.2	54.7	52.0
俯仰臂形草	禾本科	成熟期	1.1	0.9	13.6	0.3	1.6	0.2	1.2	8.9	38.2	0.8	2.1	1.5	29.5	21.6	48.8	47.1
黑籽雀稗	禾本科	成熟期	1.1	0.9	13.6	0.3	1.6	0.2	1.2	8.9	38.2	0.8	2.1	1.5	29.5	21.6	48.8	47.1
虎尾草	禾本科	成熟期	1.1	1.1	14.3	ND	1.5	0.1	2.6	12.2	37.1	0.8	4.7	ND	24.5	23.5	52.0	49.3
杂交1号臂形草	禾本科	成熟期	1.4	1.1	16.0	0.6	2.2	0.2	1.5	9.4	35.8	1.2	3.7	2.1	24.8	27.7	47.5	45.2
卡松古鲁狗尾草	禾本科	成熟期	0.5	0.7	15.4	ND	2.2	0.6	2.5	11.4	35.5	1.7	4.6	2.4	22.4	27.5	50.0	46.9
10号雀稗	禾本科	成熟期	2.1	0.9	11.8	ND	2.9	0.2	1.8	7.2	33.9	8.4	4.6	3.4	22.8	34.1	43.1	41.1
坚尼草	禾本科	成熟期	1.1	0.9	13.5	ND	2.2	0.3	3.4	11.1	32.8	0.9	3.8	1.3	28.8	23.7	47.6	43.9

（续表）

品种	科别	生育期	C12:0	C14:0	C16:0	C16:1 n-7	C18:0	C18:1 n-7	C18:1 n-9	C18:2 n-6	C18:3 n-3	C20:0	C22:0	C24:0	其他	饱和脂肪酸	不饱和脂肪酸	多不饱和脂肪酸
俯仰马唐	禾本科	成熟期	1.2	1.0	24.5	ND	6.8	0.2	2.8	4.4	21.9	2.8	5.9	2.1	26.2	44.3	29.3	26.3
白三叶	豆科	开花期	ND	0.3	9.1	1.3	1.0	ND	2.0	13.1	65.3	ND	ND	ND	8.1	10.6	81.7	78.4
猪屎豆	豆科	开花期	0.2	0.6	11.3	ND	3.4	0.3	2.9	7.8	54.7	2.0	3.2	1.1	12.6	21.8	65.7	62.5
柱花草	豆科	开花期	0.4	0.7	11.7	ND	4.6	0.3	2.0	11.1	48.1	2.3	3.0	3.6	12.3	26.3	61.5	59.2
印度豇豆	豆科	成熟期	ND	0.2	19.2	2.1	3.2	0.4	2.2	10.2	47.5	ND	1.0	4.1	9.9	27.	62.4	57.7
印尼大绿豆	豆科	成熟期	0.2	0.5	13.8	ND	3.0	0.2	2.9	12.2	40.0	0.4	1.2	0.8	24.8	19.9	55.3	52.2
翅叶决明	豆科	成熟期	0.3	0.6	13.5	ND	4.9	0.4	5.5	18.8	33.5	1.0	1.6	1.6	18.3	23.5	58.2	52.3
平托花生	豆科	结荚期	0.7	0.8	27.9	ND	7.8	ND	3.6	14.7	22.7	1.9	3.1	1.8	15.1	44.0	41.0	37.4
紫花苜蓿	豆科	开花期	0.8	0.9	10.9	ND	2.0	ND	1.8	9.4	20.4	ND	ND	18.8	35.0	33.4	31.6	29.8
菊苣	菊科	营养期	ND	0.3	12.1	ND	1.2	0.2	1.2	12.0	66.7	0.3	0.4	0.4	5.3	14.7	80.1	78.7
串叶松香草	菊科	营养期	ND	0.3	14.6	ND	2.0	ND	2.4	11.0	39.1	1.3	2.1	1.0	26.2	21.3	52.5	50.1
甘薯（叶）	旋花科	营养期	7.7	0.2	11.2	0.7	2.3	ND	0.9	9.1	44.7	0.4	ND	ND	30.8	21.8	55.4	53.8
平均			0.8	0.58	13.96	0.34	2.52	0.21	2.21	10.93	43.78	1.165	2.26	2.37	19.18	23.63	57.48	54.71

注：ND 表示未检出，定义为 0.05%。

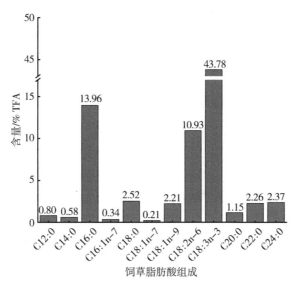

图 5-1 饲草脂肪酸组成

饲草脂肪酸组成中，属于饱和脂肪酸的有：C12:0、C14:0、C16:0、C18:0、C20:0、C22:0、C24:0，饱和脂肪酸占饲草脂肪酸组成的 23.63%。饲草的饱和脂肪酸以棕榈酸（C16:0）为主，占饱和脂肪酸的 59.06%。

属于不饱和脂肪酸的有：C18:3n-3、C18:2n-6、C18:1n-9c、C18:1n-7c、C16:1n-7。不饱和脂肪酸占饲草脂肪酸组成的 57.48%。其中，多不饱和脂肪酸占饲草脂肪酸组成的 54.71%，占不饱和脂肪酸的 95.18%。说明饲草的不饱和脂肪酸主要以二键以上的多不饱和脂肪酸占绝对多数。

脂肪酸组成中多不饱和脂肪酸比例较高的饲草有：菊苣 78.7%、白三叶 78.4%、多花黑麦草 77.0%、象草（N51）76.9%、红象草 74.5%、杂交狼尾草 73.6%。

（二）饲草的 ALA 含量

ALA 的含量因饲草品种不同而表现出较大差异。含量较高的有多花黑麦草 69.9%、象草 67.6%、菊苣 66.7%、白三叶 65.3%、红象草 62.2%、杂交狼尾草 61.0%。含量较低的有俯仰马唐 21.9%、紫花苜蓿 20.4%。

本次检测的 28 种饲草样品，有 17 个禾本科品种，ALA 含量均值为 43.72%；8 个豆科品种，ALA 含量均值为 41.53%；禾本科与豆科饲草的 ALA 含量对比差异不显著。而且，禾本科和豆科饲草的其他脂肪酸成分变化也无规律，与李志强（2006）的研究结果一致。

此外，从同科的不同品种间的对比来看，禾本科饲草以多花黑麦草及狼尾草属的 ALA 含量较高，所测的 3 个狼尾草属饲草 ALA 含量均在 60%以上。豆科饲草以白三叶的 ALA 含量最高，达 65.3%。

三、饲草脂质研究的必要性

ALA 是饲草中的含量最高的脂肪酸，占脂肪酸组成 43.78%。多不饱和脂肪酸占饲草脂肪酸组成的 54.71%，占不饱和脂肪酸的 95.11%。说明饲草的不饱和脂肪酸主要以二键以上的多不饱和脂肪酸占绝对多数。禾本科饲草中，多花黑麦草及狼尾草属的 ALA 含量较高。禾本科与豆科饲草的 ALA 含量对比差异不显著。

研究和生产实践的众多例子表明，多种畜、禽及鱼类对青饲料存在依赖性。例如，添加青饲料喂养的草鱼肠系膜脂肪比例、鱼体和肝脏中脂肪含量，以及血清中甘油三酯和胆固醇含量都得到一定降低（黄世蕉，1992；叶元土，1999；冯德庆，2006）。此外，喂养兔子时多少要喂一些青草或草粉，否则成活率极低；养殖的牛、羊甚至猪，在摄食了一定量的青饲料后，都表现出：提高饲料转化率、促进生长、提高免疫力的现象（郭孝，2006；杨保兰，2007；苟文龙，2007；龙忠富，2009；卓坤水，2005）。其中的机理尚未明确。

有研究者认为，从营养学考虑，草鱼对青饲料依赖可能是青饲料中含有的维生素或粗纤维素等的作用。但已有研究表明，增加维生素预混料的总水平，且增加纤维含量并未取得好的草鱼喂养效果。由此认为，草鱼摄食料时对青饲料的依赖性可能还有其他原因（叶元土，1999）。此外，有研究者利用青菜、青饲料、配合饲料及在配合饲料中添加维生素 B_6、甲硫氨酸和亚油酸对草鱼的生长、脂肪代谢进行了试验，认为青饲料中有着影响鱼类脂肪代谢的因子和生长必需的物质，投喂青饲料对降低草鱼体脂和肝脂及促进其生长是一个积极的方法（黄世蕉，1992）。笔者课题组曾经研究对比了摄食杂交狼尾草的草鱼和全精料喂养的草鱼在脂肪酸组成上的差异，结果表明，前者的 ALA 含量是后者的 10.17 倍，并借此分析了杂交狼尾草和精料的脂肪酸组成，认为杂交狼尾草给草鱼提供了丰富的 ALA，并可在草鱼体内富集和转化，从而改善草鱼的脂肪代谢，对鱼的生长和品质发挥良好作用（冯德庆，2008）。

长期以来，人们侧重于研究饲草的蛋白质和粗纤维在动物营养上的作用，而对于饲草脂质的评价极少（郑凯，2006；于凤，2010）。例如，高品质饲草的评价指标往往是蛋白质含量高、粗纤维含量低。本研究表明，传统意义公认的多种优质饲草（如黑麦草、菊苣、白三叶和狼尾草属饲草）普遍含有高比例的 ALA。因此，鉴于前述中 ALA 对于动物具有的重要生物学作用和生理学调控功能，以及饲草脂质中存在大量功能性脂肪酸的事实，说明饲草的脂质也同蛋白质、纤维素一样，对畜禽的健康生长发挥重要的作用，相关研究值得进一步深入开展。

第二节　4 份大麦材料在闽北引种适应性及全株饲用价值

随着经济持续增长，人民生活水平不断提高，肉类、奶制品的人均消费量快速增长。这带动了我国饲料生产需求的增长，饲粮矛盾已成为影响粮食安全的重要因素之一（冉娟，2017）。玉米是我国主要的饲料，目前面临进口受限、增产困难等问题，而作为主要的啤酒工业原料的大麦（*Hordeum vulgare* L.），饲用价值较高，但还未得到充分的重视。开发大麦的全株饲用价值，不仅可以补充、缓解冬季与早春的饲料短缺，还可调整玉米和大麦的种植结构，这对我国当前的农业供给侧改革具有重要意义（张融，2015）。

近年，福建的奶业得到稳步发展。据统计，2015 年全省奶牛存栏 5.11万头，18 个规模牧场主要分布在闽北地区，对当地优质青饲料尤其是越冬青饲料的需求日益迫切。目前，福建奶牛养殖使用的越冬青饲料主要是青贮玉米和黑麦草。郑锦玲（2014）利用云南省普遍种植的榨糖全株甘蔗和全株带绿的大麦，成功研发了混合青贮技术；张放（2014）研究认为全株大麦作为奶牛粗饲料的最佳的青贮时期是灌浆后期；程云辉（2016）研究筛选出 5 份可全株饲用的大麦品系，但在福建未见全株大麦饲用的研究的报道。为此，本研究旨在闽北地区引种饲料大麦，研究其适应性及全株饲用价值，为福建奶牛养殖企业种植、利用全株大麦提供科学依据，促进福建奶业健康发展。

一、4 份大麦材料的栽培及处理与测定

（一）4 份大麦材料的栽培及处理

试验地设在福建省农业科学院农业生态研究所建阳饲草试验基地。土壤类型为红壤，土壤肥力均匀，土壤有机质 17.19 g/kg，全氮 1.20 g/kg，速

效磷 63.86 mg/kg，速效钾 138.32 mg/kg，pH 4.70。供试大麦材料为'花22'（Barley Hordeum vulgare L. cultivar 'Hua 22'）由上海市农业科学院生物技术研究所与嘉兴市农业科学院共同选育，上海光明种业有限公司制种。'SP-1'（Barley Hordeum vulgare L. Line 'SP-1'）、'SP-2'（Barley Hordeum vulgare L. Line 'SP-2'）和'HH-1'（Barley Hordeum vulgare L. Line 'HH-1'）为上海市农业科学院生物技术研究所通过细胞工程获得的大麦新品系。

供试大麦于 2016 年 12 月 3 日播种，人工开沟条播，播种量 150 kg/hm²。试验小区采用随机区组排列，各材料 3 次重复，共设置 2 个小区。各小区面积为 30 m²（2 m×15 m），行距 20 cm，小区间距 40 cm。试验区四周设 2 m 宽保护行。播种时施复合肥 450 kg/hm² 作基肥（N：P：K=15：15：15），分蘖期追施尿素 150 kg/hm²。参照《中国大麦学》中的方法观测、记载物候期。在灌浆后期，每小区分别随机取 15 株，分别测定大麦株高、分蘖数，并刈割测定产量（卢良恕，1996）。分蘖数：有 3 片以上完整叶。株高：测量每株自茎基部至穗顶部的垂直高度。产草量：在灌浆后期刈割，留茬高度 5 cm，测定鲜草产量。每小区取 1 kg 鲜草，经过 60 ℃干燥后称量，换算为干草产量。

（二）4 份大麦材料的测定

样品测试依据：粗蛋白质，GB/T 6432—1994；粗脂肪，GB/T 6433—2006；粗纤维，GB/T 6434—2006；粗灰分，GB/T 6438—2007；中性洗涤纤维，GB/T 20806—2006；酸性洗涤木质素，GB/T 20805—2006；钙、磷，GB/T 13885—2003；氨基酸，GB/T 18246—2000（7.1.1.1）；脂肪酸，GB/T 17377—2008；脱氧雪腐镰刀菌烯醇，GB/T 23503—2009。

（三）赤霉病调查方法

每品种抽查 20 个麦穗，计算病穗率（邓云，2010）。病穗率 =（发病麦穗数/调查麦穗总数）×100%。

二、4 份大麦材料的物候期、农艺性状和饲用品质对比研究

（一）4 份大麦材料的物候期观测

由表 5-2 可知，'花 22''SP-2'的出苗最快（12 月 12 日），比其他材料提早 1~2 d。分蘖最早的是'花 22'（1 月 2 日）和'SP-1'（1 月 3 日），比'SP-2'和'HH-1'（1 月 10 日）提早 8~9 d。拔节最早的是

'SP-2'（2 月 6 日），'HH-1'拔节最迟（2 月 9 日）。抽穗最早的是'花22'（3 月 3 日），比抽穗最迟的'HH-1'（3 月 8 日）提早了 5 d。开花期最早的是'花 22'（3 月 16 日），比最迟的'HH-1'（3 月 20 日）提早了4 d。4 月上旬开始进入成熟期。

表 5-2　4 份大麦材料物候期观测

材料名称	播种期	出苗期	分蘖期	拔节期	孕穗期	抽穗期	开花期	乳熟期	蜡熟期	完熟期	生育天数/d	赤霉病病穗率/%
'花 22'	3/12	12/12	2/1	8/2	17/2	3/3	16/3	11/4	30/4	5/5	153	11.23
'SP-1'	3/12	13/12	3/1	7/2	16/2	5/3	18/3	10/4	29/4	3/5	151	41.09
'SP-2'	3/12	12/12	10/1	6/2	15/2	5/3	18/3	9/4	30/4	5/5	153	22.15
'HH-1'	3/12	14/12	10/1	9/2	17/2	8/3	20/3	11/4	1/5	8/5	156	9.89

所试验 4 份大麦材料均能够在闽北完成整个生育期。'SP-1'的生育期最短，为 151 d；'花 22'和'SP-2'居中，'HH-1'的生育期最长，为156 d。说明'SP-1'相对比较早熟，'HH-1'相对晚熟。

4 月中旬以后，4 份大麦材料进入乳熟期。此时当地气候高温高湿，试验材料开始出现赤霉病症状，以蜡熟期、完熟期最严重。蜡熟期的病穗率'HH-1''花 22'为 9.89%、11.23%，为 4 份大麦材料中发病最轻的。'SP-1'为 41.09%，发病最重。由表 5-2 可知，'SP-1'相对比较早熟，赤霉病发病最重。'HH-1'相对贪青，赤霉病发病最轻。

上述数据表明，4 份大麦材料中'HH-1''花 22'抗赤霉病能力相对比较强。全株大麦在闽北当地用作畜牧利用，建议在乳熟期前灌浆后期刈割为佳。

（二）4 份大麦材料的农艺性状

由表 5-3 可知，'花 22'和'HH-1'的株高最高，分别为 99.46 cm和 98.71 cm，与'SP-1''SP-2'差异显著；'SP-1'的株高最低，为89.06 cm。

分蘖数最高的是'花 22'，为 7.63 个/株，其次是'SP-1'5.25 个/株、'HH-1'4.38 个/株、'SP-2'3.00 个/株；全株干草产量最高的是'花 22'，为 8 226.51 kg/hm²，其次是'HH-1'7 888.82 kg/hm²，显著高于'SP-1''SP-2'。

表 5-3　4 份大麦材料灌浆后期全株农艺性状

材料名称	株高/cm	分蘖数/(个/株)	有效穗/个	鲜草产量/(kg/hm²)	干草产量/(kg/hm²)
'花 22'	99.46a	7.63a	4.50a	36 017.32a	8 226.36a
'SP-1'	89.06b	5.25b	4.50a	24 779.35c	5 560.49c
'SP-2'	90.35b	3.00c	3.00b	30 859.57b	6 668.75b
'HH-1'	98.71a	4.38bc	3.13b	34 369.33a	7 887.76a

注：同例数值右侧不同字母表示差异显著（$P<0.05$），下表同。

（三）4 份大麦材料全株饲用品质对比

表 5-4 中，'花 22' 等 4 份大麦材料，全株粗蛋白质含量达 11.10%~14.38%，粗脂肪 2.65%~3.15%，粗纤维 32.93%~34.30%，中性洗涤纤维 56.72%~58.63%，酸性洗涤纤维 31.33%~32.24%。

表 5-4　4 份大麦材料灌浆后期全株饲用品质对比　　　　　（%）

材料	粗蛋白质	粗脂肪	粗灰分	粗纤维	中性洗涤纤维	酸性洗涤纤维	酸性洗涤木质素	无氮浸出物	钙	磷
玉米 CK*	9.0	2.4	7.0	25.0	48.0	29.0	/	56.6	0.50	0.25
'花 22'	11.95b	2.91b	5.67c	32.93	58.30a	32.12ab	2.45c	46.54	0.34ab	0.57b
'SP-1'	14.38a	3.15a	6.24bc	34.17	58.63a	32.03ab	2.46c	42.07	0.20bc	0.57b
'SP-2'	13.91a	3.09ab	6.67ab	33.80	56.72b	31.33b	2.59b	42.53	0.17c	0.62ab
'HH-1'	11.10c	2.65c	7.22a	34.30	57.12b	32.24a	2.70a	44.74	0.36a	0.63a

注：玉米数据来源中国饲料成分及营养价值表（第 27 版）。

同成熟期的全株玉米相比，4 份大麦材料全株大麦的粗蛋白质含量提高 23.33%~59.74%，粗脂肪含量提高 10.28%~31.11%，粗纤维含量提高 31.73%~37.20%，其中中性洗涤纤维提高 18.17%~22.15%，酸性洗涤纤维提高 8.02%~11.16%。表 5-4 数据表明，'花 22' 等 4 份大麦材料全株饲用价值均高于全株玉米。

4 份大麦材料之间的对比结果表明，全株粗蛋白质含量最高的是 'SP-1' 14.38%，其次 'SP-2' 13.91%，显著高于 '花 22' 和 'HH-1'。全株粗脂肪含量最高的是 'SP-1' 3.15%，其次 'SP-2' 3.09%，显著高于

'花22'和'HH-1'。中性洗涤纤维含量最高的是'SP-1'58.63%，其次'花22'58.30%，显著高于'SP-2'和'HH-1'。

由上述结果得知'花22''HH-1'的全株产量高于'SP-1''SP-2'，而'SP-1''SP-2'的全株饲用品质高于'花22''HH-1'。

由表5-5得知，全株大麦的脂肪酸组成中含量较高的脂肪酸有ALA，含量49.77%~56.50%，其次是棕榈酸（C16:0）14.63%~15.43%，LA（C18:2n-6）13.03%~15.20%和油酸（C18:1n-9）2.33%~4.33%。

4份大麦材料的ALA含量由高到低依次是'HH-1''SP-2''花22'和'SP-1'，分别比全株玉米提高66.18%、61.67%、55.69%和46.37%，脂肪酸组成的对比结果表明，灌浆后期的全株大麦的脂质优于成熟期的全株玉米。

表5-5　4份引种大麦材料灌浆后期全株脂肪酸组成对比　　　　　　（%）

材料名称	C16:0	C18:1n-9	C18:2n-6（LA）	C18:3n-3（ALA）
玉米（成熟期）CK	14.50	4.90	13.50	34.00
'花22'	15.43	4.33a	15.20	52.93
'SP-1'	14.63	3.63ab	14.73	49.77
'SP-2'	15.30	2.33c	13.93	54.97
'HH-1'	15.03	2.73bc	13.03	56.50

全株大麦的氨基酸组成，本次测试得到除了色氨酸外的7种人体必需氨基酸的数据：苏氨酸、缬氨酸、蛋氨酸、赖氨酸、亮氨酸、异亮氨酸、苯丙氨酸（本次没有检测色氨酸项目）。氨基酸总量在8.32%~11.29%，其中呈味氨基酸在4.17%~5.96%，呈味氨基酸占氨基酸总量的50.18%~52.84%（表5-6）。

表5-6　4份引种大麦品系材料灌浆后期全株氨基酸组成对比　　　　（%）

材料名称	天冬氨酸	苏氨酸	丝氨酸	谷氨酸	甘氨酸	丙氨酸	胱氨酸	缬草氨酸	甲硫氨酸	异亮氨酸
'花22'	1.48c	0.48b	0.44b	1.47b	0.52b	0.77b	0.04	0.59c	0.09a	0.42b
'SP-1'	2.04a	0.56a	0.51a	1.65a	0.55a	0.84a	0.04	0.65a	0.08a	0.46a
'SP-2'	1.80b	0.55a	0.50a	1.59a	0.55a	0.85a	0.02	0.63b	0.08ab	0.45a
'HH-1'	1.25d	0.42c	0.38c	1.13c	0.44c	0.66c	0.06	0.52d	0.06b	0.35c

（续表）

材料名称	亮氨酸	酪氨酸	苯丙氨酸	赖氨酸	组氨酸	精氨酸	脯氨酸	必需氨基酸	呈味氨基酸	氨基酸总量
'花22'	0.80b	0.28ab	0.52c	0.69b	0.21b	0.56b	0.50ab	3.59b	5.03c	9.85c
'SP-1'	0.84a	0.31a	0.59a	0.77a	0.24a	0.61a	0.56a	3.95a	5.96a	11.29a
'SP-2'	0.85a	0.27b	0.57b	0.75a	0.23a	0.60a	0.57a	3.87a	5.62b	10.86b
'HH-1'	0.67c	0.23c	0.46d	0.60c	0.19c	0.46c	0.43b	3.09c	4.17d	8.32d

三、4份引种大麦材料的饲用品质分析

大麦作为福建传统的越冬作物，主要是收获籽实，用于酿酒、饲料等（陈炳坤，1999）。由于地理气候原因，福建省大麦主要集中在闽东南沿海地区，约占全省大麦面积的 80% 以上，其他地区基本不种大麦（郭媛贞，2002）。当前，进口苜蓿、燕麦等干草价格居高不下，开发全株大麦、小麦作为奶牛青饲料得到人们的重视。全株大麦具有营养丰富、气味芳香、适口性好、消化率高等特点，可作为奶牛优质青饲料来源。同时大麦耐干旱贫瘠，适应性广，不同区域大麦引种种植成功性高。本研究从上海地区引种的4份大麦材料，在本地种植均能完成完整生育期，但与上海本地种植相比，生育天数缩短了近 20 d，其原因可能与本地播种期（12 月 3 日，上海同年播种为 11 月 14 日）较晚有关。

本研究对4份引种大麦材料的饲用品质分析结果表明，全株大麦及青贮后营养价值均高于青贮全株玉米。前人对全株大麦的饲用品质分析也支持这一结论。张放（2015）研究了杨饲麦一号、盐丰一号、皖饲麦一号 3 个全株大麦品种，其灌浆后期各营养成分分别为 DM 31.9% ~ 39.6%、CP 9.93% ~ 13.00%、Ash 5.75 ~ 9.82、Ca 0.60% ~ 1.44%、P 0.33% ~ 0.55%、粗纤维 8.31% ~ 11.46%、NDF 50.04% ~ 56.64%%、ADF 26.69% ~ 30.69% 和木质素 5.44% ~ 10.07%。3 个品种的全株大麦的可溶性碳水化合物的含量（DM%）分别是 5.15%、7.18%、12.17%，可溶性碳水化合物含量较为理想，可满足制作青贮材料所需要求。郑锦玲（2014）以 312 t 全株甘蔗 + 270 t 全株大麦青贮后的各营养成分分别为 DM 94.16%、CP 9.37%、EE 2.82%、Ash 6.98%、Ca 0.289%、P 0.166%、NDF 34.62%、ADF 24.14% 和木质素 6.21%。本研究4份大麦材料在灌浆后期，'花22'和'HH-1'的农艺性状表现较好，饲用品质也表现不错，是可以进一步引种推广的大麦材料。同时，'SP-1在氨基酸组成上品质优异，可作为高品质大麦饲草选

育的中间材料。

闽北地区由于特殊的气候原因，在灌浆后期赤霉病高发，因此对于引种大麦材料要求对赤霉病能具有较好的抗性，本研究引种自上海地区的 4 份大麦材料中有 2 份抗性较好，赤霉病病穗率为 9.89%~11.23%，低于本地引种的其他大麦材料。同时，对于全株大麦的农艺性状和饲用品质选择在灌浆后期进行研究，这一时期既能保证大部分营养物质能够充分积累，又能获得较高的产量。田静（2017）对青贮大麦的品质和产量研究后，认为大麦最佳收获时期为乳熟期至蜡熟早期。在闽北地区，为了尽量减少全株大麦饲料中赤霉病发病积累的脱氧雪腐刀菌烯醇（deoxynivalenol，DON）毒素残留危害，建议在大麦乳熟期前灌浆后期进行采收。

第三节　大麦'花 22'不同生育期的饲用品质

随着畜牧业的高速发展，国内玉米等饲料原料供需矛盾增大，需要大量依靠进口。开发大麦（*Hordeum vulgare* L.）等非常规饲料作物资源等代替玉米，对缓解饲料原料供需矛盾具有重要意义。大麦是一种重要的作物，其籽粒和秸秆是很好的饲料原料。大麦籽粒不仅含有丰富的蛋白质、矿质元素、维生素及膳食纤维等，还含有总黄酮、生物碱、γ-氨基丁酸和抗性淀粉等生理活性物质，具备抗菌消炎、抗氧化等多种功效，有益于畜禽的健康养殖（陈文若，2017）。

大麦籽粒在谷物饲料中的地位仅次于玉米，其蛋白质、氨基酸、矿物质和维生素含量均超过玉米。研究表明，作为羊的能量类饲料，大麦比玉米具有更好的瘤胃发酵特征，可以替代羊日粮中的部分或全部玉米，有益于提高其肉羊生产性能（吴世迪，2015）。用 20%、40%、60% 的'威 24'大麦取代饲粮中等量的玉米、小麦，对生长肥育猪的生产性能无显著影响（刘作华，1997）。也有报道认为大麦含有的抗营养因子非淀粉多糖影响猪的消化率，但加入特定的酶制剂能得到有效改善（许梓荣，2002）。除收获籽粒外，大麦也可以作为青饲草和青贮料进行全株利用，其蛋白质、氨基酸、维生素 A、维生素 E 及矿物质钙、磷等含量均高于玉米，是养殖奶牛可利用的优质饲料作物（陈晓东，2017）。

关于大麦不同生育期饲用品质，已有的研究主要集中于蛋白质，粗纤维、氨基酸等常规饲用品质指标，鲜见大麦不同生育期脂肪酸组成报道，未见呕吐毒素含量报道（田静，2017）。

'花 22'（*Barley Hordeum vulgare* L. cultivar'Hua 22'）是近年来选育出的一种优质啤麦品种，因具生育期短、耐盐碱、抗逆性强、适应性广、丰产性好等优势，是长三角地区啤麦的主栽品种之一（郎淑平，2006）。笔者课题组引种'花 22'作为饲草全株利用，在所引种的 32 个麦类品种（系）对比结果表明，'花 22'在福建地区种植有较好的适应性，且在产量、抗冻害、抗倒伏等方面均表现比较优异（冯德庆，2017）。因此开展'花 22'不同生育期饲用品质包括呕吐毒素研究，为完善'花 22'作为冷季饲草开发利用提供科学依据。

一、大麦'花 22'的栽培及处理与测定

（一）大麦'花 22'的栽培及处理

试验地设在福建省南平市农业科学研究所建阳区溪口山试验基地。土壤类型为红壤，土壤全氮 1.20 g/kg，速效磷 63.86 mg/kg，速效钾 138.32 mg/kg，有机质 17.19 g/kg，pH 4.70。供试大麦材料为'花 22'由上海市农业科学院生物技术研究所与嘉兴市农科院共同选育，上海光明种业有限公司制种。

根据大麦的不同物候期，试验分为拔节期、灌浆后期、乳熟期和完熟期4 个处理，每个处理 3 次重复，计 12 个试验小区。试验小区采用随机区组排列。试验小区面积为 30 m²（2 m×15 m），行距 20 cm，小区间距 40 cm。试验区四周设 2 m 宽保护行。

供试大麦于 2016 年 12 月 3 日播种，人工开沟条播，播种量 150 kg/hm²。播种时施复合肥 450 kg/hm² 作基肥（N：P：K=15：15：15），分蘖期追施尿素 150 kg/hm²。不同小区分别在拔节期、灌浆后期、乳熟期、完熟期刈割，留茬高度 5 cm。每小区取 1 kg 鲜草，经过 60 ℃ 干燥，粉碎，40 目过筛备用。

（二）大麦'花 22'样品的测定

样品测试依据：粗蛋白质，GB/T 6432—1994；粗脂肪，GB/T 6433—2006；粗纤维，GB/T 6434—2006；粗灰分，GB/T 6438—2007；中性洗涤纤维，GB/T 20806—2006；酸性洗涤木质素，GB/T 20805—2006；钙、磷，GB/T 13885—2003；氨基酸，GB/T 18246—2000（7.1.1.1）；脂肪酸，GB/T 17377—2008；脱氧雪腐镰刀菌烯醇，GB/T 23503—2009。

二、大麦'花22'不同生育期的饲用品质

(一)'花22'不同生育期饲用品质

从拔节期至完熟期，随着生育期的延长'花22'全株的粗蛋白质、粗脂肪、钙、磷含量显著下降；干物质和木质素含量显著增加（表5-7）。

表5-7 '花22'不同生育期饲用品质

项目	干物质/%	粗蛋白质/%	粗脂肪/%	粗灰分/%	粗纤维/%	中性洗涤纤维/%
带穗玉米秸秆 CK2	20	9.0	2.4	7.0	25.0	48.0
黑麦草 CK1	11.62d	19.88b	4.74a	11.25a	16.07d	29.96e
'花22'拔节期	13.73d	20.44a	4.71a	9.59b	20.40c	33.49d
'花22'灌浆后期	22.84c	11.95c	2.91b	5.67e	32.93a	58.30a
'花22'乳熟期	26.13b	9.49e	2.25c	7.03d	26.60b	47.34c
'花22'完熟期	31.75a	10.49d	1.66d	7.92c	27.00b	51.86b

项目	酸性洗涤纤维/%	酸性洗涤木质素/%	钙/%	磷/%	非纤维碳水化合物/%	呕吐毒素/(μg/kg)
带穗玉米秸秆 CK2	29.0	/	0.50	0.25	33.60	/
黑麦草 CK1	16.54e	0.89c	0.30cd	0.59a	34.18a	未检测出
'花22'拔节期	19.61d	0.91c	0.49a	0.52bc	31.77b	未检测出
'花22'灌浆后期	32.12a	2.45b	0.34bc	0.57ab	21.17d	未检测出
'花22'乳熟期	25.45c	2.48b	0.26d	0.41d	33.90a	未检测出
'花22'完熟期	28.53b	4.06a	0.32cd	0.46cd	28.08c	560.50

注：呕吐毒素（脱氧雪腐镰刀菌烯醇，DON）检出限500 μg/kg；带穗玉米秸秆数据来源中国饲料成分及营养价值表（第29版）。

其中粗蛋白质含量拔节期时最高为20.44%，乳熟期最低为9.49%，下降幅度53.60%。粗脂肪含量拔节期时最高为4.71%，完熟期最低为1.66%，下降幅度为64.76%。

乳熟期的非纤维碳水化合物含量最高，为33.90%；其次是拔节期31.77%，灌浆后期的非纤维碳水化合物含量最低，为21.17%。

粗纤维、中性洗涤纤维、酸性洗涤纤维含量呈阶段性波动。其中从拔节期至灌浆后期，粗纤维、中性洗涤纤维、酸性洗涤纤维含量显著增加，灌浆后期期达到最大值，之后显著下降。

综上各生育期比较，拔节期'花22'全株的营养品质最好，粗蛋白质、粗脂肪含量达到最大值（20.44%、4.71%），粗纤维含量最低（20.40%）。

同黑麦草相比，拔节期'花22'全株的营养品质与黑麦草相近，无显著性差异。灌浆后期、乳熟期和完熟期的'花22'全株的营养品质显著低于黑麦草。

同带穗玉米秸秆相比，'花22'各生育期的粗蛋白质含量为9.49%~20.44%，均高于全株玉米的9%。

拔节期、灌浆后期'花22'的粗脂肪为4.71%和2.91%，比玉米的2.4%提高96.25%和21.25%；乳熟期、完熟期的'花22'粗脂肪为2.25%和1.66%，比玉米减少6.25%和30.83%。拔节期'花22'的粗纤维为20.4%，比玉米的25%减少18.40%，灌浆后期、乳熟期和完熟期的粗纤维分别比玉米提高31.72%、6.40%和8.00%。综上，拔节期、灌浆后期'花22'的营养品质高于带穗玉米秸秆，完熟期的'花22'的营养品质低于带穗玉米秸秆。

'花22'完熟期检测出呕吐毒素含量为560.50 $\mu g/kg$，拔节期、灌浆后期和乳熟期未检测出呕吐毒素（检出限500 $\mu g/kg$）。黑麦草未检测出呕吐毒素（检出限500 $\mu g/kg$）。

（二）'花22'不同生育期脂肪酸组成对比

从表5-8得知，拔节期'花22'脂肪酸组成中含量最高的是C18:3n-3，为59.40%。其次，C16:0含量9.40%，C18:2n-6含量6.67%，C18:1n-9含量1.10%。

从拔节期至完熟期，随着生育期的延长'花22'脂肪酸组成中C18:3n-3的含量显著下降。同拔节期相比，灌浆后期、乳熟期和完熟期C18:3n-3含量的下降幅度依次是-10.89%、-53.03%和-75.59%。从乳熟期开始，C18:3n-3的含量大幅度下降。从拔节期至完熟期，C18:1n-9、C18:2n-6含量显著增加。

拔节期大麦植株的脂肪酸组成与黑麦草相近，无显著性差异。

表5-8 '花22'不同生育期脂肪酸组成对比 （%）

项目	C16:0	C18:1n-9	C18:2n-6	C18:3n-3
黑麦草 CK	9.40b	1.10d	6.67d	63.77a
'花22'拔节期	11.00b	1.43d	7.20d	59.40ab
'花22'灌浆后期	15.43a	4.33c	15.20c	52.93b

（续表）

项目	C16:0	C18:1n-9	C18:2n-6	C18:3n-3
'花22' 乳熟期	14.55a	8.65b	31.35b	27.90c
'花22' 完熟期	15.80a	13.30a	47.00a	14.50d

（三）'花22'不同生育期氨基酸组成对比

表5-9中从拔节期至完熟期，随着生育期的延长'花22'氨基酸组成中，氨基酸总量、必需氨基酸含量、呈味氨基酸均显著下降。最高时为拔节期为16.45%、7.90%、6.35%。完熟期为8.04%、4.10%、2.61%。

表5-9　'花22'不同生育期氨基酸组成对比　　　　　　（%）

项目	天冬氨酸	苏氨酸	丝氨酸	谷氨酸	甘氨酸	丙氨酸/%	胱氨酸	缬草氨酸	蛋氨酸	异亮氨酸
黑麦草 CK	1.63b	0.88a	0.75a	2.23a	0.98a	1.68a	0.05	1.02a	0.21a	0.78a
'花22' 拔节期	1.75a	0.85a	0.75a	2.24a	0.93b	1.55b	0.02	1.03a	0.17b	0.75b
'花22' 灌浆后期	1.48c	0.48b	0.44b	1.47c	0.52c	0.77c	0.04	0.59b	0.09cd	0.42c
'花22' 乳熟期	0.76d	0.38c	0.36c	1.55c	0.40d	0.54d	0.06	0.46c	0.10c	0.32d
'花22' 完熟期	0.77d	0.37c	0.38c	1.80b	0.39d	0.47e	0.06	0.44c	0.07d	0.28e

项目	亮氨酸	酪氨酸	苯丙氨酸	赖氨酸	组氨酸	精氨酸	脯氨酸	必需氨基酸	呈味氨基酸	氨基酸总量
黑麦草 CK	1.56a	0.54a	0.99a	1.14a	0.35a	1.01a	0.96a	6.58a	8.05a	16.77a
'花22' 拔节期	1.50b	0.52b	0.91b	1.14a	0.36a	1.00a	0.98a	6.35b	7.90b	16.45b
'花22' 灌浆后期	0.80c	0.28c	0.52c	0.69b	0.21b	0.56b	0.50c	3.59c	5.03c	9.85c
'花22' 乳熟期	0.63d	0.24d	0.46d	0.51c	0.18c	0.45c	0.57c	2.85d	3.93d	7.93d
'花22' 完熟期	0.57e	0.23d	0.46d	0.43d	0.18c	0.43d	0.74b	2.61e	4.10b	8.04d

三、'花22'不同生育期饲用品质和呕吐毒素含量的分析

（一）'花22'不同生育期饲用品质的分析

研究表明，不同生育期的刈割影响大麦的饲用品质。拾方坚（1994）对5个大麦品种不同时期生物产量、粗蛋白质和氨基酸测定的结果表明，大麦生物产量在灌浆期最高，粗蛋白质含量呈现逐渐下降的趋势，从营养中期到抽穗期下降的幅度最高，达40%~50%。陈晓东（2017）研究了

'皖饲麦2号'六棱皮大麦分蘖期、拔节期、孕穗期。结果表明随刈割期后移,'皖饲麦2号'饲草产量显著增加,饲草粗蛋白质、粗灰分、钙、磷含量显著下降,粗纤维、酸性洗涤纤维、中性洗涤纤维含量显著增加,即饲草品质显著下降。田静(2017)研究了'西引2号'饲用大麦抽穗期、开花期、乳熟期和蜡熟期,结果表明从抽穗期到乳熟期,大麦植株中粗蛋白质、粗纤维、中性洗涤纤维和酸性洗涤纤维含量均呈下降趋势,说明乳熟期大麦相对饲用价值显著高于其他3个时期。陈晓东研究的是孕穗期之前的品质,田静研究的是抽穗期之后的品质。

'花22'粗纤维、中性洗涤纤维、酸性洗涤纤维含量呈阶段性波动。其中从拔节期至灌浆后期,粗纤维、中性洗涤纤维、酸性洗涤纤维含量显著增加,灌浆后期达到最大值,之后显著下降。随着生育期的延长'花22'全株的粗蛋白质、粗脂肪、钙、磷含量显著下降;干物质和木质素含量显著增加。'花22'不同生育期刈割结果与上述研究结果一致。拔节期'花22'的粗蛋白质含量最高、粗纤维最低,营养品质与黑麦草相近,适合作猪或禽类的青饲料。灌浆后期、乳熟期'花22'的营养品质优于或者与带穗玉米秸秆相近,适合作牛羊类的青饲料。

(二)'花22'不同生育期的呕吐毒素含量分析

赤霉病是中国长江中下游、华南和东北部分地区小麦、大麦的主要病害,可引起的严重产量和品质损失。赤霉病的主要病原镰刀菌能产生多种毒素如脱氧雪腐镰刀菌烯醇(deoxynivalenol,DON)又名呕吐毒素(vomitoxin VT),人畜食用赤霉病菌污染的谷物或饲料后可引发恶心、呕吐、腹泻等中毒症状(喻大昭,2009)。每年4月、5月,大麦成熟时期正值闽北的梅雨季节,气温高,湿度大,有利于赤霉病的发生(邓云,2010)。本试验测试了'花22'不同生育期的呕吐毒素含量。结果表明'花22'拔节期、灌浆后期和乳熟期未检测出呕吐毒素(检出限500 μg/kg)。在完熟期检测出呕吐毒素含量为560.50 μg/kg。说明在闽北种植的'花22'完熟期不能作为青饲料使用。

综上各生育期比较,拔节期'花22'的营养品质最好,粗蛋白质、粗脂肪含量达到最大值(20.44%、4.71%),粗纤维含量最低(20.40%)。拔节期'花22'的营养品质与黑麦草相近,无显著性差异。灌浆后期、乳熟期和完熟期'花22'的营养品质显著低于黑麦草。拔节期、灌浆后期'花22'的营养品质高于带穗玉米秸秆,完熟期的'花22'的营养品质低于带穗玉米秸秆。在闽北种植的'花22'完熟期不能作为青饲料使用。

参考文献

陈炳坤，陈德禄，黄金堂，等，1999. 福建省饲料大麦生产现状及发展对策 [J]. 福建农业科技 (4)：31-32.

陈文若，綦文涛，负婷婷，等，2017. 不同品种皮大麦与裸大麦的营养与功能活性成分差异比较及相关性分析 [J]. 中国粮油学报 (8)：39-45，70.

陈晓东，赵斌，季昌好，等，2017. 刈割期对多棱饲料大麦饲草及籽粒产量与品质的影响 [J]. 麦类作物学报 (3)：409-413.

程云辉，董臣飞，张文洁，等，2016. 全株饲用大麦品系筛选及赤霉素对其产量的影响 [J]. 草地学报，24 (5)：1108-1113.

邓云，黄继平，周仕全，等，2010. 南平市农科所小麦鉴定品种赤霉病发生分析 [J]. 福建农业科技 (5)：51-52.

冯德庆，黄勤楼，黄秀声，等，2017. 27 个麦类饲草品种在闽北引种生产性能研究初报 [J]. 福建农业科技 (10)：28-31.

冯德庆，黄勤楼，唐龙飞，等，2008. 杂交狼尾草对草鱼肉脂肪酸组成的影响 [J]. 中国农学通报，24 (6)：487-490.

冯德庆，唐龙飞，黄秀声，2006. 优质牧草对提高草鱼品质的研究 [J]. 水利渔业，26 (2)：81-82.

苟文龙，张新跃，李元华，等，2007. 多花黑麦草饲喂奶牛效果研究 [J]. 草业科学，24 (12)：72-75.

郭孝，李明，姚文超，等，2006. 优良牧草在肉兔生产中应用的研究 [J]. 中国农学通报，22 (5)：26-28.

郭媛贞，2002. 福建省大麦品种的演变与育种目标分析 [D]. 福州：福建农林大学：7-8.

黄世蕉，黄琪琰，1992. 投喂青料和添加剂对草鱼生长和脂肪代谢的影响 [J]. 上海水产大学学报，1 (1-2)：20-26.

郎淑平，龚来庭，黄剑华，2006. 大麦新品种'花22'选育经过及特征特性 [J]. 大麦与谷类科学 (4)：18-19.

李志强，刘凤珍，卢鹏，等，2006. 几种重要饲草的脂肪酸成分分析 [J]. 中国奶牛 (10)：3-6.

李志琼，余冰，张克英，等，2008. 饲粮中添加 α-亚麻酸对产蛋鸡生产性能和肝脏 AMPK 的影响 [J]. 动物营养学报，20 (1)：58-62.

刘作华，骆意，1997.'威24'大麦作肉猪饲料的饲用价值评定 [J].
动物营养学报（3）：55-62.

龙忠富，罗京焰，杨飞，等，2009. 贵草1号多花黑麦草饲喂肉牛肉羊
的效果 [J]. 贵州农业科学，37（1）：114-115.

卢良恕，1996. 中国大麦学 [M]. 北京：中国农业出版社：295.

邱鹏程，王四旺，王剑波，等，2010.α-亚麻酸的资源研究及其应用前
景 [J]. 时珍国医国药，21（3）：760-762.

冉娟，孙振，2017. 中国饲料粮消费问题探析 [J]. 中国农学通报，33
（17）：153-158.

拾方坚，郭孝，田玉山，等，1994. 饲用大麦品种生物产量，粗蛋白质
和氨基酸含量的动态研究 [J]. 中国农业科学（2）：38-44.

孙涛，李建国，赵晓静，2006. 苜蓿及油料籽实对奶牛生产性能和乳脂
肪酸组成的影响 [J]. 动物营养学报，18（2）：93-98.

田静，谢昭良，刘家杏，等，2017. 冬闲田种植大麦不同生育期的营养
价值和青贮品质 [J]. 草业科学，34（4）：753-760.

王成章，李德锋，严学兵，等，2008. 肥育猪饲粮中添加苜蓿草粉对其
生产性能、消化率及血清指标的影响 [J]. 草业学报，17（6）：
71-77.

吴世迪，熊宽，富俊才，等，2015. 大麦替代日粮中玉米对育肥羊瘤胃
发酵的影响 [J]. 中国畜牧杂志（13）：30-34.

许梓荣，钱利纯，徐有良，等，2002. 大麦替代饲粮中玉米对生长育肥
猪生长性能和胴体品质的影响 [J]. 中国兽医学报（5）：522-524.

闫贵龙，曹春梅，刁其玉，等，2010. 日粮中C3、C4植物含量对牛肉
品质和主要化学成分的影响 [J]. 草业学报，19（3）：139-147.

杨保兰，2007. 高丹草饲喂杂交育肥牛精青配合比例的试验 [J]. 中国
草食动物，27（1）：41-42.

叶元土，林仕梅，1999. 微量元素、维生素、粗纤维、青草对草鱼生长
影响的正交试验 [J]. 饲料工业，20（7）：40-43.

于凤，王明玖，高丽，等，2010. 库布齐沙地五种植物主要品质性状季
节性变化研究 [J]. 草业学报，19（4）：230-235.

喻大昭，2009. 麦类赤霉病研究进展 [J]. 植物保护，35（3）：1-6.

张放，蔡海莹，王志耕，等，2014. 不同品种全株饲用大麦青贮发酵品
质及其营养成分动态变化研究 [J]. 中国奶牛（23）：1-8.

张放，蔡海莹，王志耕，等，2015. 全株大麦作为奶牛粗饲料的饲用价值 [J]. 中国奶牛 (7)：18-20.

张融，李先德，2015. 饲料大麦的应用价值及开发前景 [J]. 中国食物与营养，21 (7)：27-31.

郑锦玲，王如贵，王锐，等，2014. 全株甘蔗与全株大麦混合青贮试验 [J]. 养殖与饲料 (1)：38-40.

郑凯，顾洪如，沈益新，等，2006. 牧草品质评价体系及品质育种的研究进展 [J]. 草业科学 (5)：57-61.

卓坤水，2005. 杂交狼尾草饲喂怀孕早期母猪的效果试验 [J]. 养猪 (3)：7-8.

Kim S C, Adesogan A T, Badinga L, et al., 2007. Effects of dietary n-6：n-3 fatty acid ratio on feed intake, digestibility, and fatty acid profiles of the ruminal contents, liver, and muscle of growing lambs [J]. Journal of Animal Science, 85 (3)：706-716.

Yuan Q, Xie F, Huang W, et al., 2022. The review of alpha-linolenic acid：sources, metabolism, and pharmacology [J]. Phytotherapy Research, 36 (1)：164-188.

第六章 杂交狼尾草等饲草对动物脂质调控研究

第一节 杂交狼尾草对提高草鱼品质的研究

在淡水经济鱼类中，草鱼是价值较高的优质鱼类之一。就全国池塘养鱼产量来看，由于鱼病的危害，草鱼产量仅占成鱼总产量的15%左右。近些年，随着饲料工业的发展和草鱼疾病防治技术的日益成熟，主养草鱼作为经济效益高的一种养殖模式正在逐渐兴起。根据饵料种类的不同，主养草鱼可以分为两种模式：一是以投喂人工配合饲料为主，配合饲料占总投饵量的80%~100%的精养模式（屈文俊，2002）；二是以投喂青饲料为主的生态养殖模式（冯德庆，2005）。两种养殖模式都可以取得良好的养殖效果。但是，对于两种养殖模式下草鱼的生物特征和鱼肉主要成分的研究鲜有报道。笔者分析比较了两种养殖模式下草鱼的生物学特征、肠系膜脂肪的积累和鱼肉主要成分的不同和草鱼背部肌肉氨基酸水平的差异，以探讨杂交狼尾草对鱼体品质的影响。

一、草鱼的饲养及处理与测定

（一）草鱼的饲养

鱼种来自闽侯鱼种场，两个试验点同在2004年3月初投苗。试验点一是福州长乐某个体养殖场。该点主要是投喂人工配合饲料，日投饵量占鱼体重的2%~3%。配合饲料的配方如下：豆粕14%、次粉19%、菜籽粕25%、棉粕25%、鱼粉3%、麦麸10%、鱼油1%、矿物质维生素预混料3%。试验点二是福州北峰创新大洋库塘。该点主要是投喂人工种植牧草，牧草品种有杂交狼尾草、印度豇豆、黑麦草等（顾洪如，2003）。牧草占总投饵量的60%，配合饲料占总投饵量的40%（通过饲料系数换算不同食物对鱼产量的贡献，饲料系数牧草为25，配合饲料为2.6）。使用的配合饲料和试验点一相同。2004年11月12日两处各随机取样10尾（尾重1 150~1 820 g），其中各取 7 尾进行解剖测量，各取 3 尾化验鱼肉主要成分。

（二）草鱼的处理与测定

观察鲜鱼体色，测量鱼全长、体长、体高、肠长，秤尾重、内脏重、肠系脂肪重。鱼肉主要成分测试依据：水分，GB/T 9695.15—1988；灰分，GB/T 9695.18—1988；总脂肪，GB/T 9695.7—1988；蛋白质，GB/T 9695.11—1988；蔗糖，GB/T 5009.8—2003；磷，GB/T 5009.8—2003；钙，GB/T 5009.8—2003。

二、两种模式下草鱼的品质对比分析研究

两组试验鱼从外观上观察投喂全配合饲料的草鱼（下称饲料鱼）体型肥短，体色明显偏白，鱼鳞色素积累少；投喂杂交狼尾草的草鱼（下称饲草鱼）体型相对瘦长，体色较深，鱼鳞色素积累多，鱼体表呈浅墨绿色光泽。表 6-1 中可以看出，在肥满度、内脏比、肠脂比、躯壳比、比肠长等多项指标的对比中，饲料鱼和饲草鱼都表现为差异显著。特别是肠脂比，饲料鱼的肠脂比为 4.46%，饲草鱼的肠脂比为 1.42%，前者是后者的 3.14 倍。毛永庆（1990）研究发现投喂配合饲料的草鱼肠系膜脂肪占鱼体重的 6.54%，而投喂青草的鱼只占 1.35%，前者是后者的 5 倍，与本实验的结果相似。

表 6-1 两种养殖模式下草鱼生物学特征的对比

项目	肥满度	内脏比/%	肠系脂肪占鱼体比例/%	躯壳比/%	比肠长
配合饲料组（CK）	2.12a	11.75a	4.46a	88.25a	2.43a
牧草组	1.82b	8.46b	1.42b	91.54b	2.66b

注：同列不同小写字母表示差异显著（$P<0.05$），下表同。

从两种试验鱼鱼肉的主要成分分析对比中（表 6-2）可以明显看出，饲料鱼的脂肪含量为 3.70%，显著高于饲草鱼的 1.00%，前者是后者的 3.70 倍。鱼肉的脂肪含量高是造成鱼肉疏松，口味油腻，口感差的主要原因。陈学豪（1994）研究认为不同的饵料种类因其营养成分的差异而影响了赤点石斑鱼肌肉中的营养成分。田丽霞（2002）、林鼎（1988）研究发现高糖、高蛋白饲料会引起草鱼肠系膜脂肪增多，或诱发脂肪肝病变。笔者对比配合饲料及杂交狼尾草的营养成分（表 6-3）得知，配合饲料营养丰富，

特别是蛋白质、脂肪的含量明显高于杂交狼尾草，这是保障草鱼快速生长的主要动力。但过于依赖配合饲料，往往造成上述过多脂肪在鱼肉、肠系膜及肝胰脏等处积累的情况，鱼肉口味差，鱼体利用率下降，从而影响鱼体品质，而且容易形成脂肪肝（高红梅，2004），造成病害，增加防疫难度。杂交狼尾草属于青饲料，是草鱼天性喜爱的食物，可以满足草鱼对维生素、矿物质的需求（徐寿山，1993）。杂交狼尾草富含各种氨基酸（姚伟民，1999）。冯德庆（2004）比较了全配合饲料喂养和添加部分杂交狼尾草喂养的草鱼背部肌肉氨基酸差异（表6-4），发现投喂杂交狼尾草明显提高草鱼背部肌肉氨基酸水平，增加了鱼肉中人体必需氨基酸、鲜味氨基酸的含量。

表6-2 两种养殖模式下草鱼肉主要成分的对比

主要成分	蛋白质/%	总脂肪/%	总糖/%	水分/%	灰分/%	Ca/（mg/kg）	P/（mg/kg）
全配合饲料组（CK）	19.50	3.70	0.20	76.20	1.20	107.00	510.00
杂交狼尾草组	19.70	1.00	0.10	79.10	1.10	162.00	581.00

表6-3 草鱼配合饲料及杂交狼尾草的营养成分 （g/100 g DM）

项目	粗蛋白质	粗脂肪	粗纤维	灰分
全配合饲料组（CK）	28.84	6.37	8.17	9.38
杂交狼尾草组	9.95	3.47	32.90	10.22

表6-4 添加杂交狼尾草对草鱼背部肌肉氨基酸水平的影响

（g/100 g DM）

项目	全配合饲料组（CK）	杂交狼尾草组
天冬氨酸	8.83	9.28
苏氨酸	3.83	3.98
丝氨酸	3.30	3.39
谷氨酸	12.08	12.50
甘氨酸	3.89	4.00
丙氨酸	4.90	5.19
胱氨酸	0.65	0.62
缬氨酸	3.88	4.09

（续表）

项目	全配合饲料组（CK）	杂交狼尾草组
甲硫氨酸	2.19	2.32
异亮氨酸	3.71	3.94
亮氨酸	6.60	6.90
酪氨酸	2.93	3.05
苯丙氨酸	3.26	3.44
赖氨酸	7.69	8.02
组氨酸	3.07	3.03
精氨酸	5.12	5.31
脯氨酸	0.82	0.90
总量	76.75a	79.96b
必需氨基酸总量	31.16a	32.69b
鲜味氨基酸总量	34.82a	36.28b

注：酸水解中色氨酸被破坏未另测，同行不同小写字母表示差异显著（$P<0.05$）。

试验结果表明，草食性鱼类的养殖中，在有条件种植的情况下，大幅度提高杂交狼尾草在饲料中的比例，有助于降低鱼肉的脂肪含量，提高鱼肉氨基酸水平，从而达到改善口感，增加鲜味，提高鱼肉品质的目的。

第二节　杂交狼尾草对草鱼肉脂肪酸组成的影响

作为草食性鱼类，草鱼天性喜食各种水草、旱草。优质牧草在提高草鱼生长速度，改善风味，甚至在提高其抗病能力方面都有一定作用，相关报道很多但是其中机理不是很清晰。笔者在数年的养殖实践中持续探索牧草对草食性鱼类的营养作用，发现牧草在提供草食性鱼类（或草食性动物）的必需脂肪酸方面起了极其重要的作用。

一、草鱼的饲养与测定

鱼种来自闽侯鱼种场，两个试验点同在 2007 年 3 月初投苗。试验点一是福州琅岐某养殖场。该点主要是投喂配合饲料，日投饵量占鱼体重的2%～3%。配合饲料的配方如下：豆粕14%、次粉19%、菜籽粕25%、棉粕25%、鱼粉3%、麦麸10%、鱼油1%、矿物质维生素预混料3%。试验点二是福州北峰创新大洋库塘。该点除了投喂与试验点一相同的配合饲料外，还投喂人工种植杂交狼尾草。配合饲料和杂交狼尾草比例为 1∶1（干物质比例）。2007 年 8 月 24 日两处各随机取样 4 尾（尾重 1 250 g 左右），取背部肌肉化验脂肪酸组成。

鱼肉脂肪酸组成测试标准依据：《动植物油脂 脂肪酸甲酯制备》GB/T 17376—1998；《动植物油脂 脂肪酸甲酯的气相色谱分析》 GB/T 17377—1998。

二、两种饲养模式下草鱼肉脂肪酸的对比研究

表 6-5 结果表明，投喂全配合饲料的草鱼（下称饲料鱼）肌肉粗脂肪含量为 10.20%（占干物质百分比，下同），添加牧草的草鱼（下称饲草鱼）肌肉粗脂肪含量为 2.15%，前者是后者的 4.74 倍，与笔者 2006 年的研究结果相似。

表 6-5　两种饲料模式下草鱼背部肌肉粗脂肪含量、脂肪酸组成的对比

（%TFA）

项目	粗脂肪	C14:0	C16:0	C16:1 n-7	C18:0	C18:1 n-7	C18:1 n-9	C18:2 n-6
饲料鱼	10.20	1.00	21.19	3.70	4.38	2.08	37.51	16.96
饲草鱼	2.15	0.65	15.39	2.00	4.53	1.59	26.31	21.92

项目	C18:3 n-3	C20:1 n-9	C20:4 n-6	C20:5 n-3	C22:6 n-3	SFA	PUFA	n-3
饲料鱼	1.01	0.88	2.25	0.13	1.29	26.56	21.64	2.43
饲草鱼	10.27	1.33	3.54	0.74	3.71	20.57	40.18	14.72

在两种鱼脂肪酸组成的对比中，可以看出饲料鱼肌肉饱和脂肪酸（SFA）的相对含量为 26.56%，饲草鱼 SFA 的相对含量下降为 20.57%。而饲草鱼多不饱和脂肪酸（PUFA）的相对含量为 40.18，是饲料鱼 21.64 的 1.86 倍。饲草鱼 n-3 PUFA 的相对含量为 14.72%，是饲料鱼 2.43% 的 6.06 倍。除去两种鱼肉中粗脂肪含量的差异，饲草鱼 n-3 PUFA 的绝对含量约是饲料鱼的 1.28 倍。其中，最明显的是二者在 α-亚麻酸（C18:3n-3）含量上的差异。饲草鱼 C18:3n-3 的相对含量 10.27 是饲料鱼 1.01% 的 10.17 倍，绝对含量约是前者的 2.15 倍。

三、饲料与牧草脂肪酸组成的对比研究

针对上述结果，笔者对比了饲料与杂交狼尾草叶片（草鱼摄食牧草以杂交狼尾草叶片为主）脂肪酸组成的差异（表6-6）。发现在杂交狼尾草（叶片）的脂肪酸组成中18:3n-3的含量高达66.23%（图6-1）。第二位的C18:2n-6，含量为14.15%。而在饲料中18:3n-3的含量仅为4.34%，最高的是C18:2n-6，含量为43.36%，第二位是C18:1n-9，含量为30.44%。饲料和杂交狼尾草中未检测到EPA和DHA。

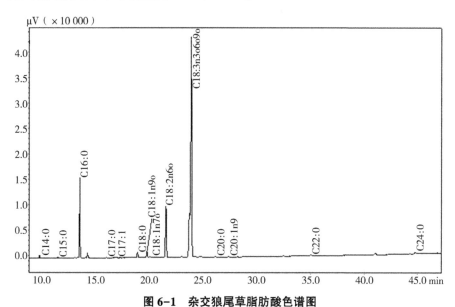

图6-1　杂交狼尾草脂肪酸色谱图

表6-6　饲料与主要牧草脂肪酸组成的对比　　　　　　　　　　（%TFA）

项目	C16:0	C18:0	C18:1 n-7	C18:1 n-9	C18:2 n-6	C18:3 n-3	C20:1 n9	C22:0	C24:0
饲料	13.36	2.75	1.13	30.44	43.36	4.34	0.50	0.34	0.3
杂交狼尾草（叶片）	10.65	0.99	0.11	2.02	14.15	66.23	0.14	0.24	1.1

四、杂交狼尾草对草鱼肉脂肪酸组成的影响分析

草鱼利用了杂交狼尾草中丰富的C18:3n-3，并部分生物转化生成EPA

和 DHA，从而显著提高了饲草鱼鱼肉中 n-3 PUFA 的含量。在本试验中可以看出，添加一定量牧草养殖的草鱼鱼肉中的 n-3 PUFA 得到明显的提高。n-3 PUFA 是草鱼的必需脂肪酸（母昌考，2003），只能从食物中获得。从表 6-6 的结果中可以看到饲料和杂交狼尾草中均不含有 EPA 和 DHA。而作为 EPA 和 DHA 的前体物质，C18:3n-3 在杂交狼尾草（叶片）的脂肪酸组成中含量高达 66.23%，在饲料中为 4.34%。Cai（1989）、曹俊明等（1997）认为外源性 C18:3n-3 能够在草鱼体内经生物转化作用生成 n-3 PUFA（主要为 C20:5n-3 和 C22:6n-3）。本试验也证实了上述观点，草鱼利用了饲料和杂交狼尾草中的 C18:3n-3，并部分生物转化生成了 EPA 和 DHA。由于牧草中的 C18:3n-3 更为丰富，从而显著提高了饲草鱼鱼肉中 n-3 PUFA 的含量。一方面改善了鱼肉的品质；另一方面通过 n-3 PUFA 的作用，可以提高草鱼生长速度，增加其免疫能力，这一点也更好地解释了许多报道提出的牧草在草鱼养殖实践中具有促生长、防病作用的现象（屈文俊，2002）。因此，我们可以认为牧草对于草鱼的作用不仅是提供了一定数量的植物蛋白，而且还提供了重要的必需脂肪酸，改善鱼体脂肪酸平衡，从而发挥了促进生长发育、提高抗病能力的重要作用。

从试验得知，杂交狼尾草中 C18:3n-3 的含量丰富，但转化成草鱼体的 EPA 和 DHA 的含量仍低于鲢鱼或者大部分海水鱼（吴志强，2000；罗永康，2001）。一方面这与草鱼自身的转化能力有关，另一方面可能与 C18:3n-3 和 C18:2n-6 这两种脂肪酸之间存在相互竞争作用有关。曹俊明（1997）向饲料中同时添加 1%C18:2n-6 和 1%C18:3n-3 时，n-6 PUFA 相对含量的升高变得不甚明显，认为这可能是由于这两种脂肪酸之间存在相互竞争作用，使 n-6 PUFA 的生物合成降低。Yu（1976，1979）也在鲑鳟鱼类有这方面的报道。表 6-6 中杂交狼尾草的 C18:3n-3 在总脂肪酸中的含量高达 66.23%，C18:2n-6 的含量为 14.15%。饲料中 C18:2n-6 的含量高达 43.36%，C18:3n-3 的含量为 4.34%，草鱼同时大量摄食这两种食物，会造成体内脂肪酸组成中这两种脂肪酸含量都达到最高，是否会因为这两种脂肪酸之间存在相互竞争，降低 EPA 和 DHA 合成。因此，在种草养鱼的模式中，要优化草鱼脂肪酸组成，提高品质，不仅要提高牧草供应的数量、质量，还要调整补充饲料中的脂肪酸平衡，以达到更充分利用牧草中丰富的 α-亚麻酸资源，这一方面有待进一步探讨。

五、牧草可为草食性动物及人类提供廉价的、重要的必需脂肪酸

我们知道，动物脂肪品质与脂肪酸的组成相关。作为人体的必需脂肪酸，n-3 PUFA 对人类具有特殊的利用价值：α-亚麻酸在人体内可直接进行分解代谢，代谢产物作为人体细胞膜组成成分，成为重要结构物质，其中最重要的是 DHA 和 EPA 等多不饱和脂肪酸及前列腺素（PG）。而 DHA、EPA 和其他 α-亚麻酸代谢产物具有降低胆固醇含量、抑制过敏反应、抗炎作用、保护视力、增强智力、抑制衰老和降血脂等作用（李冀新，2006）。

在全世界众多植物中，仅有少数深绿色植物的 α-亚麻酸含量较高，具有开发价值，而 α-亚麻酸的植物提取技术复杂，生产工艺要求高。人类主要从鱼类油脂中摄取 EPA 和 DHA，其中以深海冷水鱼为主。资料显示，随着我国居民收入水平提高，动物性食物的消费量增加，城乡居民脂肪摄入量均呈快速增长的趋势，各种脂肪酸的摄入量增长以单不饱和脂肪酸、饱和脂肪酸最快，α-亚麻酸等多不饱和脂肪酸的摄入量仍处较低水平（王惠君，2003）。

随着心脑血管疾病已成为现代社会人类死亡的主要疾病，以及人们对健康日益重视，社会对 n-3 PUFA 的需要量越来越多。天然 n-3 PUFA 资源却在枯竭（如油性海洋鱼类）。如何利用好那些含量分散、提取加工成本高、但蕴藏量大的 n-3 PUFA 资源，是一个重要的科学问题。本试验发现了草食性鱼类（或草食性动物）喜食的主要牧草中富含 α-亚麻酸资源，作为草食性鱼类不饱和脂肪酸天然添加剂，无需复杂的加工提取工艺，成本低廉。因此，适当发展种草养鱼，通过草食性鱼类的大量摄食，富集牧草中的 α-亚麻酸至鱼肉中，并部分生物转化成 EPA、DHA，从而提高鱼肉中的 n-3 多不饱和脂肪酸，生产出廉价的、富含 n-3 多不饱和脂肪酸的鱼肉，对改善广大人民群众特别是内陆居民的营养结构具有重要的意义。

第三节　杂交狼尾草对肉兔生长性能和脂肪酸组成影响

狼尾草属（*Pennisetum*）牧草具有适应性强、高产优质、适口性好、生长迅速、寿命长等特点，是福建省乃至热带和亚热带地区重要的刈割型优良牧草，在 60 cm×43 cm 的栽培密度下，鲜草平均产量达 283.33 t/hm²，粗蛋

白质含量 10.55%（林洁荣，2003），是养兔的优质青饲料。兔对杂交象草｛［（*P. purpureum cv. mott*）×（*P. americanum×P. purureum*）］ cv. *guimu No.*1｝各营养成分的消化率分别为粗蛋白质 76.79%、粗纤维 42.26%、粗脂肪 80.23%、无氮浸出物 58.42%、粗灰分 43.17%、钙 45.52%、磷 22.30%（易显凤，2012）。在日粮中用 30% 象草（*P. purpureum* Schumach）粉替换紫花苜蓿（*Medicago sativa*）草粉饲喂生长兔，其日增重、饲料报酬和繁殖性能均无显著差异，其血象指标均在正常范围内（潘永金，1997）。杂交狼尾草（*P. americanum×P. purpureum*）喂饲肉兔，其适口性与利用率均超过象草，并且有较好的饲养效果与经济效益（张运昌，1995）。以杂交狼尾草为主要原料加工獭兔全价颗粒料，其饲喂效果明显优于花生（*Arachis Hypogaea* L.）藤粉（周卫星，2003）。近年的研究表明，杂交狼尾草含有较高比例的 α-亚麻酸（ALA）（冯德庆，2011），而且 ALA 等 n-3 多不饱和脂肪酸（n-3 PUFA）对畜禽的生理功能具有重要作用（王利华，2001；李冀新，2006）。因此，探索饲喂杂交狼尾草对兔肉脂肪酸组成的影响具有重要意义。

一、试验杂交狼尾草的营养成分

试验品种为闽牧 6 号杂交狼尾草，由福建省农业科学院农业生态研究所北峰牧草基地提供，营养期刈割，晒干粉碎而成。经常规分析，其营养成分（干物质基础）为粗蛋白质 12.3%、粗脂肪 2.9%、粗纤维 31.20%、钙 0.33%、磷 0.43%。其脂肪酸组成为（占总脂肪酸的百分比，下同）C14:0（0.5%）、C16:0（16.7%）、C16:1n-7（0.7%）、C18:0（1.8%）、C18:1-9（3.7%）、C18:2n-6（19.4%）、C18:3n-3（46.9%）、C20:0（0.4%）、C22:0（1.7%）、C24:0（1.4%）。

二、肉兔日粮组成、处理与测定

（一）肉兔的日粮及分组

福建黄兔由福建省连江玉华山自然生态农业试验农场提供。选择 3 月半龄健康、活泼的福建黄兔 30 只（公母各半），均重 1 742.22 g。试验在福州北峰福建省农业科学院农业生态研究所基地进行。采用单因子完全随机化区组设计，将 30 只福建黄兔分成 3 个处理组，每个组 10 只兔，每只兔单笼饲养。处理 1 组：基础料+10%狼尾草；处理 2 组：基础料+30%狼尾草；处理 3 组：基础料+50%狼尾草。其中，各组饲粮配方中杂交狼尾草折成干物质代替等量基础料，各组饲粮配方及营养水平见表6-7。试验预试期为 5 d，正试期为 60 d。

表6-7 不同处理饲粮配方及营养水平

配方	处理1	处理2	处理3
草粉/%	10.00	30.00	50.00
玉米/%	45.00	35.00	25.00
豆粕/%	20.70	16.10	11.50
麦麸/%	10.80	8.40	6.00
米糠/%	9.00	7.00	5.00
骨粉/%	2.70	2.10	1.50
预混料/%	1.80	1.40	1.00
消化能/(MJ/kg)	12.59	11.57	10.55
粗蛋白质/%	17.44	16.30	15.16
粗脂肪/%	3.88	3.66	3.44
粗纤维/%	7.03	12.40	17.77
钙/%	0.93	0.80	0.66
总磷/%	0.77	0.70	0.62

（二）养兔管理及取样

肉兔的饲养由专人负责，每天喂料 4 次，自由饮水。喂料时间分别为 7:00、11:30、15:00 与 21:00。白天饲喂量占总量的 60%，晚上饲喂量占总量的 40%。每天清晨回收残料并称重记录。肉兔于屠宰前 12 h 禁食，宰前称重记录活重，屠宰后记录胴体重。各处理组选取与该组平均体重相近的 3 只兔子空腹抽血取样，取腿部肌肉样品进行测试分析。

增重率：正试期当天空腹称重作为试验始重，试验结束后空腹称重作为试验末重，计算平均日增重（g/d）。屠宰率=胴体重/宰前活重×100%。

（三）样品测试方法

脂肪酸用高效液相色谱法测定参照 GB/T 17377—1998《动植物油脂 脂肪酸甲酯的气相色谱分析》标准。血液生化采用酶法测定甘油三酯、总胆固醇含量、高密度脂蛋白胆固醇（HDLC）及低密度脂蛋白胆固醇（LD-LC）。

三、杂交狼尾草对肉兔生产性能影响的研究

随着日粮中杂交狼尾草用量的增加，处理 2 和处理 3 肉兔的净增重和平均日增重显著低于处理 1，处理 2 和处理 3 之间差异不显著。各处理组的屠宰率对比差异不显著（表 6-8）。

表 6-8　杂交狼尾草对肉兔生产性能的影响

处理	试验始重/g	试验末重/g	净增重/g	平均日增重/（g/d）	胴体重/g	屠宰率/%
处理 1	1 682.33a	2 858.00a	1 175.67a	19.59a	1 787.00a	62.40a
处理 2	1 767.00a	2 659.00ab	892.00b	14.87b	1 648.33a	61.98a
处理 3	1 777.33a	2 492.67b	715.34b	11.92b	1 556.33a	62.47a

关于饲喂牧草对兔生产性能影响的研究较多。在精料、牧草自由采食的条件下的研究表明，用精料+美国绿麦饲养兔新西兰白兔，日增重比全精料组提高 33.7%，比单独饲喂黑麦草组提高 20.5%；用精料+杂交苏丹草饲养兔新西兰白兔，日增重比精料组提高 12.7%（陈学智，2005a；2005b）。在精料限量、牧草自由采食的条件下，在肉兔日粮中加入 25.95%～35.89% 的多花黑麦草（以干物质计），肉兔增重无显著变化（李元华，2007）。保证营养水平比较接近的条件下（消化能 10.63～11.07 MJ/kg、粗蛋白质 15.96%～16.03%），在基础日粮中添加 10%、20% 柱花草的试验组日增重分别比仅饲喂基础日粮的对照组提高 3.23% 和 6.45%，添加 30% 的试验组比对照组低 4.30%，但各组的平均日增重差异不显著（黄兰珍，2007）。同样，保证营养水平比较接近的条件下（消化能 10.51～10.53 MJ/kg、粗蛋白质 16.93%～16.96%），分别在饲粮中添加 0、20%、30%、40%、50% 和 60% 的苜蓿草粉，各试验组采食量、日增重、料重比均优于对照组，其中以添加 50% 最佳（陈继红，2010）。上述研究由于受到牧草品种、生育期和日粮配方等因素的影响，所以其结果存在差异。本研究采用的牧草品种是杂交狼尾草，随着日粮中杂交狼尾草用量的增加，各处理组肉兔的净增重、平均日增重和胴体重都依次下降。这主要是由于试验 2 组和试验 3 组营养水平下降尤其是能量水平下降所引起的。随着日粮中杂交狼尾草用量的增加，试验日粮的蛋白质含量和能量逐步下降，从而影响了肉兔的生长速率。

四、杂交狼尾草对肉兔肌肉脂肪酸组成影响的研究

随着日粮中杂交狼尾草用量的增加，各处理组肉兔的脂肪酸组成呈不同趋势的变化（表6-9）。同处理1相比，处理2和处理3的饱和脂肪酸（SFA）含量降低；多不饱和脂肪酸（PUFA）显著增加，特别是C18:3n-3（α-亚麻酸，ALA），处理2和处理3比处理1分别提高了240.52%和452.63%。此外，同处理1相比，处理2的PUFA/SFA值有所增加，但差异不显著；处理3的PUFA/SFA值显著提高。同处理1相比，处理2和处理3的n-3/n-6比值显著提高。同处理2相比，处理3的PUFA/SFA比值和n-3/n-6比值均显著提高。

表6-9 不同比例杂交狼尾草对兔肉脂肪酸组成的影响 （%TFA）

处理	C14:0	C16:0	C18:0	C18:1 n-9	C18:2 n-6	C18:3 n-3	C20:4 n-6	SFA	PUFA	PUFA/ SFA	n-3/ n-6
处理1	3.20a	33.10a	5.10b	28.97a	20.07b	1.90c	0.77a	41.40a	22.73c	0.55b	0.10c
处理2	2.83b	31.43a	6.60a	24.03b	22.23ab	6.47b	1.00a	40.87a	29.70b	0.73b	0.29b
处理3	2.10c	27.07b	7.77a	18.97c	26.17a	10.50a	2.23a	36.93b	38.90a	1.06a	0.40a

畜禽的脂肪酸组成容易受到日粮因素的影响。在蛋鸡饲料中添加16%富含亚麻酸的紫苏籽，28 d后，蛋黄脂肪中n-3 PUFA含量9.86%明显高于对照组的1.21%（臧素敏，2003）。补饲含油量高的花生和亚麻籽显著降低犊牛肌肉中n-6/n-3比值，而且与补饲花生相比，补饲亚麻籽使犊牛沉积更多的n-3 PUFA（Noci，2007）。

在前期的研究中，笔者了解到杂交狼尾草含有较高相对含量的ALA，添加杂交狼尾草饲养的草鱼同单纯精料饲养的草鱼相比，鱼肉ALA相对含量显著提高（冯德庆，2008）。因此，本研究主要探讨在日粮中增加不同比例的杂交狼尾草后，肉兔的PUFA特别是ALA是否提高，提高幅度能够达到多少。结果表明，随着日粮中杂交狼尾草数量的增加，兔肉的PUFA，特别是ALA相对含量显著增加。PUFA/SFA比值、n-3/n-6比值显著提高。说明杂交狼尾草的ALA能够为肉兔所利用，增加了兔肉PUFA的含量。当然，牧草相比精料在能量及粗蛋白方面较低。食草过多，肉兔增重会受到一定影响。但是从另一个的角度来看，尽管畜禽生长速率降低，但其体质增强，肉质也得到大幅度提高。这种养殖模式更符合当前社会的需要。因此，

增重和品质如何更好地协调，需要进一步研究。

五、杂交狼尾草对肉兔血清生化组成影响的研究

随着日粮中杂交狼尾草用量的增加，肉兔血清中甘油三酯（TG）有下降趋势，总胆固醇（CHOL）、HDLC、LDLC 均有升高趋势，但各处理间差异不显著（表6-10）。

表6-10　不同比例杂交狼尾草对肉兔血清中TG、CHOL、HDLC、LDLC的影响

（mmol/L）

处理	TG	CHOL	HDLC	LDLC
处理1	1.43a	1.14a	0.47a	0.38a
处理2	1.41a	1.42a	0.62a	0.52a
处理3	0.92a	1.47a	0.60a	0.69a

第四节　杂交狼尾草、羊草不同干草比例对奶牛生产性能和乳品质的影响

狼尾草属（*Pennisetum*）牧草是热带、亚热带和温带地区的重要牧草。我国人工栽培利用的种主要有多年生的象草（*P. purpureum*）、一年生的美洲狼尾草（*P. americanum*）以及象草与美洲狼尾草的杂交种（全国牧草品种审定委员会，1999）。狼尾草属牧草具有耐肥、产量高、品质好、适口性好的特点，是南方奶牛养殖重要的青饲牧草。有研究表明杂交狼尾草干物质中含蛋白质9.95%，野生杂草为7.08%，用杂交狼尾草作中国黑白花产奶牛的青饲料，鲜奶产量比用野生杂草提高15%（刘明智，1991）。杨信（2010）用西门塔尔与鲁西黄牛的杂交肉牛研究了杂交狼尾草等7种狼尾草品系0~72 h瘤胃降解动态，结果表明杂交狼尾草和桂牧1号的干物质有效降解率分别为30.45%和30.44%，中性洗涤纤维有效降解率为21.31%和20.75%；台农2号粗蛋白质有效降解率最高，达到56.43%。Amer（2010）研究了狼尾草青贮料对泌乳奶牛产奶量的影响，结果表明同玉米（*Zea mays*）精贮料相比，狼尾草青贮料对奶牛的干物质采食量、粗蛋白质采食量和产奶量无显著影响。但由于提高了乳脂率，饲喂狼尾草青贮料的奶牛比饲喂玉米精贮料的奶牛能生产更多的能量校正奶。

狼尾草属牧草脂肪中含有高比例的 α－亚麻酸（C18：3n－3，alpha ainolenic acid，ALA）（冯德庆，2011）。ALA 是奶牛的必需脂肪酸，具有重要的生物学作用和生理学调控功能。本试验使用杂交狼尾草鲜草替代部分干草（羊草），探讨杂交狼尾草对奶牛生产性能及牛乳品质的影响，旨在为充分利用杂交狼尾草产量高、品质好的优势为南方乳业生产服务提供科学依据。

一、奶牛饲粮组成、处理与测定

（一）奶牛分组处理与饲养管理

选择 24 头体重 480～530 kg，胎次一致（1 胎），产犊日期、体质外貌接近（平均泌乳天数 217 d），产奶量相近（15 kg 左右），健康无疾病的泌乳前期荷斯坦奶牛。试验于 2011 年 6—7 月在南平市某牧业公司进行。试验奶牛随机分为 6 组，每组 4 头。试验牛固定单槽饲喂，自由饮水。每天8：00、14：00 和 20：00 喂料、挤奶。饲喂方式为先粗后精。每天详细观察试验牛群的精神状态、采食、反刍和粪便状况，并做好记录。

试验期 40 d（前 10 d 为预试期，后 30 d 为正试期）。分别在正试期1 d、15 d 和 30 d 时测定乳产量，并在 15 d 和 30 d 时采样分析乳脂肪酸组成及其他成分。

（二）奶牛饲粮组成

奶牛饲粮组成及营养水平见表 6－11。对照组全干草饲喂。试验各组闽牧 6 号杂交狼尾草（鲜草）饲喂量分别为每头每天 7.5 kg、15.0 kg、22.5 kg、30.0 kg 和 37.5 kg，遵循干物质相等的原则，被替代物羊草（干草，下同）的给饲量则相应减少。产奶净能 6.67～6.69 MJ/kg，奶牛能量单位 2.11～2.13。

闽牧 6 号杂交狼尾草是由福建省农业科学院农业生态研究所通过辐射杂交狼尾草杂种 F_1 种子诱变和田间双重筛选选育的狼尾草新品种（陈钟佃，2012），营养期 2.0 m 刈割，主要化学成分：粗蛋白质 14.20%、粗脂肪3.91%、中性洗涤纤维 61.07%、酸性洗涤纤维 34.07%。狼尾草脂肪酸组成（占总脂肪酸的百分比，下同）：C14:0（0.2%）、C16:0（13.3%）、C16:1n（0.3%）、C18:0（1.4%）、C18:1（2.6%）、C18:2n-6（15.9%）、C18:3n-3（48.3%），其他（18%）。

羊草主要化学成分：蛋白质 5.67%、粗脂肪 2.90%、中性洗涤纤维

66.95%、酸性洗涤纤维 36.15%。羊草脂肪酸组成：C12:0（0.5%）、C14:0（1.9%）、C16:0（11.9%）、C16:1n（0.6%）、C18:0（2.1%）、C18:1（8.3%）、C18:2n-6（26.4%）、C18:3n-3（12.0%）、C20:0（1.7%）、C22:0（2.4%）、C24:0（2.3%）、其他（29.9%）。

表 6-11　杂交狼尾草等干物质替代羊草干草试验饲粮组成及营养水平

项目	对照组 CK	试验 1 组	试验 2 组	试验 3 组	试验 4 组	试验 5 组
饲粮组成/（kg/d）						
闽牧 6 号杂交狼尾草（鲜草）	0.00	7.50	15.00	22.50	30.00	37.50
羊草干草	4.73	3.88	3.04	2.19	1.35	0.50
苜蓿干草	3.00	3.00	3.00	3.00	3.00	3.00
甜菜粕	2.00	2.00	2.00	2.00	2.00	2.00
精料	6.00	6.00	6.00	6.00	6.00	6.00
营养水平（DM）						
干物质/%	14.18	14.18	14.18	14.18	14.18	14.18
粗蛋白质/%	13.87	14.32	14.78	15.24	15.70	16.16
粗脂肪/%	2.96	3.02	3.07	3.13	3.18	3.24
粗纤维/%	20.47	20.36	20.24	20.13	20.01	19.89
无氮浸出物/%	47.11	48.00	48.89	49.78	50.68	51.57
粗灰分/%	6.54	6.79	7.04	7.29	7.55	7.80
钙/%	1.08	1.08	1.08	1.09	1.09	1.09
总磷/%	0.42	0.44	0.45	0.47	0.49	0.51
产奶净能/（MJ/kg）	6.67	6.67	6.68	6.68	6.69	6.69
奶牛能量单位	2.11	2.12	2.12	2.13	2.13	2.13
中性洗涤纤维/%	43.35	43.07	42.79	42.51	42.23	41.95
酸性洗涤纤维/%	22.76	22.66	22.57	22.48	22.39	22.30

注：精料组成为玉米 52%、麦麸 3%、豆粕 14%、棉粕 13%、DDGS 11%、磷酸氢钙 2%、石灰 2%、小苏打 1%、食盐 1%、预混料 1%。预混料为按每千克饲粮干物质提供：VA 1 000 000 IU，VD 200 000 IU，VE 4 000 IU，Cu 3 500 mg，Fe 5 000 mg，Mn 3 000 mg，Zn 15 000 mg，I 150 mg，Se 100 mg，Co 40 mg。饲粮中营养水平数据的产奶净能和奶牛能量单位根据中国饲料数据库奶牛饲料成分表查找，其他是根据原料的实测值按配方比例计算的。

（三）样品的处理与测定

1.乳样采集与分析

乳样采集结合奶牛场每天 3 次的挤奶生产进行，利用牛乳自动采样器采集奶样。早、中、晚奶样的比例与奶牛实际产奶量的比例相近，按照2∶1∶1比例混合制样。样品于3℃左右保存，于第2d送达农业农村部食品质量监督检验测试中心（上海市乳制品质量监督检验站）检测。乳蛋白、乳脂率、乳糖、脂肪酸等指标采用 GB 5009.3—2010、GB 5009.4—2010、GB 5009.5—2010、GB 5413.3—2010、GB 5413.5—2010、GB 5413.21—2010、GB 5413.22—2010、GB 5413.27—2010、GB/T 5009.10—2003。按配方采集各饲料原料，测定各原料营养物质的含量。

2. 脂肪酸用高效液相色谱法测定

参照 GB 5413.27—2010《婴幼儿食品和乳品中脂肪酸的测定》中第2法进行检测。仪器，CP3800。色谱柱，SP 2560，100 m × 0.25 mm × 0.20 μm；进样温度，220 ℃；检测器温度，260 ℃；柱温，进样后温度于140 ℃保持5 min，然后以每分钟3 ℃速率上升到200 ℃并保持15 min，再以每分钟4 ℃速率上升到240 ℃，保持5 min。分流比为30∶1；载气流速，1.1 mL/min；进样体积，2 μL。

3. ALA 产量计算

ALA 产量 = ALA 率×产奶量

二、杂交狼尾草、羊草不同干草比例对奶牛生产性能的影响研究

（一）闽牧6号杂交狼尾草代替羊草对奶牛干物质采食量的影响

经过30 d试验，各组采食量及乳样测定结果如表6-12所示。其中，全干草的对照组（CK）奶牛干物质采食量（dry matter intake, DMI）为13.61 kg/d。同 CK 相比，给饲杂交狼尾草鲜草的各试验组奶牛 DMI 略有增加，但差异不显著。其中供给22.50 kg/d 杂交狼尾草鲜草的试验3组的奶牛 DMI 最高，为14.13 kg/d。

（二）闽牧6号杂交狼尾草代替羊草对奶牛产奶量的影响

1. 相同试验时间不同处理之间产奶量的对比

试验开始第1 d，不同处理的产奶量在14.55～16.93 kg，各处理差异不显著。第15 d，同 CK 相比，给饲鲜草的各试验组产奶量差异不显著。其中，产奶量较高的是试验4组（16.10 kg）和试验5组（15.00 kg），分别比 CK（14.20 kg）增加了1.90 kg 和0.80 kg。第30 d，同 CK 相比，各试验组产奶量差异不显著。其中，产奶量较高的还是试验4组（15.67 kg）和

试验 5 组（16.00 kg），分别比 CK（14.60 kg）增加了 1.07 kg 和 1.40 kg。

2. 同一处理不同试验时间产奶量的对比

同第 1 d 的产奶量相比，试验进行 15 d 后，不同处理的产奶量都表现为下降，但下降幅度不一。其中全干草的 CK 组、供给少量鲜草的试验 1 组和试验 2 组的产奶量下降幅度较大，分别是第 1 d 的 85.34%、81.43% 和 84.54%。供给鲜草量多的试验 3 组、试验 4 组和试验 5 组的产奶量相对稳定，分别是第 1 d 的 94.86%、97.29% 和 88.93%。

试验进行 30 d 后，全干草的 CK 组产奶量下降幅度最大，是第 1 d 的 88.19%；给饲鲜草的各试验组产奶量都相对稳定，分别是第 1 d 的 96.01%、91.98%、96.34%、95.50% 和 94.61%。

三、闽牧 6 号杂交狼尾草代替羊草对牛乳品质的影响研究

（一）闽牧 6 号杂交狼尾草代替羊草对牛乳 ALA 率和 ALA 产量的影响

1. 相同试验时间不同处理之间的对比

第 15 d 乳样 ALA 率最高的是试验 3 组（15.88mg/100 g），比 CK（11.07 mg/100 g）增加了 43.41%，并且与其他试验组差异显著。第 30 d 的乳样 ALA 率，最高的试验 3 组（13.53 mg/100 g）和试验 4 组（13.03 mg/100 g）分别比 CK（11.40 mg/100 g）增加了 18.71% 和 14.33%，但是差异不显著。

第 15 d 的 ALA 产量以试验 3 组最高，达到 2 032.95 mg，其次是试验 4 组（1 817.97 mg）。二者分别比处理 1（1 579.03 mg）增加了 28.75% 和 15.13%。第 30 d 的 ALA 产量以试验 4 组最高，达到 2 044.75 mg，其次是试验 3 组（1 820.80 mg）、试验 5 组（1 766.02 mg），分别比 CK 组（1 660.92 mg）增加了 23.11%、9.63% 和 6.33%。

2. 同一处理不同试验时间的对比

从产奶量、ALA 率和 ALA 产量的数据来看，各处理第 15 d 的乳样和第 30 d 的乳样相比差异不显著。

表6-12　闽牧 6 号杂交狼尾草代替不同比例羊草对奶牛 DMI 及生产性能的影响

类项	对照组	试验 1 组	试验 2 组	试验 3 组	试验 4 组	试验 5 组
DMI/(kg/d)	13.61	13.84	14.05	14.13	13.90	13.80
第 1 d 产奶量/kg	16.67	15.48	14.65	14.55	16.80	16.93

（续表）

	类项	对照组	试验 1 组	试验 2 组	试验 3 组	试验 4 组	试验 5 组
第 15 d	产奶量/kg	14.20ab	12.60b	12.30b	13.35ab	16.10a	15.00ab
	与第 1 d 产奶量比值/%	85.34	81.43	84.54	94.86	97.29	88.93
	ALA 率/(mg/100 g)	11.07b	11.44b	11.70b	15.88a	11.30b	10.10b
	ALA 产量/mg	1 579.03ab	1 428.56b	1 441.36b	2 032.95a	1 817.97ab	1 514.01b
第 30 d	产奶量/kg	14.60	14.88	13.57	13.60	15.67	16.00
	与第 1 d 产奶量比值/%	88.19	96.01	91.98	96.34	95.50	94.61
	ALA 率/(mg/100 g)	11.40abc	9.86c	7.27d	13.53a	13.03ab	11.02abc
	ALA 产量/mg	1 660.92bc	1 449.30c	981.95d	1 820.80ab	2 044.75a	1 766.02abc

（二） 闽牧 6 号狼尾草代替羊草对牛乳品质的影响

本次试验还测试了给饲鲜草量较多的试验 3 组与全干草的对照组牛乳的主要成分（表 6-13）。同 CK 相比，供给 22.50 kg/d 杂交狼尾草鲜草的试验 3 组在一些主要成分指标上有增加的趋势，但差异不显著：如热量（增加 4.19%，下同）、乳脂率（8.11%）、乳蛋白率（9.59%）、乳糖率（2.09%）和磷（1.58%），也有部分指标呈下降趋势，如水分（-0.53%）、灰分（-0.95%）、钙（-6.17%）、钾（-1.98%）和镁（-1.77%）。

表 6-13 闽牧 6 号杂交狼尾草代替羊草对牛乳品质的影响

项目	对照组 CK	试验 3 组
热量/(KJ/100 g)	262.33	273.33
水分/%	88.10	87.63
乳脂率/%	3.62	3.91
乳蛋白率/%	3.09	3.39
乳糖率/%	4.54	4.71
非脂固形物率/%	8.28	8.46
灰分/%	0.70	0.70
钙/(mg/100 g)	129.67	121.67
钾/(mg/100 g)	135.00	132.33
镁/(mg/100 g)	13.20	12.97
磷/(mg/100 g)	84.30	85.63
亚硝酸盐/(mg/kg)	未检出	未检出

四、杂交狼尾草代替羊草对奶牛生产性能和乳品质的影响分析

(一) 杂交狼尾草代替羊草对奶牛 DMI 和产奶量的影响分析

我国南方夏季高温高湿，奶牛容易产生热应激。研究表明每年夏季，由于热应激，荷斯坦奶牛采食量减 5%~22%，产奶量减 15%~35%（梁学武，2011）。而这个季节正是杂交狼尾草生长的盛期，大量鲜嫩的杂交狼尾草是奶牛重要的青饲料来源。研究表明，一些狼尾草品种总糖含量达 8%以上，还原糖含量在 4%以上（程攀，2011）。而糖分可以提高诱食效果，增加奶牛采食量，以减缓夏季奶牛热应激（张万金，2013）。

本试验时间选择杂交狼尾草生长的旺季，正处炎热夏季，室外温度高达 37 ℃。本研究中，给饲杂交狼尾草鲜草的各试验组奶牛 DMI 同 CK 组相比略有增加。第 15 d 和第 30 d，产奶量较高的是都是给饲鲜草较多的试验 4 组和试验 5 组，分别比全干草饲喂的 CK 组增加了 1.90 kg、0.80 kg、1.07 kg 和 1.40 kg。而且纵观整个试验期，CK 组产奶量下降幅度最大。第 30 d，CK 组产奶量是第 1 d 的 88.19%，给饲鲜草的各试验组产奶量都相对稳定，是第 1 d 的 91.98%~96.34%。这说明在南方炎热夏季，适量使用杂交狼尾草鲜草，对提高奶牛抗热应激能力稳定产奶量有帮助。

(二) 杂交狼尾草代替羊草对牛乳脂肪酸组成的影响分析

研究表明 ALA 是具有 3 个双键的长链多不饱和脂肪酸，对畜禽具有重要的生物学作用和生理学调控功能：作为细胞膜磷脂的重要成分，维持细胞膜的功能；改善脂质代谢，调节血脂，降低血压、血糖，预防心血管疾病；抑制炎症、增强免疫力；提高血清中生长激素的水平，促进动物的生长，提高生产性能等（徐建国，2008）。奶牛乳腺中缺乏使碳链延伸的酶的活性，不能合成碳链长度超过 16 个碳原子的脂肪酸，因此，长链脂肪酸主要来自饲粮（王成章，2003）。而且牛乳的脂肪酸组成容易受到饲粮因素的影响（孙涛，2006；李改英，2015）。

奶牛饲粮的精料部分不管蛋白质饲料还是能量饲料，都以亚油酸和油酸为主，而 ALA 含量几乎不超过 10%（占总脂肪酸的百分比，下同）（翁秀秀，2012）。奶牛常用粗饲料种类较多，不同粗饲料的脂肪酸组成差异很大（冯德庆，2011；李志强，2006；孙晓青，2014）。在本试验中，杂交狼尾草 ALA 含量为 48.3%；羊草 ALA 含量仅为 12.0%。杂交狼尾草的给饲量增加到一定数量后，牛乳中 ALA 含量呈显著增加趋势，其中供给 22.5 kg 杂交

狼尾草鲜草的牛乳中 ALA 含量达到 15.88 mg/100 g，比 CK 增加了 43.41%。说明适量使用杂交狼尾草，可以提高牛乳中 ALA 含量，从而提高牛乳品质。

另外，ALA 作为前体物质可以在动物体内转化为 EPA 和 DHA，而 EPA 和 DHA 可以抑制花生四烯酸转化成炎症介质前列腺素-2，从而起到缓解炎症调节免疫的功能（张挺，2002）。例如，杨光（2010）研究表明 C18:3n-3 的十二指肠灌注具有增强和调节泌乳奶牛免疫力的功效。本研究表明杂交狼尾草的给饲量增加到一定数量后，可以提高牛乳中 ALA 含量，这些增加 ALA 是否提高了高温环境下的奶牛免疫力，减缓热应激，有待进一步探讨。

第五节　狼尾草微生物发酵饲料饲喂育肥猪效果研究

饲料原料中的大分子物质，多糖，蛋白质和脂肪不易被动物体消化，微生物发酵饲料是指在人为能够掌控条件下，利用乳酸菌，酵母和其他微生物将这些物质分解和转化成单糖、二糖、乳酸、可溶性肽等，形成具有丰富营养、可口、高含量益生菌的生物饲料或饲料原料（陆文清，2911）。本部分研究通过添加不同比例狼尾草的混合发酵饲料饲喂育肥猪，探讨狼尾草微生物发酵饲料中杂交狼尾草的最佳添加比例和对育肥猪生长及猪肉品质的影响，为狼尾草微生物发酵饲料的应用和推广提供科学依据。

一、育肥猪日粮组成、处理与测定

（一）育肥猪的日粮

1. 牧草生产

'闽牧 6 号'狼尾草为种植多年的杂交狼尾草。在试验开始时，杂交狼尾草统一刈割。刈割后沼液灌溉，每次沼液灌溉量为 150 t/hm² 为宜。杂交狼尾草在草层高度 1.5 m 左右时开始刈割打浆后进行试验。

2. 日粮组成

试验期间所用的饲料按漳州霞昌养猪专业合作社现有育肥猪阶段饲养标准配制，全价饲料配方及营养成分。发酵饲料加工配置方法：将'闽牧 6 号'狼尾草收割后打浆，然后称取一定量的新鲜草浆，与玉米、豆粕、麸皮按照一定比例混合，按照玉米、豆粕、麸皮 = 7：2：1 的比例配比（表 6-14），然后加入厦门海一公司的豆粕发酵剂和黑龙江肇东市日成酶制剂有限公司的纤维素酶搅拌均匀。然后装入密封罐中，塞紧、压实、密封，室温放置 72 h（室温约为 33 ℃）。

表 6-14　狼尾草微生物发酵饲料配比　　　　　　　　　（%）

处理组	玉米	豆粕	麸皮	新鲜草浆
对照组发酵饲料	70	20	10	0
发酵饲料 1	63	18	9	10
发酵饲料 2	49	14	7	30
发酵饲料 3	35	10	5	50

注：对照组和处理组 1 需另外加少量的水，便于发酵。

（二）育肥猪分组处理和饲养管理

实验地点在福建省漳州市石亭镇下沧村漳州霞昌养猪专业合作社。试验选择健康、体重在（45±2）kg 的杜长大育肥猪，育肥猪 96 头，平均分成 12 组，每组 8 头，公母比例一致。试验设 4 个处理，3 次重复。处理 1（CK）：饲喂 70% 混合饲料+30% 对照组发酵饲料；处理 2：饲喂 70% 混合料+30% 发酵饲料 1；处理 3：饲喂 70% 混合料+30% 发酵饲料 2；处理 4：饲喂 70% 混合料+30% 发酵饲料 3。饲喂的饲料以蛋白质和总能量平衡为基准，牧草折合成干物质等量替代精料。

试验预试期 10 d，预试期间各处理同样饲喂基础配合日粮（表 6-15）。正式期 90 d，试验期间每天饲喂 2 次，每次称量完饲料和发酵饲料后，加水搅拌均匀，饲料和水的比例大约为 1：2。混合搅拌后的饲料应尽快投喂。试验期各处理采用自由饮水，其他饲养管理相同。

表 6-15　育肥猪基础日粮及其营养水平

组别	处理 1	处理 2	处理 3	处理 4
玉米/kg	420	450	455	470
豆粕/kg	160	130	125	110
麸皮/kg	80	80	80	80
预混料/kg	40	40	40	40
发酵料				
玉米/kg	210	189	147	105
豆粕/kg	60	54	42	30

组别	处理1	处理2	处理3	处理4
麸皮/kg	30	27	21	15
狼尾草/kg	0	10	90	150
总量/kg	1 000	1 000	1 000	1 000
营养水平				
消化能/（MJ/kg）	13.19	13.18	13.18	13.16
粗蛋白质/%	15.60	15.62	15.63	15.61
钙/%	0.54	0.54	0.54	0.54
赖氨酸/%	0.88	0.88	0.88	0.88
蛋+胱氨酸/%	0.52	0.52	0.52	0.52

（三）测定指标和方法

1. 测定指标

预试期开始以及正式试验开始和结束时，分别对每头试验猪空腹称重，并计算每组猪净增重和平均日增重；记录每组猪消耗的饲料消耗量，并计算实际消耗的猪饲料量、总耗草量、料肉比、饲料和牧草比值等。

试验结束，每个试验组屠宰3~5头猪，屠宰后观察猪的肉色、大理石花纹，pH值的测量，然后取背部眼肌部位肉样，进行水分、粗蛋白质、粗脂肪、粗纤维的含量的测定、氨基酸和脂肪酸含量的测定；眼肌背部皮下脂肪的脂肪酸含量测定。

2. 测定方法

水分含量测定利用烘箱干燥法，粗蛋白质测量利用凯氏定氮法，肌内脂肪测量采用索氏抽提法，粗灰分测量采用高温灼烧的方法。氨基酸和脂肪酸采用第二章的方法测量。

二、狼尾草微生物发酵饲料对育肥猪生长和品质的影响研究

（一）狼尾草微生物发酵饲料对育肥猪增重和饲料报酬的影响

由表6-16可知，经过100 d的饲养，对照组及处理2~4的育肥猪平均增重分别为58.3 kg、57.2 kg、57.7 kg、56.8 kg。平均日增重分别为583.0 g、572.0 g、577.0 g、568.0 g。经方差分析和多重比较，差异不显著。处理1~4的料肉比为2.92、2.88、2.72、2.66，处理2~4分别比CK降低了

1.39%、7.35%、9.77%。此外，由于处理2~4添加了狼尾草，节省了精料，育肥猪的料肉比降低了，料肉比和对照组相比分别降低。从日增重和料肉比来分析，添加一定量的狼尾草能够节省精料，由于狼尾草是和玉米豆粕混合发酵处理，猪的日增重与对照组相比下降速率很小。所以饲喂一定量的狼尾草玉米豆粕混合发酵的饲料不会阻碍猪的生长，同时降低料肉比，提高经济效益。

表6-16　不同处理对育肥猪增重和饲料利用率的影响

处理	始重/kg	末重/kg	增重/kg	日增重/g	料肉比	草料比
对照组	42.8	101.2	58.3	583.0	2.92	0
处理2	44.6	101.8	57.2	572.0	2.88	1∶33.31
处理3	44.5	103.3	57.7	577.0	2.72	1∶11.10
处理4	43.2	99.2	56.8	568.0	2.66	1∶6.67

（二）狼尾草微生物发酵饲料对猪肉品质的影响

1. 狼尾草微生物发酵饲料对猪的肉质性状的影响

从表6-17知，从肉色、大理石花纹、pH值、滴水损失4个指标分析，4种处理的猪肉性状差异不显著。

表6-17　猪肉质性状

项目	肉色/分	大理石纹/分	pH值	滴水损失/%
处理1	3.32	2.90	6.09	2.33
处理2	3.15	3.10	6.15	2.35
处理3	3.21	6.15	6.13	2.28
处理4	3.09	2.35	6.08	2.25

2. 狼尾草微生物发酵饲料对猪肉主要营养成分的影响

从表6-18可以看出，处理1~4的粗蛋白质含量分别为71.67%、72.60%、72.85%和73.48，经方差分析和多重比较，各处理之间差异不显著，处理2~4分别比CK提高了1.29%、1.65%和2.52%；处理1~4的肌内脂肪分别为3.18%、2.97%、3.20%和3.05%，3个处理之间差异不显著；粗纤维方面，3个处理之间差异不显著。从肌内脂肪和粗蛋白质来分析，说明饲喂草料有提高猪肉品质的趋势。

表 6-18　猪肉的主要营养成分含量　　　　　　　　　（%）

处理	水分	粗蛋白质 （烘干样）	肌内脂肪 （鲜样）	粗纤维 （烘干样）
处理 1（CK）	70.07	71.67	3.18	0.64
处理 2	73.25	72.60	2.97	0.75
处理 3	71.54	72.85	3.20	0.78
处理 4	69.85	73.48	3.05	0.69

3. 狼尾草微生物发酵饲料对猪肉氨基酸的影响

由表 6-19 可知，4 个处理的呈味氨基酸含量分别为 27.12%、27.84%、28.10%、28.84%，经方差分析和多重比较，试验处理 2~4 的呈味氨基酸含量高于对照组，但是差异不显著；除色氨酸外，处理 1~3 的人体必需氨基酸含量分别为 29.21%、29.71%、29.62%、29.51%，3 个处理之间两两差异不显著，但添加狼尾草的处理比 CK 分别提高了 1.71%、1.40%、1.03%；处理 1~4 的氨基酸总量分别为 74.11%、75.64%、75.50%、76.75%。添加了狼尾草的处理组的谷氨酸与对照组差异显著，但是 3 个处理之间差异不显著。从呈味氨基酸、人体必需氨基酸及氨基酸总量分析，说明饲喂狼尾草有提高猪肉风味物质进而提高猪肉品质的趋势。

表 6-19　猪背最长肌氨基酸含量　　　　　　　　　（%）

项目	处理 1	处理 2	处理 3	处理 4
天门冬氨酸	7.41	7.55	7.50	7.63
苏氨酸	3.74	3.82	3.75	3.79
丝氨酸	3.20	3.26	3.22	3.23
谷氨酸	12.08b	12.33ab	12.43ab	13.00a
甘氨酸	3.27	3.33	3.19	3.15
丙氨酸	4.36b	4.58b	4.98a	5.06a
胱氨酸	0.53	0.57	0.60	0.61
缬氨酸	3.80	3.82	3.69	3.68
甲硫氨酸	2.16	2.16	2.40	2.09
异亮氨酸	3.43	3.44	3.45	3.42
亮氨酸	6.17	6.35	6.47	6.59

（续表）

项目	处理1	处理2	处理3	处理4
酪氨酸	2.68	2.68	2.74	2.59
苯丙氨酸	3.15	3.29	3.22	3.40
赖氨酸	6.76	6.83	6.64	6.54
组氨酸	3.47	3.62	4.00	3.65
精氨酸	5.13	5.23	4.92	5.28
脯氨酸	2.81b	2.81b	2.88b	3.08a
呈味氨基酸	27.12	27.84	28.10	28.84
呈味氨基酸与对照比	100	103	104	106
人体必需氨基酸	29.21	29.71	29.62	29.51
人体必需氨基酸与对照比	100	101.71	101.40	101.03
总量	74.11	75.64	75.50	76.75
总量与对照比	100	102.06	101.86	103.56

注1：同一行数值右侧英文字母不同表示有显著性差异（P<0.05）。

注2：人体必需氨基酸包括缬氨酸、异亮氨酸、亮氨酸、苏氨酸、甲硫氨酸、赖氨酸、苯丙氨酸和色氨酸；呈味氨基酸包括天门冬氨酸、谷氨酸、甘氨酸、丙氨酸和精氨酸。色氨酸因酸水解过程被破坏未另测。

从表6-20中4个处理的猪肉氨基酸评分可知，与联合国粮食与农业组织（FAO）提出的理想蛋白质中的必需氨基酸含量作对比，4个处理的猪肉的赖氨酸含量超过理想蛋白质中赖氨酸含量分别为22.91 mg/g、24.18 mg/g、20.73 mg/g和18.91 mg/g；苏氨酸、苯丙氨酸+酪氨酸的含量均在理想蛋白质标准的90%以上，接近理想蛋白质状态。处理2~4的亮氨酸达到理想蛋白质的90%以上，对照组仅为88.14%，缬氨酸为理想蛋白质的80%以上；甲硫氨酸+胱氨酸的评分较低，只达到理想蛋白质的70%以上。添加狼尾草的猪肉的氨基酸评分均高于对照组育肥猪猪肉的氨基酸评分。

表6-20 猪肉氨基酸评分表

项目	AA/ (mg/g)	处理1/ (mg/g)	评分/ %	处理2/ (mg/g)	评分/ %	处理3/ (mg/g)	评分/ %	处理4/ (mg/g)	评分/ %
缬氨酸	50.00	38.00	76.00	38.20	76.40	36.90	73.80	36.80	73.60
异亮氨酸	40.00	34.30	85.75	34.40	86.00	34.50	86.25	34.20	85.50
亮氨酸	70.00	61.70	88.14	63.50	90.71	64.70	92.43	65.90	94.14

项目	AA/ （mg/g）	处理1/ （mg/g）	评分/ %	处理2/ （mg/g）	评分/ %	处理3/ （mg/g）	评分/ %	处理4/ （mg/g）	评分/ %
苏氨酸	40.00	37.40	93.50	38.20	95.50	37.50	93.75	37.90	94.75
甲硫氨酸+ 胱氨酸	35.00	26.90	76.86	27.30	78.00	30.00	85.71	27.00	77.14
赖氨酸	55.00	67.60	122.91	68.30	124.18	66.40	120.73	65.40	118.91
苯丙氨酸+酪氨酸	60.00	58.30	97.17	59.70	99.50	59.60	99.33	59.90	99.83

注：AA 表示每克理想蛋白质中的必需氨基酸的含量。

4. 狼尾草微生物发酵饲料对猪肉脂肪酸组成的影响

从表 6-21 可知，猪背最长肌中试验组的总脂肪酸含量升高，处理 2~4 之间差异不显著，均在 94.0% 左右；处理 1~4 的总饱和脂肪酸分别为 34.8%、38%、36.9%、37.5%；4 个处理的总多不饱和脂肪酸分别为 14.75%、15.7%、17.6% 和 13.5%，处理 2 和处理 3 分别比 CK 提高了 6.44% 和 19.32%。从总单不饱和脂肪酸分析处理 4 的含量最高，为 43.4%，比 CK 的含量高 10.15%。综上所述，饲喂了狼尾草的处理组提高了总脂肪酸的含量，处理 2 和处理 3 的多不饱和脂肪酸的含量也大幅提高，说明对育肥猪饲喂狼尾草发酵饲料有利于猪肉品质的提高。

表 6-21 猪背最长肌脂肪酸含量 （%TFA）

项目	处理 1	处理 2	处理 3	处理 4
C10:0	0.1	0.1	0.1	0.1
C12:0	0.1	0.1	0.1	0.1
C14:0	1.1	1.4	1.3	1.2
C16:0	21.6	23.5	22.7	22.7
C16:1n-7	2.4	3.0	2.5	2.3
C17:0	0.2	0.3	0.4	0.3
C18:0	11.5	12.3	12.1	12.9
C18:1n-9	36.0	36.6	36.0	40.1
C18:2n-6	13.0	14.1	15.5	11.8
C18:3n-3	0.4	0.4	0.5	0.4
C20:0	0.2	0.3	0.2	0.2
C20:1n	1.0	0.7	0.8	1.0

（续表）

项目	处理1	处理2	处理3	处理4
花生二烯酸 C20:2n	0.7	0.5	0.6	0.6
花生三烯酸 C20:3n	0.2	0.2	0.2	0.2
花生四烯酸 C20:4n	0.4	0.5	0.8	0.5
总脂肪酸	88.9	94.0	93.8	94.4
总饱和脂肪酸	34.8	38	36.9	37.5
总单不饱和脂肪酸	39.4	40.3	39.3	43.4
总多不饱和脂肪酸	14.7	14.7	15.7	13.5

从表6-22可知，处理1~4的总多不饱和氨基酸相对含量分别为22.60%、29.20%、28.10%和26.70%经方差分析和多重比较，处理2~4显著高于对照组；处理1~4的α-亚麻酸（C18:3n3）相对含量分别为0.60%、0.90%、0.80%和0.80%，处理2~4之间差别不明显，但处理2~4比对照组提高了50.00%、33.33%和33.33%；总单不饱和脂肪酸分析，对照组的最高，为41.3%，比狼尾草处理组偏高。4个处理的总饱和脂肪酸含量分别是32.3%、33.3%、34.5%和34.0%，各组之间差异不显著。但是处理2~4分别比CK提高了3.10%、6.81%、5.26%。从亚麻酸和总不饱和脂肪酸以及总饱和脂肪酸分析，说明了狼尾草中的亚麻酸有转化为动物体内亚麻酸并同时提高总多不饱和脂肪酸含量的趋势，提高猪肉品质。

表6-22　猪皮下脂肪组织的脂肪酸含量　　　　　　（%）

项目	处理1	处理2	处理3	处理4
C12:0	0	0.1	0.1	0
C14:0	0.9	1.1	1.2	0.9
C16:0	20.5	21.7	22.1	20.8
C16:1n-7	1.5	1.5	1.3	1.1
C17:0	0.3	0.4	0.5	0.5
C18:0	10.4	9.8	10.3	11.6
C18:1n-9	38.6	31.6	31.8	33.7
C18:2n-6	20.5	27	26.1	24.4
C18:3n-3	0.6	0.9	0.8	0.8

（续表）

项目	处理1	处理2	处理3	处理4
C20:0	0.2	0.2	0.3	0.2
C20:1n	1.2	0.7	0.8	0.9
C20:2n	1.2	0.9	0.8	1.1
C20:3n	0.2	0.2	0.2	0.2
C20:4n	0.1	0.2	0.2	0.2
总脂肪酸	96.2	96.3	96.5	96.4
总饱和脂肪酸	32.3	33.3	34.5	34
总单不饱和脂肪酸	41.3a	33.8b	33.9b	35.7b
总多不饱和脂肪酸	22.6b	29.2a	28.1a	26.7a

三、狼尾草微生物发酵饲料对育肥猪生长和品质的影响分析

本试验中我们用狼尾草草浆和玉米豆粕麸皮以及乳酸菌发酵剂制造的微生物发酵饲料饲喂育肥猪，生长速度与不添加狼尾草的发酵饲料相比差别较小，肉的品质上比饲喂单独用玉米豆粕麸皮发酵处理的饲料的猪要好，更有利于人的健康。而且由于添加了狼尾草，使得发酵饲料的成本大幅度降低。王宗寿（2007）研究了黑麦草替代精料对猪生长性能的影响，结果表明，添加黑麦草，猪的饲料成本大幅度降低，最高可达14.50%。平凡（2011）阐述了用绿色饲料添加剂有助于改善猪肉品质。这与我们的试验饲喂狼尾草有利于降低料肉比、提高猪肉品质的结果是一致的。

不饱和脂肪酸是肉的香味的重要前体物质，所以现在很多食品专家将肉品的改善放在提高猪肉不饱和脂肪酸的含量，降低饱和脂肪酸的含量方面。在本试验中背最长肌中不饱和脂肪酸的含量最高的是处理3，为56.9%，明显高于CK组的54.1%，提高了5.18%。肌肉的品质得到提高。

研究表明，必需氨基酸和鲜味氨基酸是肉鲜味形成的重要前体氨基酸，特别是谷氨酸和天冬氨酸，是猪肉中的主要风味物质，对肉品风味有重要贡献。从氨基酸的组成和数量来看，处理2~4的谷氨酸含量、氨基酸总量、必需含量、呈味氨基酸含量均高于对照组，所以饲喂狼尾草玉米豆粕混合发酵饲料的猪肉的氨基酸比用玉米豆粕麸皮发酵的饲料的猪肉，肉味鲜，蛋白质品质好，营养价值高。

第六节　添加黑麦草饲粮对鹅肉脂肪酸组成的影响

随着心脑血管疾病的增多，人们更加重视 n-3 多不饱和脂肪酸（n-3 PUFA）的重要生理功能。众多资料表明 n-3 PUFA 对于人体的重要作用主要体现在：能够调节脂质代谢、防治心脑血管疾病、抗肿瘤、免疫、抑制炎症和促进神经发育等（Simopoulos，1991）。同样，n-3 PUFA 在畜禽养殖生产上也具有重要作用。例如，α-亚麻酸（ALA）是动物的必需脂肪酸（EFA），也是合成其他 n-3 PUFA 如 C20：5n-3（EPA）和 C22：6n-3（DHA）的前体物质。它们是构成膜的一部分，还是调节动物生理机能的重要物质，对于促进动物健康生长、提高免疫力有重要作用（Connor，2000）。

牧草是草食畜禽重要的 n-3 PUFA 来源之一。研究表明牧草中的脂肪酸以 ALA 为主，亚油酸、棕榈酸次之，其他脂肪酸很少（李志强，2006；冯德庆，2011；张晓庆，2013）。虽然新鲜的牧草含有 80%~90% 的水分，而且脂质仅仅占干草的 3%~5%。但是研究表明，增加牧草的摄入量能够影响动物的脂肪酸组成。例如，草鱼摄食大量杂交狼尾草（*Pennisetum americanum ×P. purpureum*）能够提高鱼肉中的 n-3 PUFA 含量（冯德庆，2008）。增加牧草的摄入量，可以提高阉公牛肌肉中 n-3 PUFA 含量（French，2000）。此外，摄食牧草还可以影响鸡肉和牛奶的脂肪酸组成（Ponte，2008；Dewhurst，2006）。

目前，尚无资料报道动物摄食牧草的数量与其肉中 n-3 PUFA 含量之间关系。因此，本试验以草食家禽鹅作为试验动物，以多花黑麦草（*Lolium multiflorum* Lam）作为提供 ALA 来源的牧草，研究添加不同比例黑麦草饲粮对鹅肉脂肪酸组成的影响，揭示牧草摄食量与鹅肉中 ALA 相对含量之间的关系，为健康、高品质的畜禽生产提供科学依据。

一、鹅的饲粮、分组及处理与测定

（一）试验分组

选用 50 羽 14 日龄长乐灰鹅，平均羽重（396.40±32.21）g。试验在福州北峰福建省农业科学院农业生态研究所牧草基地进行。根据饲粮中黑麦草的不同添加比例，采用单因子完全随机化区组设计，将 50 羽长乐灰鹅分成 5 个处理组进行饲养试验，每个处理组设 2 个重复。试验预试期为 7 d，正试期为 60 d。

（二）鹅的饲粮组成及饲养管理

试验饲粮组成见表6-23：对照组全精料饲养；试验组以黑麦草+精料饲养，其中各处理饲粮中黑麦草的量依顺序递增，精料相应依顺序递减。根据试验鹅摄食量的增加，每 10 d 调整 1 次饲粮。每日对吃剩的饲粮进行分类称重登记，以便试验结束时准确统计实际采食的饲粮中黑麦草所占的比例。

多花黑麦草种子由北京百绿集团提供，营养期刈割，DM 为 12.4%，CP 为 17.0%，饲喂时黑麦草切碎后与精料拌匀。多花黑麦草的脂肪酸组成（占总脂肪酸的百分比，下同）：C14:0（0.4%），C16:0（9.4%），C16:1n-7（3.2%），C18:0（0.9%），C18:1-9（0.8%），C18:2n-6（7.0%），C18:3n-3（61.4%），C20:0（0.1%）。

对照组饲粮的脂肪酸组成：C14:0（0.1%），C16:0（14.0%），C16:1n-7（0.2%），C18:0（1.9%），C18:1-9（29.0%），C18:2n-6（50.2%），C18:3n-3（2.0%），C20:0（0.4%）。

表6-23 饲粮组成及营养水平 （%DM）

项目	对照组 CK	试验 I 组	试验 II 组	试验 III 组	试验 IV 组
饲粮组成					
黑麦草	0.00	7.50	15.00	22.50	30.00
麸皮	28.00	25.86	23.71	21.57	19.43
玉米	50.00	46.17	42.35	38.52	34.69
豆粕	15.00	13.85	12.70	11.56	10.41
菜粕	5.00	4.62	4.23	3.85	3.47
磷酸氢钙	0.50	0.50	0.50	0.50	0.50
石粉	0.50	0.50	0.50	0.50	0.50
维生素预混料	0.75	0.75	0.75	0.75	0.75
食盐	0.25	0.25	0.25	0.25	0.25
合计	100.00	100.00	100.00	100.00	100.00
营养水平					
代谢能/(MJ/kg)	11.50	11.42	11.34	11.26	11.18
蛋白质	15.36	16.01	16.06	16.12	16.17
粗脂肪	3.20	3.19	3.19	3.18	3.18
粗纤维	4.65	6.15	7.66	9.16	10.66

（三）样品处理与测定

生长性能测定：饲养试验结束后，各处理组随机选择 6 羽体重中等的鹅进行屠宰，称重；半净膛率＝半净膛重/宰前体重×100%。

鹅肉样品采集与分析：各处理组随机选择 4 羽体重中等的鹅取胸肌样品；在 65 ℃下烘干至恒重，粉碎，过 40 目筛，装入密封袋中备用。粗脂肪用索式抽提法测定。脂肪酸用高效液相色谱法测定，参照 GB-T 9695.2—2008《肉与肉制品脂肪酸测定》标准。仪器：岛津 GC2010。色谱柱：DB-WAX，30 m×0.25 mm×0.25 μm；进样温度：250 ℃；检测器温度：250 ℃；柱温：220 ℃；分流比：50∶1；载气流速：46.8 cm/S（线速度）；进样体积：1 μL。脂肪酸用归一法测出。

二、不同黑麦草比例饲粮对鹅生产性能的影响研究

经过 60 d 喂养，试验 I 组试验鹅的饲粮干物质采食量是 136.40 g/(d·羽)，为各组最高（表6-24）。但随着饲粮中黑麦草比例的提高，其余各组饲粮干物质采食量呈下降趋势。

表 6-24　不同黑麦草比例饲粮对鹅生产性能的影响

项目	黑麦草采食量/[g/(d·羽)]	精料采食量/[g/(d·羽)]	饲粮采食量/[g/(d·羽)]	黑麦草占饲粮比例/%	宰前体重/g	半净膛重/g	半净膛率/%	日增重/(g/d)	饲料转化率
对照组 CK	0.00	125.09	125.09	0.00	2 432.83ab	1 710.33ab	70.25a	33.94	3.69
试验 I 组	7.40	129.00	136.40	5.42	2 845.17a	1 987.50a	69.50a	40.81	3.34
试验 II 组	14.55	107.43	121.98	11.92	2 558.17ab	1 748.50ab	68.35ab	36.03	3.39
试验 III 组	21.41	88.30	109.71	19.52	2 277.33bc	1 520.50bc	66.64bc	31.35	3.50
试验 IV 组	26.29	70.23	96.52	27.24	1 954.83c	1 279.00c	65.47c	25.97	3.72

注：同列数据后所标字母相异表示差异显著（$P<0.05$）。下表同。

经统计，各处理试验鹅的黑麦草实际采食量占饲粮干物质的比例分别为：对照组，0.00%；试验 I 组，5.42%；试验 II 组，11.92%；试验 III 组，19.52%；试验 IV 组，27.24%。

表 6-24 的数据还表明，在添加黑麦草的各实验组中，随着饲粮中黑麦草比例的提高，试验鹅的宰前体重、半净膛重、半净膛率和日增重都呈下降的趋势。但同对照组相比，添加低比例黑麦草的实验组差异不显著，如试验

Ⅰ组和试验Ⅱ组；添加高比例黑麦草的实验组下降差异显著，如试验Ⅲ组和试验Ⅳ组。

此外，对照组试验鹅的饲料转化率为 3.69，试验各组分别为 3.34、3.39、3.50 和 3.72。分别比对照组降低 0.35、0.30、0.19 和 -0.03。

三、不同黑麦草比例饲粮对鹅肉脂肪酸组成的影响研究

经过 60 d 试验，鹅肉的测试结果表明其脂肪酸组成有以下特点（表6-25）：相对含量最高的是油酸 C18:1，占鹅肉总脂肪酸的 35.03%；其他按高低依次为棕榈酸 C16:0（27.44%）、亚油酸 C18:2n-6（21.56%）、硬脂酸 C18:0（14.42%）、α-亚麻酸 C18:3n-3（1.07%）和豆蔻酸 C14:0（0.31%）。其中，饱和性脂肪酸（SFA）占 42.30%，以 C16:0 和 C18:0 为主。多不饱和性脂肪酸（PUFA）占 22.63%，以 C18:2n-6 和C18:3n-3 为主。

表6-25　不同处理鹅肉的粗脂肪含量及脂肪酸组成（DM）

	粗脂肪/（g/100 g）	C14:0/%	C16:0/%	C18:0/%	C18:1 n-9/%	C18:2 n-6/%	C18:3 n-3/%	C20:0/%	SFA/%	PUFA/%	PUFA/ SFA	n-6/ n-3
对照组	7.49a	0.29	28.94a	12.65b	40.22a	17.49c	0.36d	0.06	41.93b	17.85c	0.43d	48.53a
试验Ⅰ组	6.35ab	0.23	28.82ab	12.57b	38.27a	19.34c	0.68cd	0.08	41.70b	20.02c	0.48cd	28.81b
试验Ⅱ组	5.53bc	0.34	27.90abc	13.93ab	33.37b	23.23ab	1.08bc	0.16	42.33ab	24.30ab	0.58ab	21.84c
试验Ⅲ组	4.16cd	0.39	25.83bc	15.63ab	30.94c	25.27a	1.79a	0.16	42.01ab	27.05a	0.64a	15.24cd
试验Ⅳ组	3.13d	0.32	25.71c	17.34a	32.34bc	22.46b	1.47ab	0.20	43.57a	23.93b	0.55bc	15.81d
均值	5.22	0.31	27.44	14.42	35.03	21.56	1.07	0.13	42.30	22.63	0.54	26.05

随着饲粮中黑麦草比例的提高，鹅肉脂肪酸相对含量呈增加趋势的有：C18:0、C18:2n-6 和 C18:3n-3，其中 ALA 增加幅度最大。同对照组相比，试验各组鹅肉 ALA 分别增加了 86.90%、197.24%、393.10% 和 304.83%；试验Ⅲ组的鹅肉 ALA 相对含量显著高于试验Ⅰ组、试验Ⅱ组。随着饲粮中黑麦草比例的提高，鹅肉的 C16:0 和 C18:1 含量略有减少。

此外，表6-25 的数据还表明，随着饲粮中黑麦草比例的提高，鹅肉中 PUFA 显著增加，SFA 相对稳定，PUFA/SFA 值显著增加，n-6/n-3 比值显著下降。

值得注意的是，对照组鹅肉的粗脂肪含量为 7.49 g/100 g DM（下同），

试验各组分别为 6.35、5.53、4.16 和 3.13。同对照组相比，试验各组鹅肉粗脂肪含量分别下降了 15.25%、26.13%、44.46%和 58.24%。

四、鹅肉亚麻酸相对含量与饲粮中黑麦草比例的回归分析

上述研究结果表明，随着饲粮中黑麦草比例的提高，鹅肉中 ALA 的相对含量显著增加。将二者进行曲线回归分析，其规律与二次曲线方程（quadratic）相吻合（图 6-2），曲线回归模型方程为：$y = 0.270 + 0.106x - 0.002x^2$（$F = 22.99^{**}$），曲线模型与实测值呈极显著相关（$P < 0.01$）。

该一元二次方程的求根结果表明，当 x 值为 26.50 时，y 值达到最大值 1.67，即当饲粮中黑麦草的比例在 0%~26.50%时，鹅肉中 ALA 的含量呈上升趋势，当饲粮中黑麦草的比例超过 26.50%时，鹅肉中 ALA 的含量转而呈下降趋势（图 6-2）。

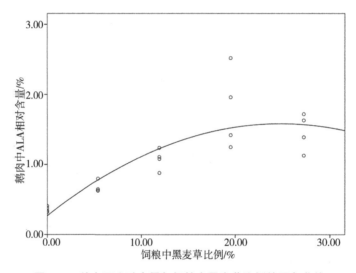

图 6-2　鹅肉亚麻酸含量与饲粮中黑麦草比例的回归曲线

五、饲喂黑麦草显著增加鹅肉中 ALA 含量分析

众多研究表明畜禽的脂肪酸组成容易受到饲粮因素的影响。特别是由于 ALA 是畜禽的必需脂肪酸，不能在体内由其他物质转化而成，只能从饲粮中获取。因此，当饲粮中 ALA 提高时，能够增加畜禽肌体中 ALA 的含量。如在猪饲粮中添加 0%、5%、10%和 15%亚麻籽进行饲喂 25 d 后，后两个

处理的猪肉中 ALA 和 EPA 显著增加。添加15%亚麻籽饲喂7 d、14 d、21 d
和28 d后屠宰，结果表明随着亚麻籽添加时间的延长，猪背最长肌中 ALA、
EPA 和 DHA 极显著增加（Romans，1995）。在鸡饲粮中亚麻籽含量从5%增
高到10%和15%时，鸡蛋中 ALA 呈直线增高（Scheideler，1996）。

　　本试验的饲粮由黑麦草和精料两部分组成。黑麦草的脂肪酸组成以
ALA 为主，占总脂肪酸的61.4%。而精料的脂肪酸组成中 ALA 仅占仅2%。
当黑麦草代替精料的比例提高时，饲粮中 ALA 就相应提高了，从而增加了
鹅肉的 ALA，这个结果同其他研究者用亚麻油、亚麻籽影响畜禽脂肪酸组
成的结果是一致的。

　　但是，同精料相比，黑麦草的可消化能相对较低。当黑麦草代替精料的
比例大幅度提高时，造成饲粮能量下降，更多的脂肪必须参与能量消耗。研
究表明动物对脂肪酸的利用有一定先后顺序，如饥饿的鲈稚鱼均首先消耗
SFA，随后才会消耗 PUFA；恢复摄食后的鲈稚鱼，其 PUFA 也优先得到补
充（王艳，2008）。非洲胡子鲇（Clarias fuocus）对脂肪酸的利用顺序为
C14:0，C16:0，C18:0 和 C20:5n-3，最后利用 C22:6n-3（Zamal，1995）。
此外，有研究者用青草、青贮料和浓缩精料喂阉公牛的试验结果表明饲粮中
精料比例的减少，也就是增加牧草的摄入量，可以导致阉公牛肌肉中 SFA
沉积和 n-6/n-3 比值直线下降，PUFA/SFA 上升（Ponte，2008）。

　　在本试验中，随着饲粮中黑麦草比例的提高，鹅肉中 PUFA 显著增加，
SFA 相对稳定，PUFA/SFA 显著上升，n-6/n-3 比值显著下降。值得说明的
是，由于本试验脂肪酸的测试结果以相对含量来表达，即指该脂肪酸占样品
总脂肪酸的比值。而随着黑麦草比例的提高，鹅肉中粗脂肪含量减少，总脂
肪酸含量也相应减少，从而会影响各种脂肪酸在鹅肉中的绝对含量。因此，
考虑到鹅肉中粗脂肪含量减少的因素，鹅肉中饱和性脂肪酸的绝对含量是随
着饲粮中黑麦草比例的提高而减少的。同样，随着黑麦草比例的提高，同对
照组相比，试验各组鹅肉 ALA 相对含量分别增加了86.90%~393.10%，增
幅远远高于鹅肉粗脂肪含量减少的幅度（15.25%~58.24%），说明鹅肉中
ALA 的绝对含量也是随着饲粮中黑麦草比例的提高而增加的。

　　因此，本试验结果与上述利用其他动物进行试验的研究结果相吻合，说
明鹅对脂肪酸的利用也是先消耗 SFA，随后才会消耗 PUFA。当然，如果黑
麦草代替精料的比例过高，饲粮能量进一步下降，PUFA 包括 ALA 也可能
会被消耗，从而影响了肌体中 ALA 的沉积。例如，本试验中虽然试验Ⅳ组
的饲粮中黑麦草比例比试验Ⅲ组高，但是试验Ⅳ组鹅肉的 ALA 及 PUFA 含

量没有增加反而下降了。

参考文献

曹俊明，刘永坚，劳彩玲，等，1997. 饲料中不同脂肪酸对草鱼组织脂质含量和脂肪酸构成的影响 [J]. 动物营养学报，9（3）：36-44.

陈继红，王成章，严学兵，等，2010. 苜蓿草粉对肉兔生产性能和肌肉氨基酸含量的影响 [J]. 草地学报，18（3）：462-468.

陈学豪，林利民，洪惠馨，1994. 野生与饲养赤点石斑鱼肌肉营养成分的比较研究 [J]. 厦门水产学院学报，16（1）：1-5.

陈学智，陈永坤，李修勤，等，2005a. 美国绿麦引种与喂兔效果初步观察 [J]. 中国草食动物，25（4）：42-44.

陈学智，陈永坤，李修勤，等，2005b. 杂交苏丹草引种与喂兔效果初步观察 [J]. 中国草食动物，25（2）：42-44.

陈钟佃，黄勤楼，黄秀声，等，2012. "闽牧6号" 狼尾草的选育及田间种植技术 [J]. 家畜生态学报，33（1）：53-55.

程攀，2011. 施肥对狼尾草作为能源植物的品质的影响 [D]. 福州：福建农林大学.

冯德庆，黄勤楼，李春燕，等，2011. 28种牧草的脂肪酸组成分析研究 [J]. 草业学报，20（6）：214-218.

冯德庆，黄勤楼，唐龙飞，等，2008. 杂交狼尾草对草鱼肉脂肪酸组成的影响 [J]. 中国农学通报，24（6）：487-490.

冯德庆，黄秀声，陈钟佃，等，2005. 杂交狼尾草、印度豇豆喂草鱼试验研究 [J]. 福建农业学报，20（2）：97-99.

高红梅，王明学，张国辉，2004. 鱼类营养代谢病 [J]. 水利渔业，24（2）：67-69.

顾洪如，2003. 种草养鱼技术 [M]. 北京：中国农业出版社.

黄兰珍，陈祥林，吴梦琴，2007. 柱花草饲喂肉兔效果试验 [J]. 畜牧兽医杂志，26（1）：88-90.

李改英，廉红霞，孙宇，等，2015. 青贮紫花苜蓿对奶牛生产性能、尿素氮和血液生化指标的影响 [J]. 草业科学，32（8）：1329-1336.

李冀新，张超，罗小玲，2006. α-亚麻酸研究进展 [J]. 粮食与油脂（2）：10-12.

李元华，张新跃，宿正伟，等，2007. 多花黑麦草饲养肉兔效果研究

［J］. 草业科学, 24 (11)：70-72.

李志强, 刘凤珍, 卢鹏, 等, 2006. 几种重要饲草的脂肪酸成分分析
　　［J］. 中国奶牛 (10)：3-6.

梁学武, 刘庆华, 蔡永辉, 等, 2011. 高温高湿地区奶牛热应激综合控
　　制技术体系研究［J］. 中国农学通报, 27 (17)：17-20.

林鼎, 毛永庆, 1988. 养殖鱼类肉质改善研究［C］∥全国畜牧水产饲
　　料开发利用科技交流会论文集 (水产部分)：295-300.

林洁荣, 刘建昌, 苏水金, 2003. 福建南亚热带狼尾草属牧草品比试验
　　［J］. 福建农林大学学报 (自然科学版), 32 (1)：110-112.

刘明智, 徐长明, 沈锡元, 等, 1991. 杂交狼尾草对乳牛产奶量的影响
　　［J］. 草业科学, 8 (2)：50-51.

陆文清, 2011. 发酵饲料生产与应用技术［M］. 北京：中国轻工业出
　　版社.

罗永康, 2001. 7 种淡水鱼肌肉和内脏脂肪酸组成的分析［J］. 中国农
　　业大学学报, 6 (4)：108-111.

毛永庆, 林鼎, 刘永坚, 1990. 饲料与塘养鱼类的生长、生物性状和成
　　分关系［C］∥中国粮油学会饲料专业学会第三届年会论文集, 太
　　原：117-123.

母昌考, 王春琳, 2003. 鱼类必需脂肪酸营养研究现状［J］. 饲料工
　　业, 24 (6)：44-46.

潘永金, 韦克, 吴登虎, 1997. 象草粉应用于实验兔日粮的初步研究
　　［J］. 中国养兔杂志 (3)：21-25.

平凡, 2011. 天然绿色饲料添加剂对猪肉品质的影响［J］. 科技与推
　　广, 15：78-79.

屈文俊, 郭黛见, 2002. 池塘集约化精养草鱼高产试验［J］. 淡水渔
　　业, 32 (2)：17-19.

全国牧草品种审定委员会, 1999. 中国牧草登记品种修订集［M］. 北
　　京：中国农业大学出版社.

孙涛, 李建国, 赵晓静, 2006. 苜蓿及油料籽实对奶牛生产性能和乳脂
　　肪酸组成的影响［J］. 动物营养学报, 18 (2)：93-98.

孙晓青, 毛祝新, 傅华, 等, 2014. 牧草中脂肪酸及其影响因素［J］.
　　草业科学, 31 (9)：1774-1780.

田丽霞, 刘永坚, 冯健, 等, 2002. 不同种类淀粉对草鱼生长、肠系膜

脂肪沉积和鱼体组成的影响 [J]. 水产学报, 26 (3): 247-251.

王成章, 王恬, 2003. 饲料学 [M]. 北京: 中国农业出版社.

王惠君, 翟凤英, 杜树发, 等, 2003. 中国八省成人膳食脂肪摄入状况及变化趋势分析-中国八省实例研究 [J]. 营养学报, 25 (3): 230-234.

王利华, 霍贵成, 2001. ω-3 不饱和脂肪酸的生物学作用 [J]. 东北农业大学学报, 32 (1): 100-104.

王艳, 胡先成, 韩强, 2008. 不同盐度条件下饥饿及恢复摄食鲈稚鱼脂肪酸的组成 [J]. 水产科学, 27 (7): 334-339.

王宗寿, 2007. 黑麦草替代部分精料对肥育猪生长的影响 [J]. 牧草与饲料, 1 (3): 47-48.

翁秀秀, 周凌云, 张养东, 等, 2012. 不饱和脂肪酸的营养特性及其在奶牛上应用的研究进展 [J]. 中国畜牧兽医, 39 (2): 64-70.

吴志强, 丘书院, 杨圣云, 等, 2000. 闽南-台湾浅滩渔场六种主要中上层鱼类的脂肪酸研究 [J]. 水产学报, 24 (1): 61-66.

徐建国, 2008. ω-3 多不饱和脂肪酸与炎症及免疫功能 [J]. 实用医学杂志, 24 (22): 3978-3980.

徐寿山, 1993. 种草养鱼—鱼类青饲料的种植与饲喂 [M]. 北京: 中国农业出版社.

杨光, 王加启, 卜登攀, 等, 2010. 十二指肠灌注 18 碳脂肪酸对泌乳奶牛机体免疫力的影响 [J]. 中国畜牧兽医, 37 (11): 5-8.

杨信, 2010. 南方牧草营养品质及瘤胃降解特性研究 [D]. 福州: 福建农林大学.

姚伟民, 曾莹华, 1999. 杂交狼尾草 [J]. 湖南畜牧兽医 (2): 25.

易显凤, 夏中生, 赖志强, 2012. 兔对桂牧 1 号杂交象草营养成分的消化率 [J]. 饲料工业, 33 (5): 23-25.

臧素敏, 李同洲, 何万红, 等, 2003. 日粮中添加紫苏籽对鸡蛋黄脂肪酸组成及 ω-3、ω-6 影响的研究 [J]. 河北农业大学学报, 26 (1): 65-72.

张挺, 2002. 动物营养代谢与免疫研究进展 [J]. 饲料博览 (10): 30-31.

张万金, 李胜利, 史海涛, 等, 2013. 饲粮添加不同种类的糖蜜对夏季热应激奶牛采食量和产奶性能的影响 [J]. 动物营养学报, 25 (1):

163-170.

张晓庆, 张英俊, 闫伟红, 等, 2013. 克氏针茅草原七种植物脂肪酸组分及其变化 [J]. 中国草地学报, 35 (1): 116-120.

张运昌, 沈玉婷, 1995. 杂交狼尾草饲养肉兔试验 [J]. 福建畜牧兽医 (2): 7-8.

周卫星, 翟频, 张振华, 等, 2003. 杂交狼尾草对獭兔饲喂效果的研究 [J]. 中国养兔杂志 (1): 8-9.

Amer S, Mustafa A F, 2010. Effects of feeding pearl millet silage on milk production of lactating dairy cows [J]. Journal of Dairy Science, 93 (12): 5921-5925.

Cai Z, Curtis L R, 1989. Effects of diet on consumption, growth and fatty acid composition in young grass carp [J]. Aquaculture, 81 (1): 47-60.

Connor W E, 2000. Importance of n-3 fatty acids in health and disease [J]. The American Journal of Clinical Nutrition, 71 (1): S171-S175.

Dewhurst R J, Shingfield K J, Lee M R F, et al., 2006. Increasing the concentrations of beneficial polyunsaturated fatty acids in milk produced by dairy cows in high-forage systems [J]. Animal Feed Science and Technology, 131 (3-4): 168-206.

French P, Stanton C, Lawless F, et al., 2000. Fatty acid composition, including conjugated linoleic acid, of intramuscular fat from steers offered grazed grass, grass silage, or concentrate-based diets [J]. Journal of Animal Science, 78 (11): 2849-2855.

Noci F, French P, Monahan F J, et al., 2007. The fatty acid composition of muscle fat and subcutaneous adipose tissue of grazing heifers supplemented with plant oil-enriched concentrates [J]. Journal of Animal Science, 85 (4): 1062-1073.

Ponte P I P, Alves S P, Bessa R J B, et al., 2008. Influence of pasture intake on the fatty acid composition, and cholesterol, tocopherols, and tocotrienols content in meat from free-range broilers [J]. Poultry Science, 87 (1): 80-88.

Romans J R, Wulf D M, Johnson R C, et al., 1995. Effects of ground flaxseed in swine diets on pig performance and on physical and sensory characteristics and omega-3 fatty acid content of pork: Ⅱ. Duration of 15% dietary flaxseed [J]. Journal of Animal Science, 73 (7): 1987-1999.

Scheideler S E, Froning G W, 1996. The combined influence of dietary flaxseed variety, level, form, and storage conditions on egg production and composition among vitamin E-supplemented hens [J]. Poultry Science, 75 (10): 1221-1226.

Simopoulos A P, 1991. Omega-3 fatty acids in health and disease and in growth and development [J]. The American Journal of Clinical Nutrition, 54 (3): 438-463.

Yu T C, Sinnhuber R O, 1976. Growth response of rainbow trout (*Salmo gairdneri*) to dietary ω3 and ω6 fatty acids [J]. Aquaculture, 8 (4): 309-317.

Yu T C, Sinnhuber R O, 1979. Effect of dietary ω3 and ω6 fatty acids on growth and feed conversion efficiency of coho salmon (*Oncorhynchus kisutch*) [J]. Aquaculture, 16 (1): 31-38.

Zamal H, Ollevier F, 1995. Effect of feeding and lack of food on the growth, gross biochemical and fatty acid composition of juvenile catfish [J]. Journal of Fish Biology, 46 (3): 404-414.

第二部分

硒 篇

第七章　硒的来源与功能

第一节　硒的来源

一、人类认识硒的历史

硒（Selenium）是瑞典化学家 Jacob Berzelius 于 1817 年发现的，名字来源于希腊语月亮女神"Selene"（Reich，2016）。硒被发现后一直是作为工业原材料来进行利用。人们认识硒在生物中的作用首先是因为它的毒性。Franke 等（1934）对美国西部和平原各州牲畜"碱病"和"盲症"的病因进行了调查，结果发现这些疾病是由于摄入了那些生长在含硒量高的土壤中含有高剂量硒成分的谷物、动物饲料和硒积累植物（例如黄芪等）而导致的硒中毒。他认为当地种植的谷物中硒的有毒形态存在于硫酸水解物的蛋白质部分（Franke，1934；1936）。

此后，人们发现硒有两面性。一方面它对所有生物都有毒，另一方面对许多细菌和动物又至关重要。Pinsent 发现硒是大肠杆菌甲酸脱氢酶活性所必需的（Pinsent，1954）。几年后，Patterson 和 Schwarz 分别发现硒对动物是必需的。Patterson 发现硒可以预防鸡渗出性素质疾病（Patterson，1957）。Schwarz（1957）发现硒对肝脏有很强的保护作用。

Rotruck（1973）在分子水平上揭示了硒属于谷胱甘肽过氧化物酶（GSH）活性中心的一部分，指出人体缺硒将导致谷胱甘肽过氧化物酶活性降低。之后观察到其他酶的活性中心也包含硒。例如，硒代半胱氨酸是碘甲状腺氨酸脱碘酶活性中心的一部分。硒酶和硒蛋白的鉴定研究启动了对硒在人类和动物有机体中的生化作用的深入研究。从 1974 年开始，美国食品药品监督管理局允许在动物的饲料中补充硒，以满足动物对硒的需要。硒成为动物饲料中必需的 7 种微量元素之一，也是人类所必需的 14 种微量元素之一。

二、硒的理化性质

硒是一种与氧、硫同科的半金属元素，具有介于金属和非金属之间的性质。硒在自然界中有 6 种同位素，它们的质量数分别是 74、76、77、78、80 和 82（Patai，1986）。

硒在原子大小、键能、电离能和主要氧化态方面与硫相似。因此，它形成的化合物与硫的化合物非常相似。硒性质稳定，在常温下不氧化。目前已知的氧化物只有两种，SeO_2 和 SeO_3。硒燃烧时产生蓝色的火焰，生成 SeO_2。SeO_2 可溶于水，产生亚硒酸（H_2SeO_3）。硒还可以与许多元素（氢、氟、氯、溴、磷等）化合，常见的化合物还有硒酸（H_2SeO_4）、硒化氢（H_2Se）等。环境中的硒元素的特点是易于过渡到邻近的氧化态。这些转化受到若干因素的影响，如 pH 值、游离氧浓度、氧化还原电位和湿度。厌氧条件和酸性环境有利于低氧化态硒化合物的形成。在有氧条件和碱性 pH 值下，该元素的高氧化态占主导地位（Tinggi，2003；Kieliszek，2016）。

同硫相比，硒是一个更好的亲核体，与活性氧的反应更快。但由于硒-O 键中缺乏 π 键的特性，意味着与硫氧化物相比，硒氧化物更容易被还原。这些特性的结合意味着，在生物过程中硒替代硫，会产生一种抗永久氧化的含硒生物分子（Reich，2016）。

三、环境中硒的发生、分布

硒是自然界中常见的元素，存在于地球的大气、岩石圈、生物圈和水圈中（Reich，2016）。大气中的硒与土壤侵蚀、火山活动和森林火灾等自然活动有关，还与燃烧化石燃料、焚烧垃圾等人类活动有关。燃烧煤和石油是向空气中排放硒化合物的主要来源。环境空气中硒含量普遍较低，为 1～10 ng/m^3（Wen，2007）。大气中的硒化合物可分为三类：挥发性有机化合物 [DMSe、DMDSe 和甲烷硒醇（methaneselenol）]、挥发性无机化合物 [二氧化硒（selenium dioxide）] 和与灰烬或颗粒有关的元素硒（elemental selenium）（Stadlober，2001）。

自然界水体中的硒来源于大气沉积物、排水或天然富含硒的底土。硒在水中的浓度从微量到几百毫克每升不等，在大多数情况下不超过 10 mg/L。其在海水中的浓度为 0.04～0.12 g/L。根据世界卫生组织（WHO）的建议，饮用水中硒的可接受量为 10 μg/L（WHO，2004）。淡水中硒主要以硒酸盐（selenate）和亚硒酸盐（selenite）的形式存在。硒化物和硒酸盐是高可溶性的，流动性很强。亚硒酸盐很容易吸附在悬浮固体上。部分硒也以甲基化和挥发性有机物的形式存在于水体中，这些形态的硒有利于微生物和微藻的生长（Mehdi，2013）。

自然界中的硒通常以负二价硒离子 [Se（-Ⅱ）]、正四价硒离子 [Se（Ⅳ）]、正六价硒离子 [Se（Ⅵ）] 和单价硒 [Se（0）] 4 种价态存在于不同的无机、有机硒化物中。Se（Ⅳ）和 Se（Ⅵ）普遍在自然界中分别以无机硒化物——亚硒酸盐和硒酸盐的形式存在，属无机硒化物，具有可溶性，是存在于河流、海洋等自然水域中的主要形式。除此之外，水体中存在少量不溶性的 Se（0）。Se（-Ⅱ）则通常以有机硒化物——硒代半胱氨酸（selenocysteine，SeCys）、硒代蛋氨酸（selenomethionine，SeMet）的形式存在于蛋白质和金属硒化物矿物质中，常与铝（Al）、铁（Fe）一起沉积，形成岩石（司振兴，2023）。

土壤中的无机形式硒主要源自含有亚硒酸盐和硒酸盐的岩石的侵蚀。有机形式硒主要来自硒积累植物的分解。土壤中硒的形态包含元素硒（Se^0）、硒化物（Se^{2-}）、亚硒酸盐（SeO_3^{2-}）、硒酸盐（SeO_4^{2-}）、有机态硒和挥发态硒等 6 种形态。其中亚硒酸盐（SeO_3^{2-}）、硒酸盐（SeO_4^{2-}）、有机态硒 3 种硒形态的水溶性较好，是土壤有效硒的主要来源。土壤中硒含量随土壤类型和质地、有机质含量和降水量而变化。土壤的理化因素，如氧化还原状态、酸碱度和硫酸盐浓度，以及灌溉、微生物活性都能影响植物对硒的吸收。在碱性土壤中，亚硒酸盐氧化成为可溶性的硒酸盐，后者容易被植物吸收。相比之下，在酸性土壤中亚硒酸盐通常与铁氢氧化物结合，被土壤高度固定（Martens，1996；胡秋辉，2000；Stadlober，2001；李浩男，2022）。

全球范围内土壤中硒的分布极不均匀，绝大多数土壤硒含量在 0.01～2 mg/kg，均值为 0.40 mg/kg（周国华，2020）。富含硒元素的土壤主要分布在美国（南达科他州、怀俄明州和堪萨斯州）、加拿大、哥伦比亚、爱尔兰及我国湖北省的恩施和陕西省的紫阳等地区（Kieliszek，2016）。我国处于地球低硒带，表层土壤硒平均值为 0.20 mg/kg，但分布极不均匀，约 72% 的地区土壤中硒的含量不足 0.10 mg/kg。我国富含硒的地区主要分布在新疆维吾尔自治区、青海省的部分地区，以及从福建到西藏的中国东部和南部地区。其中恩施、紫阳等富硒地区，土壤硒含量最高可达 79.08 mg/kg、36.69 mg/kg，平均值分别为 27.81 mg/kg、17.29 mg/kg。缺硒区主要包括东北至西南低硒地质带，土壤中硒含量<0.125 mg/kg（Dinh，2018）。

第二节 硒的生物学功能

一、硒蛋白

硒的基本生物学功能与其在蛋白质中的存在有关。硒元素与硫元素（S）的化学性质相似，无机硒经生物体的硫代谢途径转变为有机硒，并行使生物学功能。富硒产物中占比较大的是硒代氨基酸，主要为硒代甲硫氨酸（SeMet）和硒代半胱氨酸（SeCys）。它们分别是甲硫氨酸（Met）和半胱氨酸（Cys）中的硫原子被替换为硒原子，替换前后氨基酸化学性质相近，因此可取代 Met 和 Cys 掺入蛋白，形成含硒蛋白或硒蛋白（殷娴，2021）。一般把硒以硒代半胱氨酸（selenocysteine，Sec）SeCys 形式参与形成的蛋白质称为硒蛋白（selenoprotein），而把其他形式结合硒的蛋白质称为含硒蛋白（Se-containing protein）（张迪，2022）。除了在部分细菌和古细菌中未检测到，硒蛋白存在于生命的所有形式中。目前，在哺乳动物中已鉴定出 25 种硒蛋白。相对于陆地生物，水生生物明显保留了更多的硒蛋白质组（王连顺，2022）。

硒蛋白是动物机体中硒发挥活性作用的主要形式。目前，已发现的动物机体内具有较为明确的功能和酶活性的硒蛋白主要包括：谷胱甘肽过氧化物酶（glutathione peroxidase，GSH-Px）家族、硫氧还蛋白还原酶（thioredoxin reductase，TrxR）家族、碘甲腺原氨酸脱碘酶（iodothyronine deiodinase，ID）家族、硒蛋白 P 和硒蛋白 W 等（李燕，2023）。主要硒蛋白种类与功能如表 7-1 所示（袁丽君，2016；郭嘉，2021；王连顺，2022）。

表 7-1 主要硒蛋白种类与生理功能

功能分类	名称	简写	生理功能
氧化还原功能	谷胱甘肽过氧化物酶 1	GPx1	中和活性氧和改善氧化应激；减少细胞内 H_2O_2，参与胰岛素信号转导
	谷胱甘肽过氧化物酶 2	GPx2	抗氧化，与成熟精子的结构和功能有关；减少胃肠道过氧化物，抑制炎症反应
	谷胱甘肽过氧化物酶 3	GPx3	抗氧化，减少血浆过氧化物，抑制血栓形成
	谷胱甘肽过氧化物酶 4	GPx4	减少脂质过氧化物，调节铁死亡和胚胎发育；影响大脑的发育和功能，维持机体正常嗅觉信号转导，抗氧化

功能分类	名称	简写	生理功能
氧化还原功能	谷胱甘肽过氧化物酶6	GPx6	修复嗅觉系统，调节精子头部获能；过氧化氢的脱毒作用
	硫氧蛋白还原酶1	TXNRD1	参与机体基础代谢和氧化应激过程中的免疫反应；还原硫氧蛋白二硫键，影响胚胎发育
	硫氧蛋白还原酶2	TXNRD2	还原硫氧蛋白和谷氧还蛋白，影响胚胎发育；保护细胞免受氧化
	硫氧蛋白还原酶3	TXNRD3	二硫键形成，催化 GPx 和 TXN 系统特异反应，促进精子成熟；保护细胞免受氧化
	前列腺上皮硒蛋白	SeP15	氧化还原功能（类似于 GPx4）；抗癌细胞
	硒蛋白 H	SELENOH	核仁氧化还原酶；氧化还原 DNA；结合蛋白
	硒蛋白 J	SELENOJ	抗氧化，与二磷酸腺苷核糖基化有关
	硒蛋白 M	SELENOM	参与能量代谢调节；硫基二硫醚氧化还原酶
	硒蛋白 O	SELENOO	与线粒体氧化还原反应有关
	硒蛋白 R	MSRB1	还原甲硫氨酸亚砜化合物
	硒蛋白 T	SELENOT	抗氧化应激并确保内质网稳态；参与神经细胞 Ca^{2+} 调节
	硒蛋白 V	SELENOV	抵抗氧化应激、抑制细胞凋亡
	硒蛋白 W	SELENOW	调节细胞周期，抗炎作用，免疫作用
矿质元素调节功能	硒蛋白 K	SELENOK	调节内质网 Ca^{2+} 流量；调节钙水平；降解蛋白质
	硒蛋白 N	SELENON	与肌肉稳定、功能有关；调节肌肉早期发展所需的钙；维护卫星细胞
	硒代半胱氨酸裂解酶	SCLY	维持矿物质平衡，平衡肾脏中的血浆稳态和肝脏中的血液载体分子平衡
激素代谢调节功能	1 型甲状腺素脱碘酶	DIO1	参与甲状腺激素代谢
	2 型甲状腺素脱碘酶	DIO2	参与甲状腺激素代谢
	3 型甲状腺素脱碘酶	DIO3	参与甲状腺激素分解代谢
	硒蛋白 S	SELENOS	抗炎作用、调节细胞因子产生；抗炎症；保护雌激素受体应激诱导；链接糖代谢与胰岛素敏感性
脂质代谢调节功能	硒蛋白 E	SELENOE	参与脂质代谢
	硒蛋白 F	SELENOF	影响癌症与白内障发生；诱导糖原分解和脂质代谢
	硒蛋白 I	SELENOI	参与磷脂生物合成
	硒蛋白 L	SELENOL	参与脂质代谢、氧化还原
	硒蛋白 U	SELENOU	参与脂质代谢

（续表）

功能分类	名称	简写	生理功能
硒蛋白转运合成功能	硒代磷酸合成酶2	SEPHS2	合成硒磷酸；硒代磷酸盐生物合成必要组成成分；硒代半胱氨酸的前体
	硒蛋白P	SELENOP	转运机体正常代谢所需蛋白；Se的运输、循环和储存中的核心作用；参与胰岛素信号转导；与血浆及内皮细胞活动有关；防止亚硝酸盐危害内皮细胞；硒蛋白P催化氧化还原反应

注：根据文献（郭嘉，2021；王连顺，2023；袁丽君，2016）整理。

二、硒的生物学功能

（一）抗氧化

硒蛋白在机体中的抗氧化作用，可以清除身体正常代谢和呼吸过程中不断生成的活性氧（氧自由基，ROS）、活性氮（RNS），抑制DNA、RNA、蛋白质、脂类等生物分子的烷基化（Rayman，2020）。氧自由基是动物机体在代谢过程中产生的具有高度氧化性的中间产物，可引起脂肪、核酸和蛋白质的氧化。氧自由基的过度积累，导致过氧化损伤，会造成细胞破坏和组织损伤，加速机体衰老和诱发各种疾病。动物机体中氧自由基主要包括超氧游离基（·O_2^-）、过氧亚硝基（$ONOO^-$）、单线态氧（$^1O_2$）、过氧化氢（H_2O_2）和羟基（·OH）等（Thannickal，2000）。机体内源性抗氧化剂如谷胱甘肽过氧化物酶（GSH-Px）、过氧化氢酶（CAT）和超氧化物歧化酶（SOD）等都可以在一定程度上清除氧自由基。但是当机体受到某些应激之后，机体细胞内产生的自由基水平高于细胞抗氧化防御能力，自由基不能被有效清除从而产生氧化应激。研究表明，含硒化合物可以清除氧自由基。Takahashi（2005a）发现，硒-甲基-N-苯基硒代氨基甲酸酯、硒-甲基-N-（4-苯基）硒代氨基甲酸酯、硒-甲基-N-（4-氯苯基）硒代氨基甲酸酯、硒-苯甲基-N-苯基硒代氨基甲酸酯、硒-苯甲基-N-（4-甲苯基）硒代氨基甲酸酯和硒-苯甲基-N-（4-氯苯基）硒代氨基甲酸酯等6种含硒化合物都具有清除自由基的能力。硒脲化合物在氧化应激的条件下可清除超氧自由基的活性（Takahashi，2005b）。硒代蛋氨酸和依布硒啉能清除过氧亚硝基（ONOO-）的活性（Laude，2002；温晓鹿，2015）。

动物中最典型的硒蛋白是谷胱甘肽过氧化物酶（glutathione peroxidase，GSH-Px），硒是GSH-Px的重要组成部分。GSH-Px是由4个亚基组成，每个亚基含有 1 个硒原子，以硒代半胱氨酸形式存在。GSH-Px 催化谷胱甘肽的生物合成，谷胱甘肽是一种三肽，在保护生物体免受过氧化氢（H_2O_2）和有机过氧化物的氧化作用中起着重要作用（Brigelius-Flohé，2017）。在谷胱甘肽的作用下，可将过氧化氢和脂质过氧化物（丙二醛等）还原成无害的水和醇类，抑制活性氧的产生，保护脂质、脂蛋白和 DNA 免受氧化损伤，维持细胞膜的完整性（Mistry，2012）。机体硒水平的高低直接影响机体抗氧化能力和对疾病的抵抗力。当硒缺乏时，GSH-Px 的活性降低，不能有效催化体内过氧化物分解，过氧化物和脂质自由基的积累导致细胞膜产生氧化损伤。已知的 GSH-Px 有 4 种。$GSH-Px_1$ 是一种胞质酶，在各种类型的细胞中都有表达，被认为是哺乳动物机体中最主要的抗氧化蛋白，活性主要受到肝脏中硒地位的调节。$GSH-Px_2$ 是与 $GSH-Px_1$ 最近的同系物，主要存在于胃肠道中。GSH-Px 是血液中浓度仅次于硒蛋白 P（Se-P）的含硒蛋白质。$GSH-Px_4$ 被称为磷脂氢谷胱甘肽过氧化物酶（PH-GPx），可降低脂肪酸氢过氧化物（温晓鹿，2015；Tapiero，2003）。

谷胱甘肽还原酶（glutathione reductase）是另一种含有硒的酶。这种酶催化将谷胱甘肽的氧化形式还原为还原形式，参与有机过氧化物和氢的分解。谷胱甘肽还原酶负责维持还原性谷胱甘肽的适当水平，以保护细胞免受过氧化物的积累及其损害（Kieliszek，2019b）。

硫氧还蛋白（thioredoxin，Trx）家族均是硒蛋白，包含硫氧还蛋白还原酶（thioredoxin reductase，TrxR）、Trx 和还原型辅酶 Ⅱ（nicotina mide adenine dinucleotide phosphate，NADPH）。Trx 是 TrxR 的特征性底物，TrxR 和 Trx 参与细胞内氧化还原反应。TrxR 包含 TrxR1（细胞质型）和 TrxR2（线粒体型）两种同工酶，都具有清除过氧化物、缓解氧化的功能。Trx 包含 Trx1 和 Trx2 两种亚型，分别在细胞核和线粒体中参与清除自由基的过程。Trx 家族是通过 TrxR1、TrxR2、Trx1 和 Trx2 联合参与抗氧化过程（谢燕妮，2022）。

此外，有研究表明金属离子与含硒类抗氧化剂的配位结合是抗氧化剂活性的关键。如硒代蛋氨酸、硒代胱氨酸、甲基硒代胱氨酸等可以防止铜调节的 DNA 损伤。硒代胱胺、3，3-硒代二丙酸、甲基-硒代半胱氨酸可以抑制铁调节的 DNA 损伤（Battin，2011）。这些化合物的抗氧活性都是由于金属配位，不同于 GSH-Px 的抗氧化机制。与有机硒一样无机硒抑制 DNA 损伤的抗氧化活性也是通过金属配位机制。

（二）调节免疫

硒在动物机体的免疫系统中扮演着至关重要的角色，具有保护胸腺、维持淋巴细胞活性和促进抗体形成等作用。硒可提高动物免疫细胞的活性，如吞噬细胞、自然杀伤细胞、T 细胞以及 B 细胞等，增强机体非特异性免疫、细胞免疫及体液免疫的功能（王建强，2019）。硒还可作为免疫增强剂，提高机体合成免疫球蛋白 G（IgG）、免疫球蛋白 M（IgM）的能力（黄文峰，2020）。免疫反应需要多种酶的参与和激活，其中硒作为多种硒依赖性酶的活性中心，在机体的抗氧化防御系统中起至关重要的作用，也间接参与免疫反应。硒作为抗氧化应激的重要协调者，可阻断氧自由基作用导致的损伤，防止导致各种疾病的氧化应激，影响新陈代谢和免疫过程。缺硒会导致动物机体免疫功能障碍，免疫力下降，从而增加疾病易感性。

（三）提高繁殖性能

硒通过影响雄性动物性激素的分泌和机体抗氧化作用从而促进睾丸等生殖器官发育，维持曲精细管正常组织结构和精液品质。硒是精子产生所必需的微量元素，缺硒会导致精子和睾酮的合成障碍从而造成公畜不育（刘镜，2021）。精液中不饱和脂肪酸含量高，有利于维持精子活力，但容易产生过氧化反应，影响精子生物膜完整性和睾丸组织发育。GSH-Px 通过抗氧化作用，保护生物膜免受氧化损伤并维持精子正常形态结构。硒还可调控精子的细胞周期及凋亡基因的表达进而影响细胞增殖及细胞周期进程（龚番文，2020）。

活性氧（ROS）存在于雌性动物生殖道的卵巢、输卵管和胚胎中，参与调节卵母细胞成熟、受精、妊娠、胚胎发育等多个生理过程（Chen，2016）。当活性氧过多，即体内自由基的产生和机体清除自由基的能力不平衡时，产生氧化应激（Burton，2011）。氧化应激易引起卵母细胞和胚胎质量下降、受精率降低、胚胎生长受限、子痫前期、流产或早产等，导致母猪繁殖性能下降。硒通过 GSH-Px 等硒蛋白发挥抗氧化作用，减少雌性动物氧化应激，提高繁殖性能。硒还通过母体传递、沉积到子代甲状腺等器官中，影响代谢并调节子代的生长发育，从而影响母猪的繁殖性能（吴小玲，2017）。

（四）促进生长

硒通过脱碘酶参与甲状腺激素的代谢调节过程。硒是脱碘酶（DIOs）活性中心的重要组成部分，脱碘酶包括 DIO1、DIO2 和 DIO3，分布于甲状腺、肝脏等重要器官（Meinhold，1993）。DIO1 和 DIO2 可将甲状腺素（T4）转化为三碘甲状腺原氨酸（T3）以及将逆－三碘甲腺原氨酸（rT3）转化为二碘甲腺原氨酸（T2），DIO1 和 DIO3 具有将 T4 转化为 rT3 以及将 T3 转化为 T2 的作用（Kohrle，2005），因此硒通过脱碘酶参与甲状腺激素的代谢调节过程。T3 能增强胰岛素分泌，增强蛋白质周转和合成，调控生长激素的生产与基因表达进而促进生长（苏传福，2007）。T4 与 T3 的转化平衡与动物机体的生长机能密切相关。缺硒状态下的动物补硒会产生显著的促进生长效果，足硒状态下的动物补硒往往效果不显著（刘镜，2021）。

（五）拮抗重金属

硒可以拮抗重金属对动植物的损害，如硒可以拮抗镉、汞、锰等引起的毒害作用，从而减少动物、植物对重金属的吸收。硒与重金属间的拮抗作用源于硒相对活泼的化学性质，硒与重金属反应可以生成难溶的沉淀物，使重金属不被吸收。而且硒可以降低重金属毒性对抗氧化酶的抑制作用，从而提高动物、植物机体对自由基的清除能力（包荣坤，2018）。

第三节　硒与人类的健康

一、人体组织中的硒

（一）人体组织中的硒

人体中硒的总量为 3~21 mg。骨骼肌是人体贮硒的主要器官，含硒量占人体总量的 46.9%（Lyons，2007）。体内各器官组织硒含量 100 ~ 800 µg/kg，头发硒含量约为 2 500 µg/kg。关于体液水平，许多研究的正常血硒浓度平均为 139 µg/L、尿液 23 µg/L、母乳 41 µg/L（Hadrup，2021）。血清硒含量因人群而异，一般为 60~120 µg/L（Kipp，2015）。该值受到许多因素影响，包括食物的硒含量、年龄等（Post，2018）。血清硒含量最大值是在成年期，60 岁以上人群该值逐渐降低。在人体内，当其在血浆硒含量低于 85 µg/L 时，可观察到该元素的缺乏（Zwolak，2012）。血液硒浓度低与多种疾病的风险增加显著相关（Hsueh，2017）。有研究分析了美国第三次全国健康和营养调查的数据，在 13 887 名成年参与者中测量了血清硒，然后对他们的死亡率进行了长达 12 年的随访，随后又随访了 6 年。死亡率呈"u"形相关性，血清 Se 浓度为 135 μg/L 时死亡率最低（Hurst，2010；Rayman，2018）。

人体主要通过十二指肠的肠壁细胞来吸收食物中的硒，细胞依靠氨基酸转运系统和 GSH-Px 的代谢系统来完成对硒的吸收（Navarro-Alarcon，2008）。大部分通过血液循环进入肝脏，在肝脏中合成 SePP，以控制硒在全身的分布，并输送到重要的靶器官大脑、肾脏和心脏等，进而发挥功效（Kumar，2014）。硒在人体内的排泄途径有尿、粪、汗、呼气、毛发等，主要通过尿液和粪便途径，而呼吸、唾液和毛发的贡献较小。不同形态的硒其排泄存在差异，如饮食中摄入亚硒酸盐的人尿液中硒的排泄量为 36% ~ 51%，粪便中硒的排泄量为 10% ~ 14%（Halverson，1962）。而摄入硒代蛋氨酸的人通过尿液和粪便排出的比例大致相同（Griffiths，1976）。肺排泄仅为标记剂量亚硒酸盐放射性的 0.02%（Thomson，1974）。

（二）硒缺乏

硒是人体必需的微量元素，对人类的健康具有重要意义。硒以硒代半胱氨酸形式存在于硒蛋白的活性中心。硒蛋白可参与调节细胞氧化应激、内质网应激、抗氧化防御、免疫应答和炎症反应等生物学过程（Labunskyy，2014）。硒蛋白在机体中的抗氧化作用，可以清除身体正常代谢和呼吸过程中不断生成的活性氧（ROS）、活性氮（RNS），抑制 DNA、RNA、蛋白质、脂类等生物分子的烷基化。因此人体缺硒可造成硒蛋白含量和活性降低，削弱细胞的抗氧化机能，细胞正常生理功能紊乱，进而导致一些慢性疾病发生。大量实践表明，缺硒与克山病、大骨节病、免疫功能下降、COVID-19 和 HIV 等感染的易感性增加等不良健康状况密切相关（Rayman，2020；张迪，2022）。充足的硒有助于保持适当的硒蛋白水平，提高特定酶的活性，降低血浆中 ROS 和 RNS 的水平，预防疾病的发生与发展（袁丽君，2016）。

（三）硒过量

硒元素具有两面性。低剂量的硒对机体有益，但人们也观察到过量的硒对机体是有毒的。不管是有机形式，还是无机形式的硒都可以对生物体产生毒性作用（Nuttall，2006）。超出生理需求剂量的硒会诱导硫醇基团的氧化和交联产生氧自由基，导致细胞凋亡，引起机体氧化损伤（Lee，2012）。过量硒的毒性与硒和硫之间的竞争性抑制有关，导致硫代谢异常（Lemly，2002），造成相关酶或蛋白质分子结构扭曲、功能失调，从而导致细胞生化功能紊乱的发生（Kieliszek，2015）。硒中毒可引起脱发、皮炎、非黑素瘤皮肤癌、2 型糖尿病、前列腺癌风险增加、死亡率增加等（Rayman，2020）。丹麦一项对 491 名年龄在 60~74 岁的男女志愿者开展的长期补充硒对死亡率的影响试验表明，在一个硒水平中低的国家，连续 5 年服用 300 μg/d 硒会增加 10 年后的全因死亡率，应该避免总硒摄入量超过 300 μg/d 和高剂量硒补充剂（Rayman，2018）。当硒摄入过量（高于 400 μg/d）时会产生毒害作用，引发人体脱发、脱甲、胃肠道功能紊乱、皮肤损伤、神经和造血系统功能受损等系列症状（程迈妮，2021）。因此设定合理的硒推荐摄入量（recommended nutrient intake，RNI）极其重要。

（四）硒的补充

在缺硒地区土壤中硒含量很低，导致食物中硒含量也很低，而低硒食物又导致当地人群硒营养状况较差。目前国内，人体硒元素的补充途径主要有硒保健药物、硒营养强化剂和食物补硒等，其中食物补硒是最为经济、安全、有效的途径。在青藏高原严重缺硒地区进行防治大骨节病和克山病的补硒实践也已证明，食物补硒效果显著好于补充无机硒（李海蓉，2017）。这是因为，在富硒粮食或肉蛋中，硒主要以硒代半胱氨酸或硒代蛋氨酸形式存在于硒蛋白或含硒蛋白中，而蛋白质在小肠中主要以二肽或三肽形式进行吸收，因此食物中的有机硒比其他方式补给的无机硒能够更好地为人体吸收利用（Rayman，2008）。人类硒的主要膳食来源是谷物、鱼类、肉类和蛋类（Navarro-Alarcon，2008）。

二、食物中的硒

（一）食物中硒的含量

植物的硒含量主要受植物种类、土壤中硒的含量及其形态的影响，此外土壤的类型、酸碱度、氧化还原电位、含水含盐量、硫酸盐浓度、排水性质和气候条件以及元素的氧化状态等因素均会影响硒的可利用性（Gupta，2017）。多数植物在其生长的自然环境中积累的硒量少于 25 mg/kg 干重，并且对硒的增加表现敏感。硒超积累植物（如黄芪属和芸薹属）中存在一种关键酶-硒半胱氨酸甲基转移酶（SMT），它能够将硒半胱氨酸甲基化，阻止其被整合到蛋白质中从而避免产生毒害。其茎中硒含量能够积累到 1 000~15 000 mg/kg，占其干重的 0.1%~1.5%，而其生长的土壤中硒含量只有 2~10 mg/kg（李韬，2012）。由于硒与硫的理化性质相似，硒可以取代氨基酸中的硫。因此，食物中蛋白质的含量是影响食物中硒含量及其存在形式的另一个重要因素（Thomson，2004）。含硒丰富的食物有：海盐、鸡蛋（在饲料中添加硒酵母时）、动物内脏、酵母（含硒的酵母）、面包、蘑菇、大蒜、芦笋、甘蓝等。水果和蔬菜的硒含量相对较低，主要存在于蛋白质部分。蛋白质含量少的植物和蔬菜，硒的来源缺乏（Kieliszek，2019a）。

动物性食品中的平均硒浓度为 0.004 2~2.46 mg/kg（n=1116）（Dinh，2018），大大高于植物性食品。原因可能是动物性食品中硒蛋白含量较高，以及硒在食物链中的积累。动物性食物的硒含量主要受饲料中硒的含量和地理位置的影响，如鸡蛋中硒含量受母鸡日粮影响最大。与美国西部的淡水鱼（0.143~0.576 mg/kg）相比，大西洋西北地区捕获的海鱼含有更多的硒（0.168~0.825 mg/kg）。在动物性食物中，与无机硒相比，补充有机硒会使肉类的硒浓度更高。例如，在比较硒酵母和亚硒酸钠补充剂的效果时，羔羊骨骼肌中的硒含量分别为 0.12 mg/kg 和 0.08 mg/kg 鲜重，牛肉中的硒含量分别为 0.41 mg/kg 和 0.30 mg/kg 干重（Fairweather，2010）。

（二）食物中硒的形态

硒在自然界中存在的形态分为无机态和有机态，其中无机态能够被人和动物吸收利用的是亚硒酸根离子［Se（Ⅳ）］、硒酸根离子［Se（Ⅵ）］和纳米硒（Se0），有机态以硒代氨基酸、硒蛋白、硒多糖等形式存在（陈永波，2021）。硒在硒超积累植物中的主要形式是甲基化硒半胱氨酸和 γ-谷氨酰甲基硒半胱氨酸（李韬，2012）。普通植物性食物中的主要硒元素是硒酸盐和硒蛋氨酸，以及少量的硒代半胱氨酸。如谷物中的硒主要是硒蛋氨酸，硒的含量从 0.01~0.55 mg/kg 鲜重不等（Rayman，2008）。动物性食物中硒的主要形式是硒代蛋氨酸和硒代半胱氨酸，它们非特异性地结合到肌肉蛋白质中（Huerta，2004）。此外，鱼类中检测到硒酮（Yamashita，2013）、硒酸盐和亚硒酸盐。不同种类的鱼类在硒蛋白方面存在很大差异（Bergdahl，1999）。

（三）硒的生物利用度

仅仅了解食物的硒含量是不全面的，必须考虑硒的生物利用度（bioavailability selenium）。硒的生物利用度受多种因素的影响，其中最主要的因素是硒的化学形态。一般来说，有机硒的生物利用度比无机硒更高。与硒盐相比，食物中硒的生物利用价值更高。例如，大米中的硒主要以有机形式赋存（78.67%±13.52%），其中，53.73%±8.27%的有机硒为谷蛋白硒，且65%以上的谷蛋白硒可酶解消化为 SeMet（龚如雨，2018）。肉类中硒的生物利用率很高，因为动物源性食物中的硒主要是硒-半胱氨酸和硒-蛋氨酸。硒-蛋氨酸是一种重要的硒氨基酸，是动物硒的主要营养来源。研究表明，卷心菜硒的生物可利用度为 41%～50%（Funes-Collado，2015）；富硒大米硒的生物可利用度为 54%～76%（Sun，2017）、53.73%±8.27%（龚如雨，2018）；部分鱼类硒的生物利用度高达 50%～83%［其中金枪鱼（50%）、箭鱼（76%）和沙丁鱼（83%）］（Cabañero，2007）。

硒与多种微量元素相互作用，这些相互作用可以是拮抗作用或协同作用，在某些情况下拮抗作用和协同作用可以相互转化（李浩男，2022）。硒的生物利用度在维生素 A、维生素 C、维生素 E 或含有蛋氨酸的低分子量蛋白质存在时增加（Kieliszek，2019a）。硒的生物利用度在重金属和硫存在时降低，且硒可以降低汞的毒性。相对其他肉类，鱼肉中的硒含量很高。但是有的鱼类肉中的汞以及其他重金属含量高，重金属与硒结合形成不溶性无机复合物（Cabañero，2007）。

此外，煎、炸、油煮、烹调等加工方式均会影响食物中的总硒含量及人体对硒的吸收率（Funes-Collado，2015）。

三、每日推荐剂量

（一）评价硒状况的生物标志物

由于硒摄入量在中毒（>900 μg/d）和缺乏（<30 μg/d）之间的范围相对较窄，功能性生物标志物对于估计与健康风险和益处相关的摄入量至关重要（Ashton，2009）。

多数研究用以下指标评价人体的硒供应：血浆、血清或全血中硒的浓度，血浆（GPx3）、红细胞（GPx1）、凝血细胞（GPx1）或全血（GPx3 和 GPx1）中 GPx 活性以及血浆或血清中硒蛋白 P（SePP）的浓度（Ashton，2009；Burk，2001）。

血浆硒虽然通常不被认为是硒状况的理想生物标志物，但却是文献中使用最广泛的生物标志物（Thomson，2004）。Ashton（2009）强调了红细胞硒和全血硒作为硒状态标志物的有用性，在其他报道中，这两种硒都是长期硒状态的标志物。

大量研究表明血浆、血小板和全血 GPx 活性反映了硒的摄入量。有文献报道称，血小板中 GPx 家族的特定成员可作为硒状况的生物标志物。血小板 GPx1 和 GPx4 活性被认为是硒状况的准确反映（Hawkes，2008；Brown，2000），尽管当血浆硒相对较低时，即 100 ng/mL（Thomson，

1993)，血小板中 GPx1 活性的反应会达到一个峰值，因此使用血小板 GPx 活性作为硒状况的生物标志物可能仅限于基线硒状况较低的人群。

血液中最丰富的硒蛋白是 SePP（占血浆硒的 50%）和 GPx（占血浆硒的 10%~30%）（Deagen，1993）。SePP 和 GPx3 共同构成了血浆中 80~90 μg Se/L 的浓度（Burk，2001）。有研究认为血清或血浆中 SePP 的浓度是硒状态的极佳生物标志物，因为 SePP 代表硒的生理转运形式，并为重要器官系统提供硒元素。在硒供应不足的情况下，这一功能显得尤为重要。此外，血清 SePP 还可作为硒中毒的早期敏感指标，因为当硒供应充足时，血清 SePP 会达到一个平稳值，而当硒供应过量或有毒时，血清 SePP 会升高到阈值以上（Schomburg，2022）。其他报告证实，在硒摄入量相对较低至中等的人群中，硒蛋白 SePP 是一种相对可靠的生物标志物（Hill，1996），但在硒摄入量较高且在开始补充硒之前硒已充足的人群中，SePP 则不是相对可靠的生物标志物（Burk，2006）。

（二）硒摄入量

世界各地的硒摄入量的变化是由于许多因素造成的，包括种植作物和饲料的土壤硒含量、硒的形态、土壤 pH 值和有机质含量，以及与硒络合的离子的存在。在同一地理区域，食品中硒的含量与该区域土壤中硒的含量成正比。因此，不同地理区域饮食中硒的平均供给量存在比较大的差异。在美国，略超过 90 μg/d，而在委内瑞拉，估计为 326 μg/d。在一些欧洲国家，这种元素的摄入量低于推荐值（30 μg/d）。如在芬兰，一旦报告这种元素的供应量低于 30 μg/d 的水平，就在农业肥料中添加硒化合物，然后将芬兰人饮食中硒的供应量增加到 125 μg/d（Kieliszek，2019a）。

（三）每日推荐剂量

世界卫生组织建议成人硒摄入量为 55 μg/d，不能超过 400 μg/d（WHO，1996）。美国食品和营养委员会推荐女性为 45~55 μg/d，男性为 40~70 μg/d（FNB，2000）。儿童推荐剂量应为 25 μg/d（Tamari，1999）。

中国营养学会提出成年人对硒的平均需要量（estimated average requirement，EAR）为 50 μg/d，推荐摄入量（recommended nutrient intake，RNI）为 60 μg/d，最高耐受量（tolerable upper intake level，UL）为 400 μg/d（程义勇，2014）。

参考文献

包荣坤，朱发厅，喻世晏，等，2018. 硒对重金属拮抗作用与富硒产品

研究进展 [J]. 中国畜禽种业，14（10）：53-55.

陈永波，刘淑琴，刘瑶，等，2021. 富硒产品中硒的形态分析及化学评分模式的建立 [J]. 生物资源，43（1）：79-85.

程迈妮，王智勇，2021. 硒，有机硒与人类疾病与健康关系研究综述 [J]. 食品安全导刊（11）：44-47.

龚番文，张海波，幸清凤，等，2021. 硒及硒蛋白调节公畜繁殖性能的机理研究进展 [J]. 中国畜牧杂志，57（6）：15-19.

龚如雨，张宝军，艾春月，等，2018. 大米中硒的有机形态及其生物利用度研究 [J]. 中国粮油学报，33（7）：1-6.

郭嘉，门小明，邓波，等，2021. 动物硒蛋白功能、表达及其肉质调控机制研究进展 [J]. 浙江农业学报，33（9）：1779-1788.

胡秋辉，朱建春，2000. 硒的土壤生态环境，生物地球化学与食物链的研究现状 [J]. 农村生态环境，16（4）：54-57.

黄文峰，2020. 硒和硒蛋白对动物免疫作用的研究进展 [J]. 饲料研究，43（5）：103-105.

李海蓉，杨林生，谭见安，等，2017. 我国地理环境硒缺乏与健康研究进展 [J]. 生物技术进展，7（5）：381-386.

李浩男，谢晓宇，王立平，2022. 硒营养与人体健康 [J]. 食品工业，43（3）：325-330.

李韬，兰国防，2012. 植物硒代谢机理及其以小麦为载体进行补硒的策略 [J]. 麦类作物学报，32（1）：173-177.

李燕，牟天铭，苗洒洒，等，2023. 微量矿物元素硒对畜禽生产性能和产品品质影响的研究进展 [J]. 动物营养学报，35（7）：4191-4199.

刘镜，张生萍，王鑫，等，2021. 硒对牛生产性能影响的研究进展 [J]. 饲料研究，44（4）：124-128.

秦廷洋，李蓉，李夕萱，等，2016. 硒在反刍动物营养中的研究进展 [J]. 饲料工业，37（21）：52-57.

司振兴，梁郅哲，钱建财，等，2023. 植物对硒的吸收、转运及代谢机制研究进展 [J]. 作物杂志（2）：1-9.

谭见安，1989. 中华人民共和国地方病与环境图集 [M]. 北京：科学出版社.

王建强，崔璐莹，李建基，等，2019. 硒蛋白的功能及其对动物免疫的作用 [J]. 动物营养学报，31（9）：4008-4015.

王连顺,李梓萌,靳晓敏,等,2023. 硒和硒蛋白在水产养殖中的应用进展 [J]. 动物营养学报,35(1):77-85.

魏复盛,吴燕玉,郑春江,等,1990. 中国土壤元素背景值 [M]. 北京:中国环境科学出版社.

温晓鹿,杨雪芬,郑春田,等,2015. 有机硒对猪肉品质影响的研究进展 [J]. 中国饲料 (7):17-20.

吴小玲,石建凯,张攀,等,2018. 硒对母猪繁殖性能的影响及其作用机制 [J]. 动物营养学报,30(2):444-450.

殷娴,邵蕾娜,廖永红,等,2021. 微生物富集有机硒研究进展 [J]. 食品与发酵工业,47(5):259-266.

印遇龙,颜送贵,王鹏祖,等,2018. 富硒土壤生物转硒技术的研究进展 [J]. 土壤,50(6):1072-1079.

袁丽君,袁林喜,尹雪斌,等,2016. 硒的生理功能、摄入现状与对策研究进展 [J]. 生物技术进展,6(6):396-405.

张迪,何娜,杨晓莉,等,2022. 硒蛋白对人体健康重要作用的研究进展 [J]. 科学通报,67(6):473-480.

周国华,2020. 富硒土地资源研究进展与评价方法 [J]. 岩矿测试,39(3):319-336.

Ashton K, Hooper L, Harvey L J, et al. , 2009. Methods of assessment of selenium status in humans: a systematic review [J]. The American Journal of Clinical Nutrition, 89 (6): S2025-S2039.

Battin E E, Zimmerman M T, Ramoutar R R, et al. , 2011. Preventing metal-mediated oxidative DNA damage with selenium compounds [J]. Metallomics, 3 (5): 503-512.

Bergdahl I A, 1999. Fractionation of soluble selenium compounds from fish using size-exclusion chromatography with on-line detection by inductively coupled plasma mass spectrometry [J]. Analyst, 124 (10): 1435-1438.

Brigelius-Flohé R, Flohé L, 2017. Selenium and redox signaling [J]. Archives of Biochemistryand Biophysics, 617: 48-59.

Brown K M, Pickard K, Nicol F, et al. , 2000. Effects of organic and inorganic selenium supplementation on selenoenzyme activity in blood lymphocytes, granulocytes, platelets and erythrocytes. [J]. Clinical Science,

98 （5）：593-599.

Burk R F, Hill K E, Motley A K, 2001. Plasma selenium in specific and non-specific forms ［J］. Biofactors, 14 （1-4）：107-114.

Burk R F, Norsworthy B K, Hill K E, et al. , 2006. Effects of chemical form of selenium on plasma biomarkers in a high-dose human supplementation trial ［J］. Cancer Epidemiology Biomarkers & Prevention, 15 （4）：804-810.

Burton G J, Jauniaux E, 2011. Oxidative stress ［J］. Best Practice & Research Clinical Obstetrics & Gynaecology, 25 （3）：287-299.

Cabañero A I, Madrid Y, Cámara C, 2007. Mercury-selenium species ratio in representative fish samples and their bioaccessibility by an in vitro digestion method ［J］. Biological Trace Element Research, 119：195-211.

Chen J, Han J H, Guan W T, et al. , 2016. Selenium and vitamin E in sow diets：I. Effect on antioxidant status and reproductive performance in multiparous sows ［J］. Animal Feed Science and Technology, 221：111-123.

Combs Jr G F, 2015. Biomarkers of selenium status ［J］. Nutrients, 7 （4）：2209-2236.

Deagen J T, Butler J A, Zachara B A, et al. , 1993. Determination of the distribution of selenium between glutathione peroxidase, selenoprotein P, and albumin in plasma ［J］. Analytical Biochemistry, 208 （1）：176-181.

Dinh Q T, Cui Z, Huang J, et al. , 2018. Selenium distribution in the Chinese environment and its relationship with human health：a review ［J］. Environment International, 112：294-309.

Franke K W, 1934. A new toxicant occurring naturally in certain samples of plant foodstuffs. 1. Results obtained in preliminary feeding trials ［J］. Journal of Nutrition, 8：597-608.

Franke K W, 1934. A new toxicant occurring naturally in certain samples of plant foodstuffs. 2. The occurrence of the toxicant in the protein fraction ［J］. Journal of Nutrition, 8：609-612.

Frastke K W, Painter E P, 1936. Selenium in proteins from toxic foodstuffs. 1. Remarks on the occurrence and nature of the selenium present in a number of foodstuffs or their derived products [J]. Cereal Chemistry, 13: 67-70.

Funes-Collado V, Rubio R, López-Sánchez J F, 2015. Does boiling affect the bioaccessibility of selenium from cabbage? [J]. Food Chemistry, 181: 304-309.

Griffiths N M, Stewart R D H, Robinson M F, 1976. The metabolism of [75Se] selenomethionine in four women [J]. British Journal of Nutrition, 35 (3): 373-382.

Gupta M, Gupta S, 2017. An overview of selenium uptake, metabolism, and toxicity in plants [J]. Frontiers in Plant Science, 7: 7-15.

Hadrup N, Ravn-Haren G, 2021. Absorption, distribution, metabolism and excretion (ADME) of oral selenium from organic and inorganic sources: a review [J]. Journal of Trace Elements in Medicine and Biology, 67: 126801.

Halverson A W, Guss P L, Olson O E, 1962. Effect of sulfur salts on selenium poisoning in the rat [J]. The Journal of Nutrition, 77 (4): 459-464.

Hawkes W C, Richter B D, Alkan Z, et al., 2008. Response of selenium status indicators to supplementation of healthy North American men with high-selenium yeast [J]. Biological Trace Element Research, 122 (2): 107-121.

Hill K E, Xia Y, Åkesson B, et al., 1996. Selenoprotein P concentration in plasma is an index of selenium status in selenium-deficient and selenium-supplemented Chinese subjects [J]. The Journal of Nutrition, 126 (1): 138-145.

Hsueh Y M, Su C T, Shiue H S, et al., 2017. Levels of plasma selenium and urinary total arsenic interact to affect the risk for prostate cancer [J]. Food and Chemical Toxicology, 107: 167-175.

Huerta V D, Sánchez M L F, Sanz-Medel A, 2004. Quantitative selenium speciation in cod muscle by isotope dilution ICP-MS with a reaction cell: comparison of different reported extraction procedures [J]. Journal of Analytical Atomic Spectrometry, 19 (5): 644-648.

Hurst R, Armah C N, Dainty J R, et al., 2010. Establishing optimal selenium status: results of a randomized, double-blind, placebo-controlled trial [J]. The American Journal of Clinical Nutrition, 91 (4): 923-931.

Institute of Medicine, Food and Nutrition Board, 2000. Dietary reference intakes for vitamin C, vitamin E, selenium, and carotenoids [M]. Washington: National Academy Press: 1-20.

Kieliszek M, Błażejak S, Bzducha-Wróbel A, et al. , 2019b. Effect of selenium on growth and antioxidative system of yeast cells [J]. Molecular Biology Reports, 46: 1797-1808.

Kieliszek M, Błażejak S, Gientka I, et al. , 2015. Accumulation and metabolism of selenium by yeast cells [J]. Applied Microbiology and Biotechnology, 99: 5373-5382.

Kieliszek M, Błażejak S, 2016. Current knowledge on the importance of selenium in food for living organisms: a review [J]. Molecules, 21 (5): 609.

Kieliszek M, 2019a. Selenium - fascinating microelement, properties and sources in food [J]. Molecules, 24 (7): 1298.

Kipp A P, Strohm D, Brigelius-Flohé R, et al. , 2015. Revised reference values for selenium intake [J]. Journal of Trace Elements in Medicine and Biology, 32: 195-199.

Kohrle J, Jakob F, Contempré B, et al. , 2005. Selenium, the thyroid, and the endocrine system [J]. Endocrine Reviews, 26 (7): 944-984.

Kotrebai M, Birringer M, Tyson J F, et al. , 2000. Selenium speciation in enriched and natural samples by HPLC-ICP-MS and HPLC-ESI-MS with perfluorinated carboxylic acid ion - pairing agents [J]. Analyst, 125 (1): 71-78.

Kumar B S, Priyadarsini K I, 2014. Selenium nutrition: how important is it? [J]. Biomedicine & Preventive Nutrition, 4 (2): 333-341.

Labunskyy V M, Hatfield D L, Gladyshev V N, 2014. Selenoproteins: molecular pathways and physiological roles [J]. Physiological Reviews, 94 (3): 739-777.

Laude K, Thuillez C, Richard V, 2002. Peroxynitrite triggers a delayed resistance of coronary endothelial cells against ischemia - reperfusion injury

[J]. American Journal of Physiology Heart & Circulatory Physiology, 283 (4): 1418-1423.

Lee K H, Jeong D, 2012. Bimodal actions of selenium essential for antioxidant and toxic pro - oxidant activities: the selenium paradox (Review) [J]. Molecular Medicine Reports, 5 (2): 299-304.

Lemly A D, 2002. Symptoms and implications of selenium toxicity in fish: the Belews Lake case example [J]. Aquatic Toxicology, 57 (1 - 2): 39-49.

Lyons M P, Papazyan T T, Surai P F, 2007. Selenium in food chain and animal nutrition: lessons from nature - review [J]. Asian - Australasian Journal of Animal Sciences, 20 (7): 1135-1155.

Martens D A, Suarez D L, 1996. Selenium speciation of soil/sediment determined with sequential extractions and hydride generation atomic absorption spectrophotometry [J]. Environmental Science & Technology, 31 (1): 133-139.

Mehdi Y, Hornick J L, Istasse L, et al., 2013. Selenium in the environment, metabolism and involvement in body functions [J]. Molecules, 18 (3): 3292-3311.

Mistry H D, Pipkin F B, Redman C W G, et al., 2012. Selenium in reproductive health [J]. American Journal of Obstetrics and Gynecology, 206 (1): 21-30.

Navarro-Alarcon M, Cabrera-Vique C, 2008. Selenium in food and the human body: a review [J]. Science of The Total Environment, 400 (1): 115-141.

Nuttall K L, 2006. Evaluating selenium poisoning [J]. Annals of Clinical & Laboratory Science, 36 (4): 409-420.

Patai, S, Rappoport Z, 1986. The Chimestry of Organis Selenium and Tellurium Compounds (Volume 1) [M]. New York: Willey.

Patterson E L, Milstrey R, Stokstad E L R, 1957. Effect of selenium in preventing exudative diathesis in chicks [J]. Proceedings of the Society for Experimental Biology and Medicine, 95 (4): 617-620.

Pinsent J, 1954. The need for selenite and molybdate in the formation of formic dehydrogenase by members of the coli - aerogenes group of bacteria

［J］. Biochemical Journal, 57（1）: 10-16.

Post M, Lubiński W, Lubiński J, et al., 2018. Serum selenium levels are associated with age-related cataract［J］. Annals of Agricultural and Environmental Medicine, 25: 443-448.

Rayman M P, Infante H G, Sargent M, 2008. Food-chain selenium and human health: spotlight on speciation［J］. British Journal of Nutrition, 100（2）: 238-253.

Rayman M P, Winther K H, Pastor-Barriuso R, et al., 2018. Effect of long-term selenium supplementation on mortality: results from a multiple-dose, randomised controlled trial［J］. Free Radical Biology and Medicine, 127: 46-54.

Rayman M P, 2012. Selenium and human health［J］. The Lancet, 379（9822）: 1256-1268.

Rayman M P, 2020. Selenium intake, status, and health: a complex relationship［J］. Hormones, 19（1）: 9-14.

Reich H J, Hondal R J, 2016. Why nature chose selenium［J］. ACS Chemical Biology, 11（4）: 821-841.

Rotruck J T, Pope A L, Ganther H E, et al., 1973. Selenium: biochemical role as a component of glutathione peroxidase［J］. Science, 179（4073）: 588-590.

Schomburg L, 2022. Selenoprotein P-Selenium transport protein, enzyme and biomarker of selenium status［J］. Free Radical Biology and Medicine, 191: 150-163.

Schwarz K, Bieri J G, Briggs G M, et al., 1957. Prevention of exudative diathesis in chicks by factor 3 and selenium［J］. Proceedings of the Society for Experimental Biology and Medicine, 95（4）: 621-625.

Schwarz K, Foltz C M, 1957. Selenium as an integral part of factor 3 against dietary necrotic liver degeneration［J］. Journal of the American Chemical Society, 79（12）: 3292-3293.

Schwarz K, 1951. A protective factor in yeast against liver necrosis in rats［J］. Proceedings of the Society for Experimental Biology and Medicine, 78: 852-854.

Stadlober M, Sager M, Irgolic K J, 2001. Effects of selenate supplemented fertilisation on the selenium level of cereals – Identification and quantification of selenium compounds by HPLC – ICP – MS [J]. Food Chemistry, 73 (3): 357-366.

Sun G X, Van de Wiele T, Alava P, et al. , 2017. Bioaccessibility of selenium from cooked rice as determined in a simulator of the human intestinal tract (SHIME) [J]. Journal of the Science of Food and Agriculture, 97 (11): 3540-3545.

Takahashi H, Nishina A, Fukumoto R H, et al. , 2005a. Selenocarbamates are effective superoxide anion scavengers in vitro [J]. European Journal of Pharmaceutical Sciences, 24 (4): 291-295.

Takahashi H, Nishina A, Fukumoto R H, et al. , 2005b. Selenoureas and thioureas are effective superoxide radical scavengers in vitro [J]. Life Sciences, 76 (19): 2185-2192.

Tamari Y, Kim E S, 1999. Longitudinal study of the dietary selenium intake of exclusively breast-fed infants during early lactation in Korea and Japan [J]. Journal of Trace Elementsin Medicine and Biology, 13 (3): 129-133.

Tapiero H, Townsend D M, Tew K D, 2003. The antioxidant role of selenium and seleno-compounds [J]. Biomedicine & Pharmacotherapy, 57 (3-4): 134-144.

Thannickal V J, Fanburg B L, 2000. Reactive oxygen species in cell signaling [J]. American Journal of Physiology – Lung Cellular and Molecular Physiology, 279 (6): L1005-L1028.

Thomson C D, Robinson M F, Butler J A, et al. , 1993. Long-term supplementation with selenate and selenomethionine: selenium and glutathione peroxidase (EC 1. 11. 1. 9) in blood components of New Zealand women [J]. British Journal of Nutrition, 69: 577-588.

Thomson C D, Stewart R D H, 1974. The metabolism of [75Se] selenite in young women [J]. British Journal of Nutrition, 32 (1): 47-57.

Thomson C D, 2004. Assessment of requirements for selenium and adequacy of selenium status: a review [J]. European Journalof Clinical Nutrition, 58 (3): 391-402.

Thomson C D, 2004. Selenium and iodine intakes and status in New Zealand

and Australia [J]. British Journal of Nutrition, 91: 661-672.

Tinggi U, 2003. Essentiality and toxicity of selenium and its status in Australia: a review [J]. Toxicology Letters, 137 (1-2): 103-110.

Wen H, Carignan J, 2007. Reviews on atmospheric selenium: Emissions, speciation and fate [J]. Atmospheric Environment, 41 (34): 7151-7165.

WHO/FAO/IAEA, 1996. Trace elements in human nutrition and health [M]. Geneva: World Health Organization.

WHO, 2004. Guidelines for drinking-water quality [M]. Geneva: World Health Organization.

Yamashita M, Yamashita Y, Suzuki T, et al. , 2013. Selenoneine, a novel selenium-containing compound, mediates detoxification mechanisms against methylmercury accumulation and toxicity in Zebrafish Embryo [J]. Marine Biotechnology, 15 (5): 559-570.

Zwolak I, Zaporowska H, 2012. Selenium interactions and toxicity: a review: selenium interactions and toxicity [J]. Cell Biologyand Toxicology, 28: 31-46.

第八章 硒与畜禽健康养殖

硒对于畜禽的健康养殖具有重要意义。硒是畜禽维持正常生理活动必需的微量元素。但在不同地区，土壤中硒的含量差异性大。少数土壤硒富足地区，畜禽甚至出现硒中毒现象。但更广大地区的土壤缺硒，导致当地饲料作物中的硒含量不足，难以满足畜禽正常的生长需要（刘金旭，1985）。在缺硒状况下补硒，可以提高畜禽生产和繁殖性能，增强抗氧化功能，提高免疫力（洪作鹏，2021），减少养殖过程中药物的使用。在饲粮中添加硒能够有效提升畜禽产品硒含量，改善产品品质，为人类提供优质的硒源，对于提高人体硒含量，维持生命健康具有重要意义。

第一节 畜禽养殖常用硒源

硒可以分为无机硒、有机硒和单质硒（何潇潇，2023）。常见的无机硒饲料添加剂有亚硒酸钠和硒酸钠，其中亚硒酸钠使用较为广泛。无机硒作为饲料添加剂，具有硒含量高、价格较低的优点。但是其缺点是毒性大、生物利用率低、组织沉积效果差。大量无机硒随粪尿排出体外，严重污染环境（Fasiangova，2017）。一些国家已禁用亚硒酸钠作为饲料添加剂。

有机硒主要包括硒代蛋氨酸（硒代甲硫氨酸，SeMet）、硒代半胱氨酸（SeCys）和甲基硒代半胱氨酸（SeMeCys）等。常见的有机硒饲料添加剂包括富硒酵母、硒代蛋氨酸、硒代蛋氨酸羟基类似物（HMSeBA）和富硒藻类等。由于其以主动吸收的方式被机体吸收利用，因此有机硒同无机硒相比具有适口性好、生物利用率高、组织沉积效果好、毒性小、环境污染小等优点（李燕，2023）。

当前富硒酵母在饲料生产中应用广泛。酵母具有很强的富硒能力，可将培养基中的亚硒酸盐、硒酸盐等无机硒转化为各种硒代氨基酸等有机硒，总硒含量可以积累高达 2 000~3 000 mg/kg。但由于生物发酵固有的复杂性，酵母硒的硒含量和成分差异比较大。陈永波（2021）测定了一种酿酒酵母硒的硒代氨基酸结构，总硒为 1 537.22 mg/kg，蛋白态硒为

1 534.72 mg/kg，其中 SeMet 740.51 mg/kg（占总硒的 48.17%），SeMeCys 640.73 mg/kg（41.68%），SeCys$_2$ 153.47 mg/kg（9.99%）。Alexander（2019）利用 X 射线吸收近边结构（XANES）吸收光谱法对富硒酵母中的硒形态进行原位表征，研究发现富硒酵母中主要以硒蛋氨酸形式（75%）存在，此外还有硒-腺苷硒高胱氨酸、硒代胱氨酸、胱硒醚、甲基硒代半胱氨酸、谷氨基-硒-甲基硒代半胱氨酸等硒有机物存在（Katarzyna，2012）。Bierła（2017）的研究报道，产朊假丝酵母富硒量为 4 019 mg/kg，水溶性硒为 3 306 mg/kg，代谢产生的主要的硒化合物为硒代高羊毛氨酸，占总硒的 82.3%，SeMet 仅占总硒的 11.6%。作为一类新兴的畜禽饲料添加剂，富硒酵母及其衍生产品的质量标准尚未颁布，相关市场亟待规范（刘皓，2020）。

单质硒包括若干个同素异形体，分别为黑色、红色、灰色和无定形单质硒，当氧化态硒被还原成单质硒，溶液中会出现红色浑浊，红色单质硒具备生物学活性，可以形成纳米硒（SeNPs），用于医疗和营养（殷娴，2021）。纳米硒是纳米尺度的单质硒，具有结构稳定、比表面积大、生物活性高、生物利用率高、毒性低等优点，作为硒饲料添加剂利用潜力大（Rana，2021）。纳米硒的合成方法分为化学合成、物理合成及生物合成 3 种途径。纳米硒的物理合成方法有 3 种。光催化法是指利用高效催化剂，在光照条件下，通过释放一定数量的电子，高价态的硒接受电子，被还原成单质硒，催化剂通过其他途径还原成初始状。脉冲激光烧蚀法是利用高能量激光束对硒源进行轰击，使高价态硒被轰击还原成单质硒。电化学法是利用模板材料，在负极处高价态的硒（如 $SeO3^{2-}$、$HSeO3^{3-}$）在电极表面得到电子被还原成单质硒。在化学合成方面，纳米硒能够在多糖存在下利用维生素 C 还原亚硒酸溶液制备。亚硒酸溶液与多糖水溶液和抗坏血酸溶液混合，逐渐将最初的无色液体转化为红色液体。在进行化学反应之后，纳米硒被壳聚糖包裹以封装形成纳米硒的内部结构。常用的无机硒源有二氧化硒（SeO_2）、亚硒酸钠（Na_2SeO_3）、亚硒酸（H_2SeO_3）等，利用这些硒源结合还原剂（葡甘露聚糖、阿拉伯胶或羧甲基纤维素）还原成为单质硒。生物法合成纳米硒是通过细菌、真菌等微生物或绿色植物的还原作用将毒性较大的无机硒转变为毒性较小的红色单质。微生物通过呼吸作用、同化还原、异化还原、生物群落甲基化等途径，将环境中的无机硒作为电子受体进行代谢，生成的纳米硒分泌在细胞外或者累积在细胞内（王霞，2023）。

为满足日益增长的市场需求，含硒活性物质的开发技术正迅猛发展。随着生物同化技术、转基因技术、酸催化技术、微胶囊技术、纳米技术和超声波辅助技术等的深入研究和实践（向东，2023），将会开发更多功能和种类的硒饲料添加剂。

第二节　动物对硒的吸收、代谢及在组织中的分布

一、硒的吸收与代谢

硒元素主要在动物的小肠上皮被吸收，亚硒酸盐通过简单扩散在肠壁被动吸收，硒酸盐与硫酸盐均通过与钠离子协同转运而被吸收（Shini，2015）。硒代蛋氨酸和硒代半胱氨酸通过活性氨基酸转运机制主动吸收，参与机体蛋白质的合成（Vendeland，1994），因此，有机硒相较于无机硒更容易沉积于动物肌肉组织中，显著提高动物肌肉硒含量（Schrauzer，2000）。

不同物种对不同形态硒的吸收差异大。如单胃动物及家禽对亚硒酸钠的吸收率高达50%~80%，而反刍动物的吸收率只有29%。部分亚硒酸盐在反刍动物肠道内生成不溶性化合物，无法被动物利用，这可能就是反刍动物在生产中更容易出现缺硒症状的原因（秦廷洋，2016）。相比无机硒，反刍动物瘤胃微生物对有机态硒（如硒代蛋氨酸 SeMet）的结合效率更高（郭璐，2020）。动物对有机硒（如 SeMet）的吸收率在90%以上（Ha，2019）。

贺淼（2020）比较了19~22周龄海兰褐商品代蛋鸡对酵母硒（Se-Y）和亚硒酸钠硒（S-Se）的利用率（表8-1），试验期4周，结果表明与亚硒酸钠硒组相比，酵母硒组粪硒排泄率显著减少了54.21%，硒总利用率、蛋硒沉积率、体硒沉积率分别显著提高了79.48%、81.52%、72.10%。

表8-1　不同硒源在蛋鸡上的硒利用率

	鸡总采食量/ g	饲料硒含量/ (mg/kg)	鸡蛋总重/ g	蛋硒含量/ (mg/kg)	粪便总量/ g	粪硒含量/ (mg/kg)	鸡摄入硒量/ μg	鸡蛋硒沉积量/ μg	鸡粪硒排泄量/ μg	体硒沉积量/ μg	蛋硒沉积率/ %	体硒沉积率/ %	硒排泄率/ %	硒总利用率/ %
S-Se组	584.70	0.30	273.13	0.20	128.75	0.81	175.41	55.72	104.29	15.40	31.77	8.78	59.45	40.55
Se-Y组	630.00	0.30	279.48	0.39	128.63	0.40	189.00	109.00	51.45	28.55	57.67	15.11	27.22	72.78

注：根据文献（贺淼，2020）整理。

无机硒进入体内后，在硫氧还蛋白还原酶与谷胱甘肽的作用下直接生成硒化物。有机硒转化为硒代半胱氨酸（SeCys）、硒代蛋氨酸（SeMet）或甲基硒再生成硒化物（Mihara，2016）。硒代蛋氨酸可进入蛋氨酸池代替蛋氨酸直接（非特异性）与体蛋白质结合或者解离（Shini，2015）。硒代蛋氨酸通过硒代半胱氨酸裂解酶（sele-nocysteine lyase，SCLY）降解为硒化物和丙氨酸。硒化物在动物体内通常以蛋白结合形式存在，在硒磷酸合成酶作用下生成硒磷酸，进入硒蛋白表达合成环节。体内过多的硒元素先经过硒化物形式，最终大部分以二甲基硒或三甲基硒化物的形式通过尿液排出，动物体经肾脏排泄的硒占总硒的55%~60%，另外有少量硒通过粪便、毛发和汗液排泄到体外（Pedrosa，2012；郭嘉，2021）。当动物体内硒含量过高时，硒会在动物体内生成具有挥发性的硒的甲基化合物，通过呼吸道以气体的形式排出体外（秦廷洋，2016）。

二、动物组织中硒的分布

硒被动物代谢吸收后广泛存在于各组织器官，其硒含量的多少不仅与添加的硒源和添加水平有关，而且与沉积部位有关。不同组织器官之间硒含量的差异很大。表8-2数据表明无论是牛、羊（反刍动物）、猪（单胃动物），还是鸡、鸭、鹅等禽类，肾脏的硒含量都是最高的。肾脏是血浆谷胱甘肽过氧化物酶合成的主要部位，也是动物体排泄硒的主要器官。其次是睾丸的硒含量也很高。硒磷酸合成酶-2（SPS-2）是位于睾丸中的硒蛋白之一，线粒体包膜硒蛋白（MCSeP）也位于精子线粒体包膜中（Fair-weather，2010）。硒缺乏会对精子造成损害，常与生殖障碍有关。肝脏、心脏和肺的硒含量也很丰富。目前发现的主要硒蛋白中有8种硒蛋白存在于肝脏组织中，肝脏硒水平的高低直接影响机体抗氧化能力和对疾病的抵抗力。克山病亦称地方性心肌病，主要病变是心肌实质变性进而心力衰竭。克山病的发病与缺硒有关，氧化应激是心脏损伤的主要病理因素。硒能提高心脏抗氧化能力，保护其免受氧化应激的损伤，并且硒可以抑制氧化应激导致的细胞凋亡。因此心脏保持一定硒水平，对动物健康至关重要。相比肾脏、肝脏和心脏，肌肉中硒含量较低，但肌肉中硒的总积累量最高（Mehdi，2015）。

表8-2 不同硒源对畜禽组织器官硒含量的影响

品种	硒源	日粮硒水平/(mg/kg)	饲喂时间	血液/(mg/kg)	肌肉/(mg/kg)	心脏/(mg/kg)	肝脏/(mg/kg)	胸肌/(mg/kg)	肾脏/(mg/kg)	脾/(mg/kg)	肺/(mg/kg)	肠/(mg/kg)	其他组织/(mg/kg)	参考文献
滩羊	酵母硒	0.250（其中基础日粮0.160）	60 d	血清，130.0 μg/kg	0.11	0.24	0.69	0.38	1.55	0.26	0.26	0.19		贾雪嫘，2021
白山羊	富硒土壤	自由放牧	1周岁公山羊	血清，420.1 μg/L	0.188 2	0.232 5	0.311 4		0.715 9	0.325 2	0.336 5		毛发，0.291 1	张磊，2014
白山羊	普通土壤	自由放牧	1周岁公山羊	血清，88.4 μg/L	0.045 3	0.034 6	0.043		0.325 6	0.054 5	0.103 6		毛发，0.088 4	张磊，2014
肉牛	酵母硒	0.400	38 d		0.143	0.257	0.443		1.365					魏慧娟，2022
肉牛	酵母硒	0.400	83 d		0.336	0.438	0.633		1.862					魏慧娟，2022
比利时蓝公牛	富硒谷物	0.173	400~450 kg 育肥至585 kg	血浆，66.0 μg/L	0.477		1.126		5.655		0.860		睾丸，2.309	Mehdi，2015
长白母猪	亚硒酸钠	0.300	妊娠90 d到产后21 d		0.07		0.360		0.560				初乳，0.17，常乳，0.026	王宇萍，2013
长白母猪	酵母硒	0.200	妊娠90 d到产后21 d		0.16		0.420		0.720				初乳，0.20，常乳，0.032	王宇萍，2013
长大二元杂交肥育猪	酵母硒	0.300	40 d		0.236	0.208	0.472		1.486	0.330	0.283			权群学，2015
杜长大杂交肥育猪	甘氨酸纳米硒	0.300	60 d	血清，253.5 μg/L	0.032 0	0.140 1	0.154 1	0.363 1	0.756 6					戴五洲，2018

注：反刍动物；单胃动物

（续表）

	品种	硒源	日粮硒水平/(mg/kg)	饲喂时间	血液/(mg/kg)	肌肉/(mg/kg)	心脏/(mg/kg)	肝脏/(mg/kg)	胰腺/(mg/kg)	肾脏/(mg/kg)	脾脏/(mg/kg)	肺脏/(mg/kg)	肠/(mg/kg)	其他组织/(mg/kg)	参考文献
	肉鸡	酵母硒	0.300	42 d	血清，190.0 μg/L	0.190		0.55		0.53					彭楚才，2015
	肉鸡	亚硒酸钠	0.300	42 d		0.182		0.356		0.405			0.374	胫骨，0.168	李丽伟，2023
	肉鸡	纳米硒	0.300	42 d		0.172		0.272		0.421			0.360	胫骨，0.153	李丽伟，2023
	肉鸡	酵母硒	0.300	42 d		0.251		0.201		0.525			0.419	胫骨，0.165	李丽伟，2023
	肉鸡	蛋氨酸硒	0.300	42 d		0.431		0.315		0.562			0.512	胫骨，0.195	李丽伟，2023
禽类	蛋鸡	酵母硒	0.352（其中基础日粮 0.150）	35 d		0.196		0.686		0.732					王宏祥，2013
	蛋鸡	亚硒酸钠	0.349（其中基础日粮 0.150）	35 d		0.182		0.668		0.801					王宏祥，2013
	肉鸭	酵母硒	0.300	48 d	血清，76.0 μg/kg	0.576		0.56		0.652				粪，0.212	李红英，2018
	鹅	亚硒酸钠	0.500	14 d		0.117	0.324	0.576			0.335				甘辉群，2014

第三节　硒与其他营养元素的相互作用

一、硒与维生素 E 的协同作用

维生素 E 是影响膳食硒摄入量的因素之一，硒与维生素 E 的抗氧化功能是相互依存的。维生素 E 是抗氧化防御系统的重要组成部分，有助于保护细胞膜中的多不饱和脂肪酸免受过氧化损伤（Khan，2011）。硒作为抗氧化剂的另一种作用模式是与维生素 E 具有协同作用，能互补互利共同保护细胞膜脂质免受过氧化损害等。

硒与维生素存在互相制约关系。例如，在硒缺乏期间，由于严重的胰腺变性，导致脂溶性维生素如维生素 E 和维生素 A 的吸收受损（Noguchi，1973）。而缺维生素 E，不能合成过氧化物酶。硒缺乏可以通过摄入足够的维生素 E 来部分补偿，反之亦然（Mehdi，2016）。但是其中一种微量元素含量低于最低需要值时，另一种微量元素无论添加多少，都不能弥补微量元素的不足（陈国旺，2021）。因此，缺硒动物的一些氧化损伤可能与缺硒期间维生素 E 状态受损有关，补充维生素 E 可以预防这些损伤。例如，在热应激鹌鹑中，随着维生素 E（0、250 mg/kg 和 500 mg/kg）和亚硒酸钠（0、0.1 mg/kg 和 0.3 mg/kg）水平的增加，血清维生素 A 和维生素 E 浓度增加，而 MDA 浓度线性下降（Sahin，2005）。在对蛋鸡和肉鸡进行的实验中，发现补充硒可以增加鸡蛋和肉类中维生素 E 的保留率（Habibian，2015）。

硒与维生素 E 协同作用在大量的畜禽试验中得到了验证。Habibian（2014）报道，热应激肉鸡在饲粮中添加 0.5 mg/kg 硒和 125 mg/kg 维生素 E 时，体液免疫反应显著高于单独添加硒或维生素 E 的肉鸡。刘雯雯（2010）研究表明，育肥猪饲粮中同时添加酵母硒（0.3 mg/kg）和维生素 E（100 mg/kg），GPx 显著高于对照组，表现出硒和维生素 E 的协同抗氧化作用。施力光（2016）研究发现，补充 0.5 mg/kg 酵母硒和 100 mg/kg 维生素 E 可以显著增加山羊的精子密度和精子活力，极显著降低精子畸形率，改善精液品质。Jerysz（2013）研究报道，添加 0.3 mg/kg 硒和 100 mg/kg 维生素 E 可提高人工采精时种鹅完全射精反应的频率（82.7% vs. 73.5%），显著提高射精量、精子浓度和活精子比例，并降低未成熟精子的百分比和精液丙二醛（MDA）含量。金海峰（2018）研究表明，在妊娠母山羊饲粮中添加不同水平的硒对妊娠第 120 d 母山羊血清 FSH 含量有显著影响，以饲粮

中添加 0.2 mg/kg 硒和 100 IU/kg 维生素 E 时促进激素分泌效果最佳。陈庞
（2020）研究发现，在围产期奶牛基础日粮中补充 0.3 mg/kg 硒和 80 IU/kg
维生素 E 可以减轻分娩对机体造成的应激反应，同时还可以提高其繁殖性
能。戴晋军等（2011）报道，在 85 kg 育肥猪日粮中添加 0.30 mg/kg 酵母
硒和 25 IU/kg 的维生素 E，肌肉 24 h 的滴水损失降低 41.2%。

二、硒与多不饱和脂肪酸的协同作用

硒具有保护作用，膳食硒不足时，可改善增加多不饱和脂肪酸饮食
（特别是 n-6 PUFA）造成的机体抗氧化能力降低问题。据报道在缺硒地区，
动脉硬化及冠心病呈地区性高发（杨光圻，1982）。如果富含 PUFA 的植物
油类（如豆油）摄入不当，过量的 PUFA 负荷反而加重了缺硒症状，可能
对其体内抗氧化系统平衡产生不良影响。周余来（1997）研究报道，饲料
中添加豆油（60 g/kg），饲养 70 d，可使大鼠血浆中脂质过氧化物含量显著
增加，膜系统 α-Tocopherol 的消耗量亦增加，n-6 PUFA 长期负荷可使饲喂
低硒低维生素 E 饲料的动物体内的抗氧化能力下降。胡秀丽（2000）在低
硒（0.011 mg/kg）饲料中按 50 g/kg 剂量分别添加豆油（n-6 PUFA）和鱼
油（n-3 PUFA），喂养大鼠 30 d，血中 GSH-Px 活性明显降低，同时伴有
脂质过氧化物（LPO）含量升高，补硒后（0.10 mg/kg）上述变化均有明
显纠正。我国幅员辽阔，处于机体贫硒状态的人群众多，因而在饮食中摄入
PUFA 的同时，更应注意补充适量微量元素硒。

硒可改善因 PUFA 强化引发脂质氧化问题。研究表明，多不饱和脂肪酸
在抑制肿瘤血管发生、冠状动脉硬化等过程中均发挥重要作用，因人体不能
合成而成为人体必需脂肪酸。因此，通过日粮添加富含 PUFA 的油脂、籽
实、饼粕，提高动物体组织中不饱和脂肪酸的沉积，获得有益于人类健康的
肉奶制品，成为近年来研究的热点。但肌肉中 PUFA 增加容易引发脂质氧
化，造成组织损伤，引起酸败而不易保存。因此，饲料添加 PUFA 提高动物
体组织中 PUFA 沉积的同时，应添加抗氧化物质，防止不饱和脂肪酸在体内
的过氧化损失。樊懿萱（2018）研究报道，在 3 月龄的湖羊日粮添加 10%
紫苏籽、0.75 mg/kg 酵母硒，饲养 60 d，显著增加肌肉和肝 n-3 多不饱和
脂肪酸含量，降低 n-6/n-3 比值，显著提高了血清 CAT 活性和 T-AOC，降
低了肝中丙二醛含量，从而抑制脂质过氧化反应，提高了肝中 *CAT* 和 *GPx*
基因的表达量，上述结果表明，在紫苏籽日粮中添加酵母硒可提高湖羊机体
的抗氧化能力。刘雯雯（2010）在 DLY 杂交猪育肥后期（80~110 kg）日

粮中添加5%的氧化鱼油5周后，显著提高冷藏2 d肉样的肉色b*和2 d、4 d肉样MDA含量，及血清BUN、MDA水平。硒和维生素E的添加能显著改善肉质和血液抗氧化酶活水平，且与鱼油在育肥猪ADG、肉色a*、滴水损失和血清SOD、GPx水平上有显著互作。0.3 mg/kg硒+100 mg/kg维生素E的添加在氧化鱼油组的作用效应大于新鲜鱼油组。

三、硒与其他微量元素

Kessler（1993）研究报道，富含碳水化合物、硝酸盐、硫酸盐、钙或氰化氢的日粮会对牛体内硒的利用产生负面影响。当硫浓度超过2.4 g/kg DM时，会降低硒的吸收。Fe^{3+}也会降低硒的吸收速率，因为Fe^{3+}将硒沉淀成小肠细胞无法吸收的复杂形式（Spears，2008）。饲料中0.8%日粮钙水平可使妊娠后期奶牛对硒的表观吸收达到最佳（Harrison，1984），但García-Vaquero（2011）研究表明，在牛体内补充钙会导致肌肉中硒含量显著降低。此外，犊牛日粮中铅浓度高时，血清硒水平及各组织中硒含量降低（Neathery，1987）。缺碘会加剧缺硒。在牛甲状腺中，缺碘导致硒蛋白d1的显著诱导，并伴有GPx活性升高（Zagrodzki，1998）。富含粗蛋白质和纤维素的原料对硒的吸收速率有积极的影响（Mehdi，2016）。

第四节 硒在反刍动物养殖中的应用

一、提高生产性能

硒对动物甲状腺激素的分泌代谢具有调节作用，可以促进反刍动物生长。硒通过脱碘酶参与甲状腺激素的代谢调节过程。日粮缺硒会引起牛血液中三碘甲状腺原氨酸（T3）含量的降低、四碘甲状腺原氨酸（T4）含量的升高以及T3/T4比值的降低。T4与T3的转化平衡与动物机体的生长机能密切相关。缺硒状态下的动物补硒会产生显著的促进生长效果，足硒状态下的动物补硒往往效果不显著（刘镜，2021）。5-碘甲状腺原氨酸脱碘酶是一种依赖硒的硒蛋白，在硒缺乏的情况下，它是最后受影响的蛋白质之一。这种反应的延迟可以解释有的研究显示在青年育肥公牛和阉牛日粮中添加硒对屠宰体重和胴体产量没有显著影响。补硒对牛的影响和效果取决于动物的生理阶段、硒状态、硒的种类和含量以及给硒方式（Mehdi，2016）。

硒可以提高反刍动物瘤胃微生物的活性，促进瘤胃发酵（武霞霞，

2013），提高营养物质表观消化率（Wei，2019）。硒可促进瘤胃中分解纤维素细菌的生长，导致更高的挥发性脂肪酸（VFA）产生，从而降低瘤胃 pH值（Hendawy，2021）。硒可以提高瘤胃丙酸浓度，而丙酸可以给反刍动物提供更多的能量用于增重。补硒对羔羊和犊牛的健康生长也具有积极作用，可以通过提高营养物质消化率提高平均日增重（Aliarabi，2019）。

硒还可以促进奶牛泌乳，可能与其能增强乳腺上皮细胞活力，促进乳腺发育，或降低热应激等有关（Han，2021）。Sun（2019）研究表明荷斯坦奶牛补充 0.3 mg/kg 羟基硒代蛋氨酸硒，可提高其产奶量。王登峰（2011）发现在基础日粮中添加 0.3 mg/kg、0.6 mg/kg 和 0.9 mg/kg 酵母硒，有机硒的剂量与奶牛的产奶量呈现显著的一元二次剂量依赖关系。补硒可以促进反刍动物的泌乳。在泌乳奶牛饲粮中补充无机硒和有机硒都能提高牛奶硒含量，但有机硒效果更佳，且更有利于改善奶牛的健康状况。但是也有研究对于补充硒能否提升产奶量和改善奶营养成分存在争议，这与奶牛所处环境、生长阶段、饲料来源及硒来源等存在较大关系（Li，2019）。

补充硒可以缓解缺硒产生的疾病和功能障碍，从而间接影响动物生长发育。另外，补充硒可以提高机体抗氧化、抗应激和免疫力，间接促进反刍动物生长。刘敏（2014）研究报道，在缺硒地区妊娠后期的滩羊饲粮中添加适量亚硒酸钠和维生素 E 可预防羔羊出生后缺硒，且能促进羔羊的生长发育，提高日增重并增长体尺。朱翱翔（2017）研究报道，日粮中添加 0.3 mg/kg 酵母硒的育成期湖羊日增重显著增加，料重比降低。黄志秋（2002）研究发现，精料中补充亚硒酸钠对青年荷斯坦母牛体增重效果显著。马雄（2011）研究报道补硒对绒山羊羔羊的平均日增重有所提高，但影响并不显著。蔡秋（2012）研究报道在精饲料中添加 1.0 mg/kg 亚硒酸钠养殖 150 d，对肉牛日增重影响不显著。这可能与动物补饲前的机体硒状态有关。肉牛对硒的日营养需要量为 0.1 mg/kg 干物质，奶牛对硒的日营养需要量为 0.3 mg/kg 干物质。犊牛的硒需要量为每天 0.1 mg/kg 干物质。对于肌肉发达的牛种，每天摄入 0.1 mg/kg 干物质的硒似乎不能满足所有的需求（Mehdi，2016）。缺硒状态下的动物补硒会产生显著的促进生长效果，足硒状态下的动物补硒往往效果不显著（刘镜，2021）。当日粮中硒含量能满足畜禽最低硒需要量时，额外添加硒对生产性能的促进作用有限，且添加不同来源硒的具体作用效果存在差异。

二、提高抗氧化水平

硒能显著提高奶牛、肉牛和山羊等反刍动物的抗氧化水平，且可以有效缓解其氧化应激。在饲粮中添加 0.05 mg/kg、0.10 mg/kg 硒能提高蒙古公羊血液中 GSH-Px 和超氧化物歧化酶（SOD）活性（孙计桃，2012）。在饲粮中添加 0.5 mg/kg 酵母硒可显著增强妊娠母羊血液中 GSH-Px 和 SOD 活性，减少 MDA 含量，从而提高机体抗氧化性能（石磊，2013）。在饲粮中添加酵母硒可提高蒙古羊血清中 GSH-Px 和 SOD 活性，降低血清中氧化产物 MDA 的含量（郭元晟，2015）。

日粮补硒能够增强绵羊中性粒细胞趋化活性和呼吸爆发活性（Kojouri，2012）。呼吸爆发指细胞大量释放活性氧分子用于对抗感染或消灭病原体，但缓慢氧化应激对呼吸爆发反应不利，因此使用抗氧化剂能够发挥积极作用（Amer，2005）。硒是强大的抗氧化剂，有助于增强中性粒细胞呼吸爆发活性，同时对呼吸爆发导致的细胞高效降解有保护作用。给母牛补硒可以改善初乳的抗氧化特性（Abuelo，2014）。

三、提高免疫力

牛的血清硒水平与其免疫反应和健康之间存在正相关，缺硒会导致免疫水平下降和病变（Salman，2013）。缺硒母牛血液中的吞噬细胞和牛奶中的中性粒细胞杀死病原菌的能力明显降低（Sordillo，2013），而补硒后这些免疫细胞的免疫力会得到提高。补硒还能抑制肿瘤细胞的增殖，增强脾细胞中自然杀伤细胞的杀伤力，改善牛的各种体液免疫和细胞免疫反应，提高机体的内外免疫力（Latorre，2014）。在妊娠后期（产犊前的最后 8 周）给母牛补硒（饲料中添加 0.3 mg/kg 亚硒酸钠硒+每周喂一次 105 mg 硒酵母）可显著改善产犊后的抗氧化状态和免疫反应（Hall，2014）。补硒可提高母牛血清和初乳中的 IgG 水平，犊牛的血清 IgG 水平明显更高。初乳中的氧化还原平衡对免疫蛋白从初乳到犊牛的转移很重要（Hefnawy，2010）。补硒 0.08 mg/d 能提高犊牛血清中硒含量，诱导增强巨噬细胞的吞噬活性，增强犊牛的免疫功能，提高犊牛的抗逆境能力（Salles，2014）。但硒过量也会加速活性氧（ROS）的产生，从而对免疫系统产生危害（刘镜，2021）。

研究发现，未补充硒的羔羊易患病，症状包括体质差、呼吸道疾病增多、腹泻和死亡。而补充硒的羔羊，死亡率和呼吸道疾病发病率有所减少。妊娠期母羊在早期和晚期注射亚硒酸钠和维生素 E，可以预防流产，提高产羔率和断奶成活率（熊忙利，2011）。此外，补饲 0.6 mg/kg 酵母硒可以显著提高蒙古羊血清中的免疫球蛋白 M、免疫球蛋白 G 和免疫球蛋白 A 含量，增强体液免疫活性，进而增强抗病能力（郭元晟，2015）。还有研究指出，补硒可以提高妊娠母羊和新生羊血液中 α-生育酚和硒含量，但对羔羊的免疫功能影响不大（刘阿云，2019）。

四、提高繁殖性能

（一）公畜

硒和硒蛋白可以提高动物抗氧化能力、维持精子细胞的正常形态结构和增殖分化，并对雄性动物的雄激素分泌、生精组织的正常形态结构和精子形成起到重要作用。硒在睾丸中以亚硒酸磷酸合成酶-2（SPS-2）和线粒体膜含硒蛋白（MCSeP）的形式存在（Fairweather-Tait，2010）。硒蛋白在精子发生过程中参与细胞内转录因子 AP1 和 NF-κB 的调控，发挥抗氧化作用并调控细胞进程（龚番文，2021）。然而，缺少或过量的硒会对细胞进程产生不良影响，并导致动物精液质量下降、繁殖能力降低，甚至导致不育（石磊，2012）。此外，氧化应激也是影响动物生殖功能的因素之一。高含量的不饱和脂肪酸可以维持精子活力，但容易引发过氧化反应，对精子生物膜和睾丸组织的发育产生负面影响。因此，恰当的硒摄入和维持适当的氧化状态对于动物的繁殖健康至关重要。

研究表明，无论是饲喂富硒作物、无机硒（亚硒酸钠）还是有机硒（富硒酵母），牛睾丸中的硒含量都会显著提高，从而改善雄性动物的繁殖性能（Mehdi，2015）。在日粮中添加硒和维生素 E 能够改善公羔精液品质及其抗氧化酶的活性（金海峰，2019）。闫治川（2014）研究报道，给缺硒地区的公羊在交配前 10 d 注射亚硒酸钠和维生素 E 可提高精子活力，降低山羊的畸形率。任有蛇（2013）研究报道，日粮中缺硒会导致种公羊精子线粒体结构异常、染色质内聚力降低、质膜不完整。添加 0.5 mg/kg 酵母硒或 1.0 mg/kg 亚硒酸钠可显著提高种公羊精子活力、顶体完整性，明显降低精子畸形率，且酵母硒的效果优于亚硒酸钠。施力光（2016）研究发现补充 0.5 mg/kg 酵母硒和 100 mg/kg 维生素 E 可显著提高山羊精子密度和精子活力，明显降低精子畸形率，改善精液质量。

（二）母畜

活性氧在雌性动物的生殖道中起着重要的生理和病理作用，参与调节卵巢、输卵管和胚胎的多个生理过程（Chen，2016）。当活性氧的产生与清除能力不平衡时，就会产生氧化应激（Agarwal，2005），导致卵母细胞和胚胎质量下降，受精率降低（Jana，2010）。氧化应激还可能损害内皮细胞功能，影响胎儿骨骼形成，并导致妊娠并发症。硒通过抑制活性氧的产生，保护细胞免受氧化损伤，减少氧化应激的发生。同时，硒在母体传播给子代，影响子代的甲状腺和其他器官，调节其生长发育，进而影响雌性动物的繁殖能力（吴小玲，2017）。硒因此在保护雌性动物的生殖生理机能方面具有重要作用。

日粮中补充硒会提高母牛、母羊的繁殖性能。Ceko（2015）研究发现，日粮补硒会引起母牛卵泡颗粒细胞中硒蛋白基因 $GPx-1$ 的表达上调，这些含硒蛋白的抗氧化作用有助于卵泡发育。补硒还可以降低母畜产后子宫炎、胎盘滞留及卵巢囊肿等疾病的发病率，提高奶牛的受胎率。Hall（2014）研究发现，给妊娠后期母牛饲喂富硒酵母 8 周后，母牛全血硒浓度提高 52%，血清硒浓度提高 36%，给奶牛补饲有机硒后，血清胆固醇含量显著降低，而生育酚/胆固醇比则显著升高。陈庞（2020）研究发现在围产期奶牛基础日粮中补充 80 IU/kg 维生素 E 和 0.3 mg/kg 硒。可以减轻分娩对机体造成的应激反应，同时还可以提高其繁殖性能。但是，补硒过量导致的慢性硒中毒会使卵巢囊肿进一步恶化，延长发情期从而降低母牛的繁殖能力（Żarczyńska，2013）。

高新中（2013）报道，妊娠前期饲粮中添加 0.5 mg/kg 蛋氨酸硒显著提高了绒山羊母羊血清中促卵泡生成素（FSH）含量，但对促黄体生成素（LH）含量的影响不显著。在妊娠前期饲粮中添加不同水平的硒可显著影响母羊血清中孕酮（P4）和雌二醇的分泌，且蛋氨酸硒的效果优于亚硒酸钠。熊忙利（2014）研究发现，在妊娠前期、妊娠后期分别注射 1 次 4 mL 亚硒酸钠+维生素 E 注射液，可使母羊的产羔率提高 72%。金海峰（2018）研究表明，在妊娠母山羊饲粮中添加不同水平的硒对妊娠第 120 d 母山羊血清FSH 含量有显著影响，以饲粮中添加 0.2 mg/kg 硒和 100 IU/kg 维生素 E 时促进激素分泌效果最佳。

五、提高畜产品品质

硒可以有效改善畜禽肉、奶品质。日粮中添加硒可增加畜禽肉、奶中硒的沉积，提高机体抗氧化力，提高肉 pH 值和系水能力，保持肉鲜嫩度。有机硒比无机硒效果更好。

（一）肉

贾雪婷（2021）研究报道，在硒含量为 0.16 mg/kg 的基础饲粮中添加酵母硒，使饲粮硒含量分别为 0.25 mg/kg、0.50 mg/kg、1.00 mg/kg 和 2.00 mg/kg，饲养 60 d，结果表明随着饲粮酵母硒添加水平的提高，滩羊背肌硒含量呈二次极显著增加，分别达到 0.11 mg/kg、0.17 mg/kg、0.26 mg/kg 和 0.53 mg/kg。白雪（2022）研究报道，在硒含量为 0.54 mg/kg 的基础饲粮中分别添加 0.40 mg/kg 酵母硒和亚硒酸钠，饲养 42 d，育肥湖羊背最长肌硒含量分别达到 0.775 mg/kg 和 0.564 mg/kg，显著高于仅喂基础饲粮的对照组（0.257 mg/kg），酵母硒相对亚硒酸钠在增加机体脏器硒含量、肉质保鲜储存方面效果更佳。Grossi（2021）比较了亚硒酸钠、酵母硒和羟基硒代蛋氨酸（HMBSe）对育肥肉牛夏洛莱牛肉中硒的沉积效果，发现 HMBSe 优于酵母硒，酵母硒优于亚硒酸钠。

脂质氧化是导致肉类品质下降的重要因素，会影响肉的颜色、风味、质地和营养价值（Henchion，2017）。硒在保持畜肉感官特征和质地方面起到重要作用，它可防止脂质过氧化的发生（Joksimović-Todorović，2012）。此外，硒还能改变脂质代谢。胆固醇是动物产品中的重要化合物，肌肉中胆固醇含量相对较低，一般低于 70 mg/100 g（Khan，2015）。胆固醇氧化产生的化合物具有细胞毒性、诱变性和致癌性，也被认为是动脉粥样硬化的主要诱因。Netto（2014）研究报道，补充矿物质硒可降低肉类中的胆固醇含量。Arlindo（2014）给育肥小牛补饲有机硒后（2 mg/kg），牛肉的胆固醇含量显著降低。因此，通过补充硒来降低肉类中的胆固醇含量可以对人类饮食健康起到积极的作用。

肌肉中脂肪酸的含量和比例是牛肉品质重要评价指标。饱和脂肪酸摄入量过高会增加动脉硬化的发病率（朱小芳，2016）。不饱和脂肪酸对牛肉的风味有着重要影响（李晓亚，2016）。有研究表明硒有调控动物体内脂肪酸代谢的作用。韩东魁（2018）研究发现，采用饲喂富硒酵母培养物为延边黄牛补硒可以提高饲料转化率，提高肌肉中亚油酸含量，降低饱和脂肪酸/不饱和脂肪酸比例，提高肌肉中风味氨基酸的含量。但是，有研究表明，补硒对动物肉中脂肪酸含量、脂类代谢并无显著影响，这可能与补饲的硒形态以及硒含量有关（Cozzi，2011；Dokoupilová，2007；Svoboda，2009）。

（二）奶

牛奶中硒含量的变化主要取决于奶牛日粮中硒的含量。牛奶中硒 55%～

75%存在于酪蛋白中，17%~38%存在于乳清中，7%存在于脂肪中（Van，1991）。研究表明，牛奶硒含量与饲料的硒含量呈正相关（Meyer，2014；黄静龙，2005）。奶牛通过口服方式补充硒，其初乳中硒含量是未补硒的奶牛的2倍（170 μg/L vs. 87 μg/L）（Rowntree，2004）。

研究表明，给奶牛补充富硒酵母或亚硒酸钠都可以显著提高牛奶中的硒含量，同时也会增加 PUFA 和亚油酸的含量，但以富硒酵母的效果更好（Sordillo，2016）。添加硒酵母到日粮中，牛奶和初乳中的硒含量显著高于亚硒酸钠组（Salman，2013）。在日粮中添加有机硒可以显著提高牛奶和血浆中的硒含量（王芳，2011）。在早期泌乳阶段添加 HMBSe 可以改善奶牛饲料转化率和产奶量，并对泌乳能力、抗氧化能力和硒沉积效率产生积极影响（Li，2019）。在奶牛日粮中添加 HMSeBA 和亚硒酸钠后，HMSeBA 有降低乳脂率的趋势，同时牛奶中的硒含量明显高于亚硒酸钠组（孙玲玲，2018）。Han（2021）报道，添加纳米硒和亚硒酸钠到日粮中对产奶量和牛奶成分没有显著影响，但纳米硒对提高奶牛的抗氧化能力更有益处。吕战伟（2011）研究报道，在奶牛日粮中添加亚硒酸钠和酵母硒对产奶量和牛奶成分没有明显影响，但牛奶中的硒含量随酵母硒的添加而增加，且相较于亚硒酸钠增势更明显和持久，这可能是因为酵母硒在瘤胃中的氧化率较低，因此能更好地被吸收。还有研究报道，在基础日粮中添加酵母硒可以显著提高产奶量、乳脂率、乳蛋白率、乳糖率和乳干物质率等（陈晓梅，2019；黄静龙，2005）。

第五节　硒在生猪养殖中的应用

缺硒对动物的生长、繁殖、抗氧化应激等方面均产生不利影响，而过量则会产生毒害作用。NRC（2012）建议猪饲粮中硒需要量为 0.15~0.30 mg/kg，妊娠和泌乳母猪为 0.15 mg/kg。我国《猪饲养标准》（NY/T65—2004）推荐瘦肉型妊娠和泌乳母猪饲粮中硒需要量分别为 0.14 mg/kg 和 0.15 mg/kg，肉脂型妊娠和泌乳母猪均为 0.15 mg/kg。《饲料添加剂安全使用规范》规定亚硒酸钠或酵母硒在配合饲料或全混合饲料中的最高限量（以元素计）为 0.50 mg/kg，且使用时应先配制成预混料（吴小玲，2017）。

但是，必须考虑到这是最低的硒需求量，在商业条件下，硒需求量可能要高得多。猪硒缺乏的特点是肝坏死、溃疡、桑心病、肌肉萎缩、分娩和免疫受损、生殖问题、乳腺炎、子宫炎和无乳症加重、生产性能下降、组织损伤和对铁的耐受性下降。临床硒缺乏在商品猪生产中是一个罕见的事件。但是，亚临床硒缺乏可能导致猪生产性能和繁殖性能下降。事实上，只有养殖畜禽（包括猪）保持最佳硒状态，才能使它们有机会生长和繁殖到基因编程的水平。Groce（1973）研究得出，猪对亚硒酸钠和玉米中有机硒的表观消化率分别为71.8%和64.2%。Mahan（1996）通过平衡试验表明，生长猪对亚硒酸钠的表观消化率为73.9%~80.5%，对富硒酵母的表观消化率为70.8%~75.2%。

一、提高生产性能

日粮添加有机硒可促进硒在肝脏、胰脏、肌肉等组织的沉积，提高血浆、乳中硒含量，并通过母源传递，提高初生仔猪组织硒含量，改善仔猪生长性能。路则庆（2019）发现，富硒胞外多糖可以提高断奶仔猪平均日增重，降低料重比。添加0.3 mg/kg、0.5 mg/kg纳米硒或0.5 mg/kg酵母硒的仔猪日增重较对照组（硒含量0.1 mg/kg）显著提高（林长光，2013）。贾建英（2020）的研究表明，添加0.3 mg/kg亚硒酸钠、0.3 mg/kg和0.6 mg/kg酵母硒的母猪初乳中的硒含量0.173 mg/L、0.020 mg/L和0.330 mg/L极显著高于对照组的0.110 mg/L。常乳中硒含量0.028 mg/L、0.036 mg/L和0.041 mg/L显著高于对照组的0.020 mg/L。添加0.6 mg/kg酵母硒平均断奶窝重、平均断奶个体重和窝平均日增重均极显著提高，仔猪生长性能明显改善。唐敏（2018）发现添加0.5 mg/kg酵母硒（试验期105 d）有提高烟台黑猪胴体重的趋势，但对烟台黑猪的屠宰率、臀腿比例、眼肌面积、背膘厚度、瘦肉率和脂肪率影响不显著（唐敏，2018）。

二、提高抗氧化水平

氧化应激会导致仔猪血清抗氧化酶活力降低，丙二醛（MDA）含量上升，肝脏和脾脏细胞凋亡。随硒添加水平升高，机体氧化损伤程度减弱，表明硒有助于维持机体氧化还原动态平衡，减轻细胞过氧化损伤（袁施彬，2011）。育肥猪饲粮中同时添加酵母硒（0.3 mg/kg）和维生素E（100 mg/kg），GPx显著高于对照组，表现出硒和维生素E的协同抗氧化作用（刘雯雯，2010）。与饲粮中不添加任何硒源的对照组相比，饲粮添加0.3 mg/kg和0.5 mg/kg甘氨酸纳米硒极显著提高了杜长大杂交肥育猪血清及肌肉、肝脏、肾脏、胰脏和心脏中谷胱甘肽过氧化物酶活力，同时极显著降低了血清及肌肉、肝脏、肾脏、胰脏和心脏中丙二醛的含量。饲粮添加

0.3 mg/kg 甘氨酸纳米硒还极显著提高了肝脏中超氧化物歧化酶和过氧化氢酶活力，添加 0.5 mg/kg 甘氨酸纳米硒还极显著提高了胰脏和心脏中总抗氧化能力和超氧化物歧化酶活力（戴五洲，2018）。对于三元杂交猪，与饲粮中添加 0.25 mg/kg 亚硒酸钠和 0.25 mg/kg 生物活性硒相比，添加 0.50 mg/kg 生物活性硒可显著增加肝脏谷胱甘肽过氧化物酶（GSH-Px）活性和脱碘酶（DIO）含量及背最长肌硫氧还蛋白还原酶（TXNRD）活性（黄靓，2023）。添加 0.5 mg/kg 酵母硒（试验期 105 d），烟台黑猪血清超氧化物歧化酶（SOD）、谷胱甘肽过氧化物酶（GSH-Px）活性及总抗氧化能力（T-AOC）极显著高于对照组，血清丙二醛含量极显著低于对照组，酵母硒能够极显著提高烟台黑猪抗氧化能力（张华杰，2018）。

三、提高免疫力

在生长猪日粮中添加亚硒酸钠、硒代蛋氨酸或酵母硒均能够显著降低肌肉组织中干扰素-γ（IFN-γ）和环氧化酶-2（COX-2）的表达水平（Falk，2018）。补硒也会影响哺乳母猪的乳成分，可以提高初乳中免疫球蛋白 M（IgM）含量和 21d 乳中 IgA 含量，有利于免疫球蛋白向仔猪转移，改善仔猪断奶存活率（Chen，2019）。贾建英（2020）在母猪日粮中添加 0.3 mg/kg 亚硒酸钠、0.3 mg/kg 和 0.6 mg/kg 酵母硒，仔猪血液中的促生长因子（IGF-1）、免疫球蛋白 A（IgA）、免疫球蛋白 G（IgG）、免疫球蛋白 M（IgM）均显著高于对照组。Liu（2022）研究表明，在母猪基础日粮中添加 0.50 mg/kg SeNPs，增加了仔猪肝脏中超氧化物歧化酶、过氧化氢酶、超氧化物歧化酶活性，显著降低仔猪的血清和肝脏中丙二醛含量，降低仔猪血清和肝脏中肿瘤坏死因子（TNF-α）、白细胞介素-6（IL-6）和白细胞介素-8（IL-1β）含量，说明 SeNPs 可提高猪生产过程中的机体抗氧化力和免疫力。

四、提高繁殖性能

Speight（2012）报道补硒可提高公猪生精组织中 GPx mRNA 的基因表达和 GPx 活性。Marin-Guzman（2000）研究发现，饲粮中加入硒和维生素 E 可稳定公猪副性腺中前列腺素的分泌并促进 T 的分泌。活性氧存在于雌性动物生殖道的卵巢、输卵管和胚胎中，起着生理和病理作用。过量的活性氧引起的氧化应激会严重危害母猪的生殖生理机能，进而导致其繁殖性能下降。硒通过 GPxs 等硒蛋白发挥抗氧化作用，保护脂质、脂蛋白和 DNA 免受氧化损伤，维持细胞膜的完整性，减少氧化应激。硒通过母体传递并沉积在子代的甲状腺和其他器官中，影响子代新陈代谢，调节生长发育，进而影响母猪的繁殖性能。

五、提高猪肉品质

（一）增加硒含量

在饲粮中添加硒可提高猪肌肉组织中的硒含量，影响肉中的蛋白质含量、脂肪酸组成，改善肉产品的营养价值。研究表明，影响硒在猪肉组织中沉积程度的因素有：饲粮的硒含量、硒形态和饲养时间等。戴五洲（2018）研究发现在基础饲粮基础上分别添加 0.1 mg/kg、0.3 mg/kg 和 0.5 mg/kg 甘氨酸纳米硒，饲养 60 d，猪肉硒含量分别比喂基础饲粮的对照组提高了 3.30%、5.61% 和 16.50%，组织器官中硒含量与甘氨酸纳米硒添加水平呈极显著正相关。Mahan（1999）研究发现，随着硒添加量增加，育肥猪眼肌、肝、肾、胰脏等组织和血液中硒含量线性增加，且有机硒（酵母硒）效果更明显。权群学（2015）研究发现在饲粮中添加 0.3 mg/kg 酵母硒饲喂 20 d、30 d、40 d，肥育猪背最长肌中硒含量分别达到 0.029 8 mg/kg、0.125 8 mg/kg 和 0.235 9 mg/kg。

大量研究表明，相对于无机硒（亚硒酸钠、硒酸钠），有机硒（酵母硒、硒代蛋氨酸等）具有更高的吸收利用率，能更大程度上提高肥育猪、母猪组织中硒的沉积，并通过母源传递，提高初生仔猪组织中硒含量。蒋宗勇（2010b）研究发现，从 60 kg 饲养至 95 kg 左右，肥育猪日粮中添加 0.3 mg/kg 硒代蛋氨酸组的背最长肌、肝脏、血浆中硒的含量（0.240 mg/kg、0.595 mg/kg 和 0.262 mg/kg）显著高于添加相同水平的亚硒酸钠组（0.127 mg/kg、0.485 mg/kg 和 0.190 mg/kg）。Mateo（2007）研究报道日粮中添加 0.3 mg/kg 的酵母硒，肥育猪背最长肌硒的含量显著高于添加相同水平亚硒酸钠组。王宇萍（2013）研究报道，日粮中分别添加 0.3 mg/kg 亚硒酸钠和 0.2 mg/kg、0.5mg/kg 酵母硒，饲喂期从猪妊娠 90 d 后到产后 21 d 仔猪断奶。结果表明，酵母硒较亚硒酸钠能显著提高初乳、常乳及仔猪组织中硒含量，特别是肌肉中硒含量，从 0.07 mg/kg 提高到 0.16 mg/kg 和 0.28 mg/kg。Zhang（2020）研究发现，饲喂添加 0.25 mg/kg 蛋氨酸硒能够显著提高育肥猪肌肉组织中的硒含量，且相较于 MeSeCys 和纳米硒效果更好。在肥育猪日粮中添加 0.4 mg/kg 蛋氨酸硒能改善育肥猪肉质，提高硒沉积（Silva，2019）。

肌肉组织中硒含量的增加可能是由于两个原因，一是通过提高 GSH-Px 的活性和硒蛋白 mRNA 的水平增加硒蛋白的表达，另一个原因是日粮中硒代蛋氨酸进入机体后替代组织中的蛋氨酸从而提高组织中硒的浓度（温晓鹿，2015）。硒源中硒代蛋氨酸可与体蛋白结合，使硒储存在组织中，通过正常的代谢过程可逆地释放，无机硒只能在动物肝脏合成硒蛋白如谷胱甘肽过氧化物酶家族（GSH-Pxs）、硒蛋白 P、SelW 等过程中发挥作用。硒代蛋氨酸结合体蛋白的速率与蛋氨酸合成蛋白的速率相似，这是由于 Se 与 S 具有相似的原子特性，Se 与 S 的亲和力相似，代谢过程中硒代蛋氨酸可代替蛋氨酸结合到体蛋白质中，从而提高组织硒含量（蒋宗勇，2010b）。

（二）增加脂肪酸含量等

关于硒对肌肉中脂肪含量及脂肪酸组成的影响，目前尚存在争议。一些研究报道添加不同硒源对猪肌肉肌内脂肪及脂肪酸含量的影响。Calvo（2017）研究发现，与饲粮中添加 0.40 mg/kg 亚硒酸钠相比，添加 0.40 mg/kg 酵母硒可提高猪背最长肌中 C18∶1 和总单不饱和脂肪酸含量。邓亚军（2016）和杨华（2004）研究发现，饲粮中添加 0.50 mg/kg 酵母硒可提高杜×长×大三元杂交猪背最长肌中肌内脂肪含量。唐敏（2018）研究发现，与未添加酵母硒组相比，添加 0.5 mg/kg 酵母硒（试验期为 105 d）对烟台黑猪肌肉油酸、亚油酸含量影响显著，油酸分别比 CK 显著提高了 7.15%，亚油酸含量降低了 17.00%，能够极显著提高其肌肉中硒元素含量，最高（0.11mg/kg），对氨基酸含量影响均不显著。但也有研究表明，饲粮中添加硒对肌肉中脂肪酸的结构并无明显改善作用（Ibrahim，2019；Nuernberg，2002）。关于硒对畜禽肉产品中脂肪酸组成的影响及其作用机制仍需要更多的研究结果予以证明。

（三）提高肉质评价指标

畜禽屠宰后，机体脂肪和蛋白质被氧化是导致肉产品质量下降的主要原因（李燕，2023）。硒是谷胱甘肽过氧化物酶（GSH-Px）的组成成分，对于细胞的抗氧化防御系统非常重要。GSH-Px 存在于细胞液中，能中和细胞液中的自由基，防止自由基对不饱和脂肪酸和蛋白质的氧化，是反映机体抗氧化机能及肌肉组织氧化状态的重要指标，在延缓猪肉氧化、改善肉质方面起着重要作用。大多数研究者认为有机硒抗氧化作用强于无机硒（蒋宗勇，2010b）。

肉质好坏的评价指标，同时也是猪肉外观和适口性的综合评定指标主要包括肌肉 pH 值、肌肉颜色、滴水损失、肌内脂肪含量、蒸煮损失、剪切力、冷冻损失、解冻损失等。硒对肉品质影响主要体现在以下几个方面。

1. pH 值

pH 值是判断肉质正常与否的依据，也是反映猪屠宰后肌糖原降解速度的重要指标（温晓鹿，2015）。屠宰后肌肉中的糖原发酵产生乳酸，乳酸的大量积累和 ATP 的水解导致肌肉 pH 值降低（Ramoutar，2007）。如果肌肉 pH 值下降速度过快则会导致 PSE 肉的产生。Shin（2021）研究认为，硒可通过增强谷胱甘肽过氧化物酶活性清除过氧化氢产物，从而改善肌肉 pH 值。蒋宗勇（2010a）在 60 kg 的杜×长×大三元杂交肥育猪日粮中分别添加 0 mg/kg、0.15 mg/kg、0.30 mg/kg 硒水平硒代蛋氨酸和 0.30 mg/kg 亚硒酸钠，试猪体重达 95 kg 左右结束试验，发现添加硒代蛋氨酸和亚硒酸钠组的肥育猪，宰后 12 h 背最长肌的 pH 值显著高于对照组。郭新怀（2008）在 20 kg 杂交野猪日粮中分别添加 0.30 mg/kg 亚硒酸钠硒和酵母硒，试验进行 100 d，至 90 kg 左右体重结束，结果表明添加酵母硒组猪背最长肌初始 pH 值和最终 pH 值均显著高于亚硒酸钠组。肌肉 pH 值降低对肉的嫩度、系水力以及肉色产生不利影响。Calvo（2017b）研究发现，育肥猪屠宰后随着肌肉 pH 值的增加，滴水损失会减少，这种影响在日粮有机硒富集的情况下更为明显。

但 Zhang（2020）报道，添加不同来源的硒对育肥猪屠宰后 24 h 和 48 h 胸背最长肌的 pH 值没有显著影响，这与 Zheng（2020）等的研究结果相一致。推测可能是由于硒不参与肌糖原的糖酵解，乳酸的生成不受硒的调节，因此添加硒对屠宰后肌肉的 pH 值无显著影响（李燕，2023）。

2. 肉色

猪肉的肉色主要受肌红蛋白的状态和含量，以及光线反射和氧化作用的影响，其中关键因素是肌红蛋白的化学特性。肌红蛋白分子内的亚铁血红素对氧有很强的亲合力，当其未与氧结合时，肌红蛋白呈暗红色。亚铁血红素与氧结合后，肌红蛋白成为氧合肌红蛋白，肉呈鲜红色。若亚铁血红素中的 Fe^{2+} 氧化成 Fe^{3+} 后，肌红蛋白成为变性肌红蛋白（高铁肌红蛋白），肉呈暗褐色（陈代文，2002）。

研究表明硒能够通过提高抗氧化蛋白酶活性，促进肌红蛋白合成，抑制肌红蛋白、脂肪和蛋白质的共同氧化反应以保持鲜肉颜色，起到改善肉色的作用（Li，2018）。罗文有（2013）研究报道，在肥育猪基础日粮中添加 0.3 mg/kg 硒水平的酵母硒可显著改善肉色。Zhan（2007）研究报道，肥育猪日粮中添加硒代蛋氨酸，与亚硒酸钠相比可以显著提高背最长肌宰后 45 min、8 h 和 16 h 的红度。蒋宗勇（2010a）研究发现，与空白对照组相比，在肥育猪日粮中分别添加 0.15 mg/kg、0.30 mg/kg 硒代蛋氨酸硒和 0.30 mg/kg 亚硒酸钠，显著降低了宰后不同时间点肉色亮度值，提高了肉色红度值。

也有研究表明，饲粮中添加亚硒酸钠或酵母硒对猪和羊的肉色没有影响（Li，2011）。Mahan（1999）报道，过量的无机硒与肉色呈负相关关系，肉组织的苍白程度随着亚硒酸钠水平的提高而线性增加。这可能是由于无机硒与肌肉组织的结合模式破坏了蛋白质-水相互作用结构，从而导致肉色变白。

肉色也受光线反射的影响。当光线照射到猪肉表面时，由于表面有水分，一部分光线被反射回来。进入肌肉中的光线，大部分经散射后又反射出来，部分光线被肌球蛋白吸收而呈色。被反射的光线越多，则肌肉表现越苍白。对于 PSE 猪肉，由于表面水分渗出较多，且因肌纤维收缩，大部分照射到肌肉表面的光线就被反射回来，出现肉色苍白，即使肌红蛋白的含量高也不能改变这一状况。日粮中添加适量硒提高肌肉系水力，也间接影响了肉色（陈代文，2002）。

3. 系水力

系水力是指肌肉保持其原有水分的能力，是影响肉的颜色、风味和嫩度的重要因素。系水力是评定肉品质的重要指标，常用失水率和滴水损失来衡量。滴水损失越小，对维持肌肉的多汁性和嫩度越有利，同时也能获得更大的经济效益。

肌肉 pH 值是影响肌肉系水力的主要因素之一。肌肉的水分主要以吸附状态存在。肌肉蛋白质是高度带电荷的化合物，因而能吸附大量水分。肌肉 pH 值能够改变肌肉蛋白质带电荷状况，从而对系水力有很大的影响。活体猪肌肉 pH 值为 7.2~7.4，此时蛋白质分子带净负电荷，能够吸附大量水。蛋白质分子间的相互排斥，也为水分留下了足够的空间，此时肌肉的系水力高。猪屠宰后，由于糖原的酵解和乳酸积累，pH 值下降，肌肉蛋白质正负电荷间的平衡发生改变，蛋白质带净负电荷的数量减少，吸附水的能力下降。当 pH 值下降到接近肌肉蛋白质的等电点（pH 值 5.0~5.5）时，蛋白质的净电荷为零，此时肌肉的系水力最低。pH 值降低的另一效应是使肌原纤维的肌球蛋白和肌动蛋白的负电荷减少，相互间的排斥力降低，肌原纤维细丝间的空间减少，大量水分被压迫挤出（陈代文，2002）。

脂类氧化程度也是影响系水力的主要因素之一。肌细胞膜和亚细胞膜中的磷脂富含多不饱和脂肪酸，易发生氧化分解。正常膜结构和功能一旦受到破坏，细胞内液即可释出，导致猪肉表面有较多的水分，滴汁损失增多。此时，不但猪肉的品质大大下降，经济损失增大，而且由于生物膜作为保护细胞的屏障作用丧失，微生物易于滋生，肉的贮存期也会大大缩短（陈代文，2002）。

研究表明，日粮中添加硒可以提高肌肉 pH 值，从而增加肌肉蛋白与水的结合能力，降低滴水损失。硒还可以提高肌肉 GSH-Px 的活性，增加肌肉细胞的抗氧化稳定性从而减缓肌肉细胞氧化受损，减少细胞滴水损失（Pehrson，1993）。蒋宗勇（2010a）研究发现在育肥猪日粮中分别添加 0.15 mg/kg、0.30 mg/kg（以硒计）硒代蛋氨酸和 0.30 mg/kg 亚硒酸钠，同空白对照组相比，0~12 h 滴水损失分别降低了 21.00%、19.00% 和 19.50%；0~24 h 分别降低了 14.49%、14.49% 和 12.62%。戴晋军等（2011）报道，在 85 kg 育肥猪日粮中添加 0.30 mg/kg 酵母硒和 25 IU/kg 的维生素 E，肌肉 24 h 的滴水损失降低 41.2%。然而有研究认为添加有机硒对肌肉滴水损失没有显著影响（Vignola，2009）。这种差异可能是由于猪的日龄、健康状况、基础日粮中硒含量等原因造成的（温晓鹿，2015）。

4. 蒸煮损失和剪切力

张少涛（2020）对育肥猪日粮添加 0.3 mg/kg 酵母硒和硒代蛋氨酸进行研究，发现其分别降低了背最长肌的蒸煮损失和剪切力。刘伟龙（2011）在肉鸡上的研究也有类似报道。

第六节　硒在家禽养殖中的应用

一、提高生产性能

对于在饲粮中添加硒对肉禽、蛋禽的生长速率、饲料转化率、产蛋性能和蛋品质的影响研究结果目前并不统一。Ibrahim（2022）研究报道，在饲粮中添加 0.4 mg/kg 的纳米硒可显著提高火鸡雏鸡的饲料转化效率，改善胴体性状。Muhammad（2021）研究发现，在蛋鸡饲粮中添加不同来源的硒均能够显著提高产蛋率和蛋重，并且添加细菌硒蛋白组的效果优于酵母硒组，酵母硒组效果优于亚硒酸钠组，但在蛋品质上无显著差异。Liu（2020）研究报道，在蛋鸡饲粮中添加低剂量和高剂量酵母硒或亚硒酸钠均能显著提高产蛋率。杨玉（2018）研究报道，添加 0.2 mg/kg、0.6 mg/kg、1.0 mg/kg Se 的酵母硒能显著提高产蛋后期产蛋率，蛋鸡 69 周后的产蛋率从 71.27% 提高到了 77% 以上。何涛（2022）Meta 分析结果显示，在饲粮中添加有机硒代替无机硒是一种完全可行的方法，这可以提高蛋鸡的产蛋率、蛋重、料蛋比及蛋硒含量，而在蛋鸡品种的选择上海兰褐蛋鸡较优于罗曼蛋鸡。

但也有许多研究表明，在饲粮中添加硒并不能提高蛋禽的产蛋性能与蛋品质。Meng（2021）研究报道，饲粮中添加纳米硒和酵母硒对蛋鸡的产蛋性能没有显著影响。蔡娟（2014）研究报道，在 33～36 周龄的海兰褐蛋鸡日粮中添加 0.3 mg/kg 的亚硒酸钠硒以及 0.10 mg/kg、0.20 mg/kg、0.30 mg/kg 酵母硒对海兰褐蛋鸡产蛋率、平均蛋重、平均日产蛋重、平均日采食量和料蛋比影响均不显著。何柳青（2012）研究报道，在 44 周龄东乡黑羽绿壳蛋鸡日粮中添加 0.25 mg/kg、0.50 mg/kg 酵母硒对蛋鸡的平均蛋重、产蛋率和料蛋比影响不显著。贺淼（2020）在日粮中添加 0.3 mg/kg 酵母硒和 0.3 mg/kg 亚硒酸钠硒进行对比，结果表明对 19～22 周龄的海兰褐蛋鸡的产蛋性能（产蛋率、平均蛋重、料蛋比、破畸率、平均日采食量）无显著影响。与 Zhang（2020）在蛋鸭饲粮中添加硒的研究结果一致。上述研究结果差异可能与基础饲粮硒含量和来源、试验周期和产蛋周龄等因素相关（李燕，2023；张嘉雯，2022；贺淼，2020）。

二、提高抗氧化水平

硒缺乏会导致肉鸡胸腺、脾脏和法氏囊中 23 种硒蛋白 mRNA 表达水平降低，主要影响抗氧化相关硒蛋白的表达，特别是 GSH-Px、Txnrds 和 Dios（Yang，2016）。日粮添加 0.4 mg/kg 有机硒、纳米硒或无机硒均能够提高肉鸡组织中 GSH-Px 活性，增强总抗氧化能力，降低丙二醛含量，有机硒在降低脂质氧化方面比其他硒源更有效（Bakhshalinejad，2018）。热应激是禽类养殖中最重要的环境应激源之一。热应激促进自由基的产生（Mujahid，2009），过多的自由基会导致氧化和抗氧化防御系统之间的平衡被破坏，导致对蛋白质、脂质、DNA 等生物分子的氧化损伤（Yang，2010）。还会引起鸡免疫系统的氧化损伤，脾脏中丙二醛含量升高。细胞膜脂质双分子层是自由基的常见生物学靶点。丙二醛是多不饱和脂肪酸过氧化反应的主要产物。合成抗氧化酶，如超氧化物歧化酶和谷胱甘肽过氧化物酶是动物对应激条件反应的重要调控。Han（2017）研究发现，补硒饲粮相较于对照组饲粮，能够显著提高蛋鸡血清和肝脏中的谷胱甘肽过氧化物酶和超氧化物歧化酶活性，从而提升蛋鸡抗氧化能力。0.3 mg/kg 纳米硒能够降低肉鸡组织丙二醛含量，提高谷胱甘肽过氧化物酶 mRNA 表达，通过增强免疫和抗氧化性能缓解热应激（Mahmoud，2016）。如前所述，硒也是硫氧还蛋白还原酶和碘甲状腺原氨酸脱碘酶的辅助因子，在抑制自由基和抑制 nadph 依赖的脂质过氧化（Sun，1999），以及通过抑制谷胱甘肽耗竭来预防脂质过氧化中发挥重要作用。

硒作为抗氧化剂的另一种作用模式是与维生素 E 具有协同作用，能互补互利共同保护细胞膜脂质免受过氧化损害。维生素 E 是抗氧化防御系统的重要组成部分，有助于保护细胞膜中的多不饱和脂肪酸免受过氧化损伤（Khan，2011）。在硒缺乏期间，主要是由于严重的胰腺变性，脂溶性维生素如维生素 E 和维生素 A 的吸收受损（Noguchi，1973）。因此，缺硒动物的一些氧化损伤可能与缺硒期间维生素 E 状态受损有关，补充维生素 E 可以预防这些损伤。例如，在热应激鹌鹑中，随着维生素 E（0、250 mg/kg 和 500 mg/kg）和亚硒酸钠（0、0.1 mg/kg 和 0.3 mg/kg）水平的增加，血清维生素 A 和维生素 E 浓度增加，而丙二醛浓度线性下降（Sahin，2005）。在对蛋鸡和肉鸡进行的实验中，发现补充硒可以增加鸡蛋和肉类中维生素 E 的保留率（Habibian，2015）。

三、提高免疫力

家禽硒缺乏会导致法氏囊、胸腺和脾发育不良，机体免疫能力下降，也可能引发渗出性素质综合征（仝宗喜，2004）。缺硒会上调雏鸡肠黏膜炎性细胞因子白介素-1β（IL-1β）、白介素-6（IL-6）和肿瘤坏死因子-α（TNF-α）mRNA 的相对表达量，降低其免疫水平，表明硒能够通过影响细胞因子进而影响机体细胞免疫性能（单旭菲，2019）。日粮中添加纳米硒能提高抗体滴度，显著增强蛋鸡细胞免疫和体液免疫（Mohapatra，2014）。Mohammadi（2020）研究报道，饲喂添加纳米硒的饲粮能够显著提高雏鸡在免疫应答反应中的抗体滴度。日粮中维生素 E 的水平也可能影响补充硒的效果。一项对肉鸡获得性免疫系统发育的研究表明，虽然硒本身的缺乏会损害法氏囊的生长，但只有当硒和维生素 E 都不足时，胸腺才会发育迟缓（Marsh，1986）。因此，虽然维生素 E 和硒的缺乏阻碍了上皮细胞向发育中的淋巴细胞的诱导信号的正常流动，但 B 细胞比 T 细胞更容易受到硒缺乏的影响。Habibian（2014）报道，热应激肉鸡在饲粮中添加 0.5mg/kg 硒和 125 mg/kg 维生素 E 时，体液免疫反应显著高于单独添加硒或维生素 E 的肉鸡。然而，添加硒对滑囊、胸腺和脾脏的重量以及 H/L 比值没有影响。

硒能够通过改变动物肠道通透性和完整性，调节肠道微生物菌群等途径影响肠道健康和机体免疫。Gangadoo（2020）研究表明，在家禽日粮中添加 0.9 mg/kg 纳米硒能够增加肠道有益菌丰度和短链脂肪酸含量。短链脂肪酸能直接或间接降低肠道 pH 值，产生细菌素，改变病原菌定植受体，抵御致病菌的侵袭。

四、提高繁殖性能

研究表明，日粮添加酵母硒可增强种公鸡抗氧化能力，提高生殖激素水平和精子活力。硒浓度为 0.6~0.9 mg/kg 时效果最佳（齐晓龙，2019）。一般来说，鸡精液中硒的平均浓度为 47 ng/g，精液与精子的硒比例约为 8 : 1；Se-GSH-Px 在鸡精子中占总酶活性的 75% 以上。研究发现，饲粮中添加硒可显著提高精液硒浓度 2 倍以上（101 ng/g），显著提高精液量（42.11%）、精子密度（38.53%）和精子活力（21.25%）；受精率、孵化率和血液中睾酮、促卵泡素、促黄体素含量均显著升高（朱冠宇，2017）。研究表明，添加 0.3 mg/kg 硒和 100 mg/kg 维生素 E 可提高人工采精时种鹅完全射精反应的频率（82.7% vs. 73.5%），显著提高射精量、精子浓度和活精子比例，并降低未成熟精子的百分比和精液丙二醛含量（Jerysz，2013）。添加有机硒可提高热应激条件下种鸡精子数量和活性，降低精子死亡率（Ebeid，2009）。

Surai（1998）研究发现，储存过程中精子 PUFA 浓度显著下降水平与其脂质过氧化正相关，尤其是精液中 PUFA（C22:4n-6）最易发生脂质过氧化反应。日粮补充硒可提高精液 PUFA 比例，并降低精子对脂质过氧化的敏感性，保护精子的完整性。

但添加过量的硒会造成生精组织受损。张建新（2003）研究发现，添加 1 mg/kg 硒（亚硒酸钠）组海兰褐公雏鸡的睾精细管发育最好，有明显的管腔，管壁完整，生精细胞形成良好，但添加 5 mg/kg、10 mg/kg、15 mg/kg、20 mg/kg 亚硒酸钠硒显示曲精细管发育差、细管破裂及无精子等现象，生精组织受损程度随硒浓度的提高而明显增加。

五、提高禽产品品质

（一）禽肉

在畜禽饲粮中添加硒可提高肌肉组织中的硒沉积含量，并且影响肉中的脂肪酸组成和蛋白质含量，从而改善肉产品的营养价值。由于 SeMet 能够依赖蛋氨酸转运载体进行主动转运参与机体蛋白质的合成，因此有机硒相较于无机硒更容易沉积于动物肌肉组织中。寇庆（2012）研究报道，在饲粮中添加 0.3 mg/kg 亚硒酸钠硒或酵母硒，饲养 35 d，肉鸡胸肌中硒含量分别达到 0.114 mg/kg、0.122 mg/kg，显著高于未添加对照组的 0.087 mg/kg。Baltić（2015）研究发现在日粮中添加 0.2 mg/kg、0.4 mg/kg 和 0.6 mg/kg 酵母硒饲喂 49 d，樱桃谷杂交鸭胸肌中硒含量分别达到 0.268 mg/kg、0.578 mg/kg 和 0.874 mg/kg，极显著高于未添加对照组的 0.053 mg/kg。其中添加 0.6 mg/kg 酵母硒组的胸肌蛋白质含量达 22.24%，极显著高于对照组和 0.2 mg/kg 组。Marković（2018）研究报道，在肉鸡饲粮中添加 0.9 mg/kg 的酵母硒能够显著增加胸肌与腿肌中的蛋白质含量。Bień（2022）研究发现，在日粮中添加 0.5 mg/kg 的纳米硒和硒化酵母可以极显著增加肉鸡胸肌内脂肪中的多不饱和脂肪酸含量。Wang（2021）研究报道，添加酵母硒组的肉鸡屠宰后腿肌 pH 值显著高于添加亚硒酸钠组。有机硒较无机硒在降低肉鸡胸肌 24 h 和 48 h 滴水损失上有更加显著的效果 Wang（2011）。Bami（2021）研究报道，同添加 0.15 mg/kg 亚硒酸钠的对照组相比，饲喂 0.3 mg/kg 纳米硒日粮补充剂的鸡肉的持水量、红度、黄度和色度值更高，肉中硫代巴比妥酸活性物质和滴落损失值更低。

（二）禽蛋

硒对蛋营养价值的积极影响主要体现在蛋中硒的沉积和蛋氧化稳定性的提升。蛋硒浓度取决于其饲粮硒水平和硒源形式。金永燕（2023）采用 44 周龄龙岩山麻蛋鸭开展蛋硒转化试验，试验期 16 周，分为富集期 12 周和消去期 4 周。富集期，各组分别饲喂基础饲粮（对照组，硒含量 0.15 mg/kg）及在基础饲粮中分别添加 0.3 mg/kg、0.6 mg/kg、0.9 mg/kg 和 1.2 mg/kg 的亚硒酸钠硒或酵母硒的试验饲粮。消去期，各组均饲喂基础饲粮。蛋硒沉积结果如下：富集期第 3 d，各试验组蛋硒含量就大幅提升。此后添加亚硒酸钠各组，无论是硒添加水平从 0.3 mg/kg 增至 1.2 mg/kg，还是饲养时间从 3 d 至 84 d，蛋硒含量波动很小（0.40~0.71 mg/kg）。添加酵母硒各组蛋硒含量随硒添加水平和富集时间增加而升高，最高可达 2.56 mg/kg。消去期停止补充硒源后，蛋硒含量均随时间增加而呈下降趋势，添加亚硒酸钠消退更快。说明添加酵母硒显著提高蛋硒含量，效果优于亚硒酸钠。

何柳青（2012）报道，使用 0.25 mg/kg、0.50 mg/kg 的酵母硒，蛋硒

从 0.22~0.30 mg/kg 分别提高到了 0.40~0.50 mg/kg 和 0.60~0.70 mg/kg，并且表现出显著性差异。蔡娟（2014）在海兰褐蛋鸡饲粮中分别添加 0.30 mg/kg 的亚硒酸钠硒以及 0.10 mg/kg、0.20 mg/kg 和 0.30 mg/kg 的酵母硒，饲养28d，蛋硒含量分别达到 0.281 mg/kg、0.302 mg/kg、0.406 mg/kg 和 0.459 mg/kg，表明添加酵母硒能显著增加蛋硒沉积，并且随着酵母硒添加量的提高，蛋硒沉积表现出显著的递增趋势。胡华锋等（2013）报道了酵母硒、亚硒酸钠、富硒苜蓿 3 种硒源对蛋硒沉积的影响，结果表明这 3 种硒源组蛋硒含量大小顺序为：酵母硒组 > 富硒苜蓿组 > 亚硒酸钠组。王泽明（2013）研究报道，在蛋鸡饲粮中添加硒能够显著提高鸡蛋中的硒含量，且蛋氨酸硒效果优于酵母硒，酵母硒效果优于亚硒酸钠。上述试验表明，有机硒对蛋硒沉积的影响效果优于无机硒。一方面，有机硒以主动吸收方式较无机硒在动物肠道中被动吸收更易被吸收进入血液循环并提高蛋硒含量。另一方面，有机硒（如硒代蛋氨酸和酵母硒）主动吸收后可直接用于合成蛋白，而无机硒（如亚硒酸钠）则需发生硒代胱氨酸转化后才被吸收。不同有机硒源之间的鸡蛋硒转移效率同样存在差异。与有机酵母硒相比，硒代蛋氨酸转移至鸡蛋的效率更高。因为硒代蛋氨酸能够替代蛋氨酸特异性地结合到组织中，更有效地提高硒含量（张嘉雯，2022）。

此外，饲粮中添加硒有助于蛋氧化稳定性的提升。Muhammad（2021b）研究发现，饲粮中添加硒能够显著改善蛋黄颜色、抗氧化性以及降低总胆固醇含量，且与饲喂无机硒和不含硒饲粮组相比，有机硒组的鸡蛋在 2 周后的新鲜度更高。有机硒的补充使得蛋中谷胱甘肽过氧化物酶的活性提高，从而减缓蛋储存过程中脂肪和蛋白质被氧化的速度，延长蛋的保鲜时间。

参考文献

白雪，寇宇斐，郭涛，等，2022. 酵母硒和亚硒酸钠对育肥湖羊组织硒含量、抗氧化能力、肉品质及货架期的影响 [J]. 动物营养学报，34（1）：442-456.

蔡娟，卢建，施寿荣，等，2014. 酵母硒和亚硒酸钠对蛋鸡生产性能、蛋品质和蛋硒含量的影响 [J]. 动物营养学报，26（12）：3793-3798.

蔡秋，张明忠，刘康书，等，2012. 硒摄入对肉牛组织中镉、铅、铜、铁、锌含量的影响 [J]. 中国畜牧杂志，48（9）：47-50.

陈代文，张克英，胡祖禹，2002. 猪肉品质特征的形成原理 [J]. 四川农业大学学报，20（1）：60-66.

陈国旺，海龙，郭立宏，等，2021. 硒和维生素 E 组合在畜禽生产上应用 [J]. 饲料研究，44（8）：106-109.

陈庞，柳巨雄，2020. 补充维生素 E 和硒对围产期奶牛分娩应激和繁殖性能的影响 [J]. 中国畜牧杂志，56（5）：142-146.

陈永波，刘淑琴，刘瑶，等，2021. 富硒产品中硒的形态分析及化学评分模式的建立 [J]. 生物资源，43（1）：79-85.

戴晋军，周小辉，谭斌，2011. 酵母硒和维生素 E 对肥育猪肉质的影响 [J]. 养猪（1）：43-44.

戴五洲，胡晓龙，郑云林，等，2018. 饲粮中添加甘氨酸纳米硒对肥育猪血清和组织器官抗氧化能力及硒含量的影响 [J]. 动物营养学报，30（3）：929-937.

单旭菲，王建发，贺显晶，等，2019. 硒对雏鸡空肠和回肠 IL-1β、IL-6 和 TNF-αmRNA 表达的影响 [J]. 中国兽医学报，39（1）：178-182.

邓亚军，王桂芹，胡佩红，等，2016. 不同硒源对育肥猪胴体性状、肌肉品质和组织硒沉积的影响 [J]. 饲料广角（12）：45-47.

樊懿萱，邓凯平，澹台文静，等，2018. 多不饱和脂肪酸日粮中添加酵母硒对湖羊脂肪酸组成和抗氧化的影响 [J]. 畜牧兽医学报，49（8）：1661-1673.

高新中，白元生，杨子森，等，2013. 微量元素硒对妊娠前期绒山羊母羊生殖激素分泌的影响 [J]. 中国草食动物科学，33（5）：19-22.

龚番文，张海波，幸清凤，等，2021. 硒及硒蛋白调节公畜繁殖性能的机理研究进展 [J]. 中国畜牧杂志，57（6）：15-19.

郭嘉，门小明，邓波，等，2021. 动物硒蛋白功能、表达及其肉质调控机制研究进展 [J]. 浙江农业学报，33（9）：1779-1788.

郭璐，宋晶晶，付石军，等，2020. 有机硒在反刍动物营养中的研究进展 [J]. 中国饲料（19）：68-73.

郭新怀，许宗运，张增玉，等，2008. 有机硒对杂种野猪生产性能及肉质品质的影响 [J]. 中国畜牧杂志，44（15）：32-34.

郭元晟，张敏，2015. 有机硒对蒙古羊生长性能、抗氧化性能及免疫机能的影响 [J]. 饲料工业，36（13）：41-45.

韩东魁，耿春银，张敏，2018. 富硒和锗酵母培养物对延边黄牛生长性能、肌肉脂肪酸和氨基酸含量的影响 [J]. 动物营养学报，30（7）：2850-2856.

何柳青，曲湘勇，魏艳红，等，2012. 茶多酚和酵母硒及其互作对绿壳蛋鸡生产性能、蛋品质及蛋黄中胆固醇和硒含量的影响 [J]. 动物营养学报，24（10）：1966-1975.

何涛，董依博，王长平，等，2022. 有机硒与无机硒对蛋鸡生产性能及蛋硒含量的 Meta 分析 [J]. 动物营养学报，34（4）：2654-2666.

何潇潇，周健，马懿，等，2023. 富硒食品的研究进展 [J]. 食品安全导刊（17）：157-163.

贺淼，张新，廖灿青，等，2020. 酵母硒对海兰褐商品代蛋鸡产蛋性能、蛋硒沉积和硒利用率的影响 [J]. 中国饲料（5）：113-117.

洪作鹏，章亦武，周雯婷，等，2021. 微量元素硒在畜禽养殖中的研究进展 [J]. 饲料研究，44（14）：135-138.

胡秀丽，荣会，姜熙罗，等，2000. 硒对多不饱和脂肪酸负荷大鼠机体保护作用的研究 [J]. 白求恩医科大学学报，26（1）：15-16.

黄静龙，2005. 不同硒、锰水平对奶牛乳品质、血液生化指标的影响及消化代谢规律的研究 [D]. 泰安：山东农业大学.

黄靓，胡聪，孙久鹏，等，2023. 生物活性硒对不同品种育肥猪生长性能、组织硒含量、抗氧化能力和肉品质的影响 [J]. 动物营养学报，35（10）：6301-6317.

黄志秋，何学谦，吉牛拉惹，等，2002. 补饲 Se-VE 对青年中国荷斯坦母牛生长发育的影响 [J]. 云南畜牧兽医（1）：9.

贾建英，吕慧源，2020. 高水平酵母硒对母猪乳硒含量、哺乳仔猪生长性能及血液生化指标影响 [J]. 饲料研究，43（11）：40-43.

贾雪婷，郭晓青，韩云胜，等，2021. 酵母硒对滩羊的生物安全性评价：生长性能、血液常规参数、硒蛋白基因表达以及富集规律 [J]. 动物营养学报，33（9）：5086-5097.

蒋宗勇，王燕，林映才，等，2010a. 硒代蛋氨酸对肥育猪生产性能和肉品质的影响 [J]. 动物营养学报，22（2）：293-300.

蒋宗勇，王燕，林映才，等，2010b. 硒代蛋氨酸对肥育猪血浆和组织硒含量及抗氧化能力的影响 [J]. 中国农业科学，43（10）：2147-2155.

金海峰, 鲍坤, 孙晓蛟, 等, 2018. 日粮添加硒与维生素 E 对母山羊血清激素水平的影响 [J]. 黑龙江畜牧兽医 (5): 27-32.

金海峰, 2019. 硒和维生素 E 对波尔山羊繁殖及公羔羊 *GPx* 基因表达的影响 [D]. 延边: 延边大学.

金永燕, 郑春田, 陈伟, 等, 2023. 亚硒酸钠和酵母硒对蛋鸭产蛋性能、蛋品质、蛋硒含量和蛋硒转化率的影响 [J]. 动物营养学报, 35 (3): 1622-1637.

寇庆, 梁咪娟, 陶亮亮, 2012. 酵母硒对肉鸡组织硒含量及抗氧化能力的影响 [J]. 粮食与饲料工业 (1): 48-50.

李晓亚, 唐德富, 李发弟, 等, 2016. 反刍动物肌肉脂肪酸对肉品质的影响及其调控因素 [J]. 动物营养学报, 28 (12): 3749-3756.

李燕, 牟天铭, 苗洒洒, 等, 2023. 微量矿物元素硒对畜禽生产性能和产品品质影响的研究进展 [J]. 动物营养学报, 35 (7): 4191-4199.

林长光, 郑金贵, 林金玉, 等, 2013. 不同硒源及硒水平对断奶仔猪生长性能、免疫功能和甲状腺激素水平的影响 [J]. 中国饲料 (21): 20-24, 26.

刘阿云, 2019. 微量元素硒在羊生产中应用的研究进展 [J]. 动物营养学报, 31 (1): 78-81.

刘皓, 韦淑毅, 吕春晖, 2020. 富硒酵母添加剂中硒元素形态分析的研究进展 [J]. 饲料研究, 43 (1): 114-117.

刘金旭, 陆肇海, 苏琪, 1985. 家畜家禽的硒营养缺乏的调查研究 I. 我国饲料牧草含硒量的分布 (初报) [J]. 中国农业科学 (4): 76-79, 99-100.

刘镜, 张生萍, 王鑫, 等, 2021. 硒对牛生产性能影响的研究进展 [J]. 饲料研究, 44 (4): 124-128.

刘敏, 2014. 不同硒源对滩羊生长发育及表观消化率影响的研究 [D]. 银川: 宁夏大学.

刘伟龙, 占秀安, 王永侠, 等, 2011. 肉种鸡补充硒代蛋氨酸对后代肉鸡肉质的影响及作用机理 [J]. 动物营养学报, 23 (3): 417-425.

刘雯雯, 陈代文, 余冰, 2010. 日粮添加氧化鱼油及硒和维生素 E 对育肥猪生产性能的影响 [J]. 中国畜牧杂志, 46 (1): 34-39.

路则庆, 胡喻涵, 黄向韵, 等, 2019. 富硒胞外多糖对断奶仔猪生长、抗氧化功能、肠道形态结构和抗菌肽表达的影响 [J]. 动物营养学报, 31 (8): 332-339.

罗文有, 边连全, 刘显军, 等, 2013. 酵母硒对肥育猪肉品质及抗氧化能力的影响 [J]. 饲料研究 (3): 1-3.

吕战伟, 2011. 奶牛日粮中硒源与硒添加水平对乳成分和乳硒沉积的影响 [D]. 长春: 吉林农业大学.

马雄, 陈玉林, 2011. 日粮硒水平对4~6月龄绒山羊生长性能和组织抗氧化能力的影响 [J]. 西北农业学报, 20 (2): 33-36.

齐晓龙, 武海凤, 冯泽新, 等, 2019. 硒对公鸡抗氧化和生殖激素及精子活力的影响 [J]. 北京农学院学报, 34 (2): 62-66.

秦廷洋, 李蓉, 李夕萱, 等, 2016. 硒在反刍动物营养中的研究进展 [J]. 饲料工业, 37 (21): 52-57.

权群学, 赵世峰, 魏仁铃, 等, 2015. 酵母硒添加量与添加时间对肥育猪体内硒沉积量的影响 [J]. 黑龙江畜牧兽医 (上半月) (8): 126-128.

任有蛇, 2013. 硒源和硒水平对山羊繁殖性能和 *GPxs* 基因在睾丸中表达的影响 [D]. 晋中: 山西农业大学.

施力光, 周雄, 荀文娟, 等, 2016. 补饲硒和维生素 E 对高温季节山羊精液品质、抗氧化酶活性及热休克蛋白表达的影响 [J]. 中国畜牧兽医, 43 (1): 101-107.

石磊, 任有蛇, 张春香, 等, 2012. 不同水平母源硒对黎城大青羊后代公羔睾丸组织抗氧化能力的影响 [J]. 饲料工业, 33 (5): 47-50.

石磊, 赵辉, 姚晓磊, 等, 2013. 不同水平酵母硒对黎城大青羊妊娠母羊血液抗氧化能力的影响 [J]. 中国草食动物科学, 33 (4): 18-21.

苏传福, 罗莉, 文华, 等, 2007. 硒对草鱼生长、营养组成和消化酶活性的影响 [J]. 上海水产大学学报, 16 (2): 124-129.

孙计桃, 金曙光, 程燕, 2012. 氟、硒相互作用对绵羊全血及组织中抗氧化酶活性的影响 [J]. 黑龙江畜牧兽医 (3): 67-69.

孙玲玲, 王坤, 高胜涛, 等, 2018. 短期试验条件下不同硒源对泌乳奶牛血浆和乳中硒含量及血清抗氧化能力的影响 [J]. 动物营养学报, 30 (2): 589-596.

唐敏, 宋俊霖, 李少宁, 等, 2018. 营养水平和酵母硒对烟台黑猪屠宰性能及肉品质的影响 [J]. 中国畜牧杂志, 54 (5): 84-90.

仝宗喜, 2004. 雏鸡硒缺乏症分子机理的研究 [D]. 哈尔滨: 东北农业大学.

王登峰, 2011. 有机硒对奶牛产奶性能、营养物质消化及血液生化指标的影响 [D]. 呼和浩特: 内蒙古农业大学.

王芳, 2011. 通过营养调控手段提高牛奶中共轭亚油酸、硒、维生素E和锌含量的研究 [D]. 重庆: 西南大学.

王霞, 谢晓方, 张卓忆, 等, 2023. 纳米硒的合成技术、生物学功能及其在畜禽生产中的应用研究进展 [J]. 饲料研究, 46 (13): 180-184.

王宇萍, 杨鹏标, 2013. 酵母硒、无机硒对不同品种母猪繁殖性能、仔猪组织中硒沉积影响的研究 [J]. 中国畜牧兽医, 40 (12): 161-164.

王泽明, 2013. 不同硒源对蛋鸡生产性能、蛋品质及血液生化指标的影响 [D]. 北京: 中国农业科学院.

温晓鹿, 杨雪芬, 郑春田, 等, 2015. 有机硒对猪肉品质影响的研究进展 [J]. 中国饲料 (7): 17-20.

吴小玲, 石建凯, 张攀, 等, 2018. 硒对母猪繁殖性能的影响及其作用机制 [J]. 动物营养学报, 30 (2): 444-450.

武霞霞, 闫素梅, 孙振华, 等, 2013. 不同硒源对奶牛日粮营养物质降解率的影响 [J]. 畜牧与兽医, 45 (1): 56-60.

向东, 朱玉昌, 周大寨, 等, 2023. 含硒活性物质研发技术进展 [J]. 山东化工, 52 (5): 66-69, 77.

熊忙利, 陈玉林, 仲倩茹, 等, 2011. 补硒对陕北白绒山羊产羔率和羔羊断奶成活率的影响 [J]. 黑龙江畜牧兽医 (17): 69-70.

熊忙利, 行小利, 2014. 补硒提高羔羊存活率的试验效果 [J]. 黑龙江畜牧兽医 (22): 38-39.

闫治川, 周占琴, 任洁, 2014. 补硒对种公羊生殖激素及精液品质的影响 [J]. 黑龙江动物繁殖, 22 (3): 24-27.

杨光圻, 王光亚, 殷泰安, 等, 1982. 我国克山病的分布和硒营养状态的关系 [J]. 营养学报, 4 (3): 191-200.

杨华, 傅衍, 陈安国, 2004. 有机硒对杜大长商品猪生产性能、胴体性状、肉质的影响 [J]. 中国饲料 (6): 21-24.

杨玉, 孙煜, 孙宝盛, 等, 2018. 酵母硒对产蛋后期蛋鸡生产性能、蛋品质、抗氧化与脂代谢及其相关基因表达的影响 [J]. 动物营养学报，30（11）：4397-4407.

殷娴，邵蕾娜，廖永红，等，2021. 微生物富集有机硒研究进展［J］.
食品与发酵工业，47（5）：259-266.

于福清，文杰，陈继兰，等，2003. 日粮中维生素 E、硒水平对熟化过
程中牛肉氧化稳定性的影响［J］. 畜牧兽医学报，34（1）：17-23.

袁施彬，陈代文，2011. 添加硒对氧化应激仔猪抗氧化能力和组织细胞
超微结构的影响［J］. 中国兽医学报（8）：1200-1204.

张华杰，徐栋，唐敏，等，2018. 营养水平和酵母硒对烟台黑猪生长性
能、养分表观消化率及血清抗氧化指标的影响［J］. 动物营养学报，
30（3）：902-909.

张建新，岳文斌，董玉珍，2003. 硒对公鸡睾丸前期发育的影响［J］.
兽药与饲料添加剂，8（3）：5-6.

张少涛，2020. 不同硒源对育肥猪生产性能、肉品质和抗氧化性能的影
响［D］. 泰安：山东农业大学.

周余来，罗坤，姜熙罗，等，1997. 豆油对饲克山病病区粮大鼠抗氧化
能力的影响［J］. 营养学报（4）：41-44.

朱翱翔，王锋，冯旭，等，2017. 不同硒源对育成湖羊生长性能、组织
硒含量和瘤胃发酵的影响［J］. 南京农业大学学报，40（4）：
718-724.

朱冠宇，李征，张立昌，等，2017. 硒代蛋氨酸对蛋用种公鸡繁殖性能
及血液生殖激素的影响［J］. 黑龙江畜牧兽医（上半月）（11）：
1-4.

朱小芳，2016. 食品中 n-3 多不饱和脂肪酸的营养作用［J］. 现代食品
（1）：48-50.

Abuelo Á, Pérez-Santos M, Hernández J, et al., 2014. Effect of
colostrum redox balance on the oxidative status of calves during the first 3
months of life and the relationship with passive immune acquisition［J］.
The Veterinary Journal, 199（2）：295-299.

Agarwal A, Gupta S, Sharma R K, 2005. Role of oxidative stress in female
reproduction［J］. Reproductive Biology and Endocrinology, 3：1-21.

Alexander P, Miriam S, Susanne V A, et al., 2019. Characterization of
selenium speciation in selenium-enriched button mushrooms（*Agaricus bis-
porus*）and selenized yeasts（dietary supplement）using X-ray absorption

nearedge structure （XANES） spectroscopy ［J］. Journal of Trace Elements in Medicine and Biology, （51）: 164-168.

Aliarabi H, Fadayifar A, Alimohamady R, et al. , 2019. The effect of maternal supplementation of zinc, selenium, and cobalt as slow-release ruminal bolus in late pregnancy on some blood metabolites and performance of ewes and their lambs ［J］. Biological Trace Element Research, 187: 403-410.

Amer J, Fibach E, 2005. Chronic oxidative stress reduces the respiratory burst response of neutrophils from beta-thalassaemia patients ［J］. British Journal of Haematology, 129 （3）: 435-441.

Arlindo Saran N, Marcus Antŏnio Z, Claro G R D, et al. , 2014. Effects of copper and selenium supplementation on performance and lipid metabolism in confined brangus bulls ［J］. Asian - Australas Journal of Animal Science, 27 （4）: 488-494.

Bakhshalinejad R, Akbari Moghaddam Kakhki R, Zoidis E, 2018. Effects of different dietary sources and levels of selenium supplements on growth performance, antioxidant status and immune parameters in Ross 308 broiler chickens ［J］. British Poultry Science, 59 （1）: 81-91.

Baltić M Ž, Starčević M D, Bašić M, et al. , 2015. Effects of selenium yeast level in diet on carcass and meat quality, tissue selenium distribution and glutathione peroxidase activity in ducks ［J］. Animal Feed Science and Technology, 210: 225-233.

Bami M K, Afsharmanesh M, Espahbodi M, et al. , 2021. Dietary supplementation with biosynthesised nano-selenium affects growth, carcass characteristics, meat quality and blood parameters of broiler chickens ［J］. Animal Production Science, 62 （3）: 254-262.

Bień D, Michalczuk M, Szkopek D, et al. , 2022. Changes in lipids metabolism indices as a result of different form of selenium supplementation in chickens ［J］. Scientific Reports, 12 （1）: 13817.

Bierła K, Suzuki N, Ogra Y, et al. , 2017. Identification and determination of selenohomolanthionine - The major selenium compound in Torula yeast ［J］. Food Chemistry, 237: 1196-1201.

Calvo L, Segura J, Toldrá F, et al. , 2017. Meat quality, free fatty acid concentration, and oxidative stability of pork from animals fed diets containing different sources of selenium [J]. Food Science and Technology International, 23 (8): 716-728.

Calvo L, Toldrá F, Rodríguez A I, et al., 2017. Effect of dietary selenium source (organic vs. mineral) and muscle pH on meat quality characteristics of pigs [J]. Food Science & Nutrition, 5 (1): 94-102.

Ceko M J, Hummitzsch K, Hatzirodos N, et al., 2015. X-Ray fluorescence imaging and other analyses identify selenium and GPx1 as important in female reproductive function [J]. Metallomics, 7 (1): 71-82.

Chen J, Han J H, Guan W T, et al., 2016. Selenium and vitamin E in sow diets: I. Effect on antioxidant status and reproductive performance in multiparous sows [J]. Animal Feed Science and Technology, 221: 111-123.

Chen J, Zhang F, Guan W, et al., 2019. Increasing selenium supply for heatstressed or actively cooled sows improves piglet preweaning survival, colostrum and milk composition, as well as maternal selenium, antioxidant status and immunoglobulin transfer [J]. Journal of Trace Elements in Medicine and Biology, 52: 89-99.

Cozzi G, Prevedello P, Stefani A L, et al., 2011. Effect of dietary supplementation with different sources of selenium on growth response, selenium blood levels and meat quality of intensively finished Charolais young bulls [J]. Animal, 5 (10): 1531-1538.

Dokoupilová A, Marounek M, Skřivanová V, et al., 2007. Selenium content in tissues and meat quality in rabbits fed selenium yeast [J]. Czech Journal of Animal Science, 52 (6): 165-169.

Ebeid T A, 2009. Organic selenium enhances the antioxidative status and quality of cockerel semen under high ambient temperature [J]. British Poultry Science, 50 (5): 641-647.

Fairweather-Tait S J, Collings R, Hurst R, 2010. Selenium bioavailability: current knowledge and future research requirements [J]. The American Journal of Clinical Nutrition, 91 (5): S1484-S1491.

Falk M, Bernhoft A, Framstad T, et al., 2018. Effects of dietary sodium selenite and organic selenium sources on immune and inflammatory respon-ses and selenium deposition in growing pigs [J]. Journal of Trace Elements in Medicine Biology, 50: 527-536.

Fasiangova M, Borilova G, Hulankova R, 2017. The effect of dietary Se supplementation on the Se status and physico-chemical properties of eggs-a review [J]. Czech Journal of Food Sciences, 35 (4): 275-284.

Gangadoo S, Dinev I, Willson N L, et al., 2020. Nanoparticles of selenium as high bioavailable and non-toxic supplement alternatives for broiler chickens [J]. Environmental Science and Pollution Research, 27: 16159-16166.

García-Vaquero M, Miranda M, Benedito J L, et al., 2011. Effect of type of muscle and Cu supplementation on trace element concentrations in cattle meat [J]. Food and Chemical Toxicology, 49 (6): 1443-1449.

Groce A W, Miller E R, Hitchcock J P, et al., 1973. Selenium balance in the pig as affected by selenium source and vitamin E [J]. Journal of Animal Science, 37 (4): 942-947.

Grossi S, Rossi L, De Marco M, et al., 2021. The effect of different sources of selenium supplementation on the meat quality traits of young charolaise bulls during the finishing phase [J]. Antioxidants, 10 (4): 596.

Ha H Y, Alfulaij N, Berry M J, et al., 2019. From selenium absorption to selenoprotein degradation [J]. Biological Trace Element Research, 192: 26-37.

Habibian M, Ghazi S, Moeini M M, et al., 2014. Effects of dietary seleni-um and vitamin E on immune response and biological blood parameters of broilers reared under thermoneutral or heat stress conditions [J]. Interna-tional Journal of Biometeorology, 58: 741-752.

Habibian M, Sadeghi G, Ghazi S, et al., 2015. Selenium as a feed sup-plement for heat-stressed poultry: a review [J]. Biological Trace Element Research, 165: 183-193.

Hall J A, Gerd B, Vorachek W R, et al., 2014. Effect of supranutritional organic selenium supplementation on postpartum blood micronutrients, an-tioxidants, metabolites, and inflammation biomarkers in seleniumreplete dairy cows [J]. Biological Trace Element Research, 161 (3): 272-287.

Han L, Pang K, Fu T, et al., 2021. Nano-selenium supplementation increases selenoprotein (Sel) gene expression profiles and milk selenium concentration in lactating dairy cows [J]. Biological Trace Element Research, 199: 113-119.

Han X J, Qin P, Li W X, et al., 2017. Effect of sodium selenite and selenium yeast on performance, egg quality, antioxidant capacity, and selenium deposition of laying hens [J]. Poultry Science, 96 (11): 3973-3980.

Harrison J H, Conrad H R, 1984. Effect of dietary calcium on selenium absorption by the nonlactating dairy cow [J]. Journal of Dairy Science, 67 (8): 1860-1864.

Hefnawy A E G, Tórtora-Pérez J L, 2010. The importance of selenium and the effects of its deficiency in animal health [J]. Small Ruminant Research, 89 (2): 185-192.

Henchion M M, Mccarthy M, Resconi V C, 2017. Beef quality attributes: a systematic review of consumer perspectives [J]. Meat Science, 128: 1-7.

Hendawy A O, Sugimura S, Sato K, et al., 2021. Effects of selenium supplementation on rumen microbiota, rumen fermentation, and apparent nutrient digestibility of ruminant animals: a review [J]. Fermentation, 8 (1): 4.

Ibrahim D, Kishawy A T Y, Khater S I, et al., 2019. Effect of dietary modulation of selenium form and level on performance, tissue retention, quality of frozen stored meat and gene expression of antioxidant status in ross broiler chickens [J]. Animals, 9 (6): 342.

Ibrahim S E, Alzawqari M H, Eid Y Z, et al., 2022. Comparing the influences of selenium nanospheres, sodium selenite, and biological selenium on the growth performance, blood biochemistry, and antioxidative capacity of growing turkey pullets [J]. Biological Trace Element Research, 200 (6): 2915-2922.

Jana S K, Babu N, Chattopadhyay R, et al., 2010. Upper control limit of reactive oxygen species in follicular fluid beyond which viable embryo formation is not favorable [J]. Reproductive Toxicology, 29 (4): 447–451.

Jerysz A, Lukaszewicz E, 2013. Effect of dietary selenium and vitamin E on ganders' response to semen collection and ejaculate characteristics [J]. Biological Trace Element Research, 153: 196–204.

Joksimović–Todorović M, Davidović V, Sretenović L, 2012. The effect of diet selenium supplement on meat quality [J]. Biotechnology in Animal Husbandry, 28 (3): 553–561.

Katarzyna B, Joanna S, Alexandros Y, et al., 2012. Comprehensive speciation of selenium in selenium–rich yeast [J]. Trends in Analytical Chemistry, 41: 201–210.

Kessler, J, 1993. Carence en sélénium chez les ruminants: Mesures prophylactiques [J]. Revue Suisse d'Agriculture, 25, 21–26.

Khan M I, Min J S, Lee S O, et al., 2015. Cooking, storage, and reheating effect on the formation of cholesterol oxidation products in processed meat products [J]. Lipids in Health and Disease, 14 (1): 1–9.

Khan R U, Naz S, Nikousefat Z, et al., 2011. Effect of vitamin E in heat–stressed poultry [J]. World's Poultry Science Journal, 67 (3): 469–478.

Kieliszek M, 2019. Selenium – fascinating microelement, properties and sources in food [J]. Molecules, 24 (7): 1298.

Kohrle J, Jakob F, Contempré B, et al., 2005. Selenium, the thyroid, and the endocrine system [J]. Endocrine Reviews, 26 (7): 944–984.

Kojouri G A, Sadeghian S, Mohebbi A, et al., 2012. The effects of oral consumption of selenium nanoparticles on chemotactic and respiratory burst activities of neutrophils in comparison with sodium selenite in sheep [J]. Biological Trace Element Research, 146: 160–166.

Latorre A O, Greghi G F, Netto A S, et al., 2014. Selenium and vitamin E enriched diet increases NK cell cytotoxicity in cattle [J]. Pesquisa Veterinária Brasileira, 34 (11): 1141–1145.

Li J G, Zhou J C, Zhao H, et al., 2011. Enhanced water–holding capacity of meat was associated with increased Sepw1 gene expression in pigs fed selenium-enriched yeast [J]. Meat Science, 87 (2): 95-100.

Li J L, Zhang L, Yang Z Y, et al. , 2018. Effects of different selenium sources on growth performance, antioxidant capacity and meat quality of local Chinese Subei chickens [J]. Biological Trace Element Research, 181: 340-346.

Li Y, Liu J X, Xiong J L, et al. , 2019. Effect of hydroxyselenomethionine on lactation performance, blood profiles, and transfer efficiency in early-lactating dairy cows [J]. Journal of Dairy Science, 102 (7): 6167-6173.

Liu C, Li Y, Li H, et al. , 2022. Nano-selenium and Macleaya cordata extracts improved immune functions of intrauterine growth retardation piglets under maternal oxidation stress [J]. Biological Trace Element Research, 200 (9): 3975-3982.

Liu H, Yu Q, Fang C, et al. , 2020. Effect of selenium source and level on performance, egg quality, egg selenium content, and serum biochemical parameters in laying hens [J]. Foods, 9 (1): 68.

Mahan D C, Cline T R, Richert B, 1999. Effects of dietary levels of selenium-enriched yeast and sodium selenite as selenium sources fed to growing-finishing pigs on performance, tissue selenium, serum glutathione peroxidase activity, carcass characteristics, and loin quality [J]. Journal of Animal Science, 77 (8): 2172-2179.

Mahan D C, Parrett N A, 1996. Evaluating the efficacy of selenium-enriched yeast and sodium selenite on tissue selenium retention and serum glutathione peroxidase activity in grower and finisher swine [J]. Journal of Animal Science, 74 (12): 2967-2974.

Mahmoud H E D, Ijiri D, Ebeid T A, et al. , 2016. Effects of dietary nano-selenium supplementation on growth performance, antioxidative status, and immunity in broiler chickens under thermoneutral and high ambient temperature conditions [J]. The Journal of Poultry Science, 53 (4): 274-283.

Marin-Guzman J, Mahan D C, Pate J L, 2000. Effect of dietary selenium and vitamin E on spermatogenic development in boars [J]. Journal of Animal Science, 78 (6): 1537-1543.

Marković R, ć irić J, Drljačić A, et al. , 2018. The effects of dietary Selenium-yeast level on glutathione peroxidase activity, tissue Selenium content, growth performance, and carcass and meat quality of broilers [J]. Poultry Science, 97 (8): 2861-2870.

Marsh J A, Combs Jr G F, Whitacre M E, et al. , 1986. Effect of selenium and vitamin E dietary deficiencies on chick lymphoid organ development [J]. Proceedings of the Society for Experimental Biology and Medicine, 182 (4): 425-436.

Mateo R D, Spallholz J E, Elder R, et al. , 2007. Efficacy of dietary selenium sources on growth and carcass characteristics of growing – finishing pigs fed diets containing high endogenous selenium [J]. Journal of Animal Science, 85 (5): 1177-1183.

Mehdi Y, Clinquart A, Hornick J L, et al. , 2015. Meat composition and quality of young growing Belgian Blue bulls offered a fattening diet with selenium enriched cereals [J]. Canadian Journal of Animal Science, 95 (3): 465-473.

Mehdi Y, Dufrasne I, 2016. Selenium in cattle: a review [J]. Molecules, 21 (4): 545.

Meinhold H, Campos-Barros A, Walzog B, et al. , 1993. Effects of selenium and iodine deficiency on type I , type II and type III iodothyronine deiodinases and circulating thyroid hormones in the rat [J]. Experimental and Clinical Endocrinology & Diabetes, 101 (2): 87-93.

Meng T T, Lin X, Xie C Y, et al. , 2021. Nanoselenium and selenium yeast have minimal differences on egg production and Se deposition in laying hens [J]. Biological Trace Element Research, 199: 2295-2302.

Meyer U, Heerdegen K, Schenkel H, et al. , 2014. Influence of various selenium sources on selenium concentration in the milk of dairy cows [J]. Journal Für Verbraucherschutz Und Lebensmittelsicherheit, 9 (2): 101-109.

Mihara H, Tobe R, Esaki N, 2016. Mechanism, structure, and biological role of selenocysteine lyase [M]. Selenium: Its Molecular Biology and Role in Human Health: 113-123.

Mistry H D, Pipkin F B, Redman C W G, et al. , 2012. Selenium in reproductive health [J]. American Journal of Obstetrics and Gynecology, 206 (1): 21-30.

Mohammadi E, Janmohammadi H, Olyayee M, et al., 2020. Nano selenium improves humoral immunity, growth performance and breast - muscle selenium concentration of broiler chickens [J]. Animal Production Science, 60 (16): 1902-1910.

Mohapatra P, Swain R K, Mishra S K, et al., 2014. Effects of dietary nano-selenium on tissue selenium deposition, antioxidant status and immune functions in layer chicks [J]. International Journal of Pharmacology, 10 (3): 160-167.

Muhammad A I, Mohamed D A A, Chwen L T, et al., 2021a. Effect of selenium sources on laying performance, egg quality characteristics, intestinal morphology, microbial population and digesta volatile fatty acids in laying hens [J]. Animals, 11 (6): 1681.

Muhammad A I, Mohamed D A A, Chwen L T, et al., 2021b. Effect of sodium selenite, selenium yeast, and bacterial enriched protein on chicken egg yolk color, antioxidant profiles, and oxidative stability [J]. Foods, 10 (4): 871.

Mujahid A, Akiba Y, Toyomizu M, 2009. Olive oil-supplemented diet alleviates acute heat stress-induced mitochondrial ROS production in chicken skeletal muscle [J]. American Journal of Physiology - Regulatory, Integrative and Comparative Physiology, 297 (3): R690-R698.

Neathery M W, Miller W J, Gentry R P, et al., 1987. Influence of high dietary lead on selenium metabolism in dairy calves [J]. Journal of Dairy Science, 70 (3): 645-652.

Netto A S, Zanetti M A, Del Claro G R, et al., 2014. Effects of copper and selenium supplementation on performance and lipid metabolism in confined brangus bulls [J]. Asian-Australasian Journal of Animal Sciences, 27 (4): 488.

Noguchi T, Langevin M L, Combs Jr G F, et al., 1973. Biochemical and histochemical studies of the selenium-deficient pancreas in chicks [J]. The Journal of Nutrition, 103 (3): 444-453.

NRC, 2012. Nutrient requirements of swine [M]. 11th ed. Washington:

The National Academies Press：86-87.

Nuernberg K, Kuechenmeister U, Kuhn G, et al. , 2002. Influence of dietary vitamin E and selenium on muscle fatty acid composition in pigs [J]. Food Research International, 35 (6)：505-510.

Pedrosa L F C, Motley A K, Stevenson T D, et al. , 2012. Fecal selenium excretion is regulated by dietary selenium intake [J]. Biological Trace Element Research, 149：377-381.

Pehrson B, 1993. Selenium in nutrition with special reference to the biopotency of organic and inorganic selenium compounds [C] //Proceedings the 9th Alltech Symposium, Biotechnology in the Feed Industry (ed. PT Lyons)：71-89.

Ramoutar R R, Brumaghim J L, 2007. Effects of inorganic selenium compounds on oxidative DNA damage [J]. Journal of Inorganic Biochemistry, 101 (7)：1028-1035.

Rana T, 2021. Nano-selenium on reproduction and immunocompetence：an emerging progress and prospect in the productivity of poultry research [J]. Tropical Animal Health and Production, 53 (2)：324.

Rowntree J E, Hill G M, Hawkins D R, et al. , 2004. Effect of Se on selenoprotein activity and thyroid hormone metabolism in beef and dairy cows and calves [J]. Journal of Animal Science, 82 (10)：2995-3005.

Sahin K, Smith M O, Onderci M, et al. , 2005. Supplementation of zinc from organic or inorganic source improves performance and antioxidant status of heat-distressed quail [J]. Poultry Science, 84 (6)：882-887.

Salles M S V, Zanetti M A, Junior L C R, et al. , 2014. Performance and immune response of suckling calves fed organic selenium [J]. Animal Feed Science and Technology, 188 (1)：28-35.

Salman S, Dinse D, Kholparisini A, et al. , 2013. Colostrum and milk selenium, antioxidative capacity and immune status of dairy cows fed sodium selenite or selenium yeast [J]. Archives of Animal Nutrition, 67 (1)：48-61.

Schrauzer G N, 2000. Selenomethionine：a review of its nutritional significance, metabolism and toxicity [J]. The Journal of nutrition, 130 (7)：1653-1656.

Shin Y G, Rathnayake D, Mun H S, et al. , 2021. Sensory attributes, microbial activity, fatty acid composition and meat quality traits of Hanwoo cattle fed a diet supplemented with stevioside and organic selenium [J]. Foods, 10 (1): 129.

Shini S, Sultan A, Bryden W L, 2015. Selenium biochemistry and bioavailability: implications for animal agriculture [J]. Agriculture, 5 (4): 1277-1288.

Silva V A, Bertechini A G, Clemente A H S, et al. , 2019. Different levels of selenomethionine on the meat quality and selenium deposition in tissue of finishing pigs [J]. Journal of Animal Physiology and Animal Nutrition, 103 (6): 1866-1874.

Sordillo L M, 2016. Nutritional strategies to optimize dairy cattle immunity [J]. Journal of Dairy Science, 99 (6): 4967-4982.

Sordillo L M, 2013. Selenium-dependent regulation of oxidative stress and immunity in periparturient dairy cattle [J]. Veterinary Medicine International, 4: 1-8.

Spears J W, Weiss W P, 2008. Role of antioxidants and trace elements in health and immunity of transition dairy cows [J]. The Veterinary Journal, 176 (1): 70-76.

Speight S M, Estienne M J, Harper A F, et al. , 2012. Effects of organic selenium supplementation on growth performance, carcass measurements, tissue selenium concentrations, characteristics of reproductive organs, and testis gene expression profiles in boars [J]. Journal of Animal Science, 90 (2): 533-542.

Sterndale S, Broomfield S, Currie A, et al. , 2018. Supplementation of Merino ewes with vitamin E plus selenium increases α-tocopherol and selenium concentrations in plasma of the lamb but does not improve their immune function [J]. Animal, 12 (5): 998-1006.

Sun L L, Gao S T, Wang K, et al. , 2019. Effects of source on bioavailability of selenium, antioxidant status, and performance in lactating dairy cows during oxidative stress-inducing conditions [J]. Journal of Dairy Science, 102 (1): 311-319.

Sun Q A, Wu Y, Zappacosta F, et al. , 1999. Redox regulation of cell signaling by selenocysteine in mammalian thioredoxin reductases [J]. Journal of Biological Chemistry, 274 (35): 24522-24530.

Surai P F, Cerolini S, Wishart G J, et al. , 1998. Lipid and antioxidant composition of chicken semen and its susceptibility to peroxidation [J]. Poultry and Avian Biology Reviews, 9 (1): 11-23.

Svoboda M, Saláková A, Fajt Z, et al. , 2009. Selenium from Se-enriched lactic acid bacteria as a new Se source for growing-finishing pigs [J]. Polish Journal of Veterinary Sciences, 12 (3): 355-361.

Van Dael P, Vlaemynck G, Van Renterghem R, et al. , 1991. Selenium content of cows milk and its distribution in protein - fractions [J]. Zeitschrift Für Lebensmittel Untersuchung und Forschung Berlin, 1943 - 1996, 192 (5): 422-426.

Vendeland S C, Deagen J T, Butler J A, et al. , 1994. Uptake of selenite, selenomethionine and selenate by brush border membrane vesicles isolated from rat small intestine [J]. Biometals, 7: 305-312.

Vignola G, Lambertini L, Mazzone G, et al. , 2009. Effects of selenium source and level of supplementation on the performance and meat quality of lambs [J]. Meat Science, 81 (4): 678-685.

Wang C, Xing G, Wang L, et al. , 2021. Effects of selenium source and level on growth performance, antioxidative ability and meat quality of broilers [J]. Journal of Integrative Agriculture, 20 (1): 227-235.

Wang Y X, Zhan X A, Zhang X W, et al. , 2011. Comparison of different forms of dietary selenium supplementation on growth performance, meat quality, selenium deposition, and antioxidant property in broilers [J]. Biological Trace Element Research, 143: 261-273.

Wei J Y, Wang J, Liu W, et al. , 2019. Short communication: effects of different selenium supplements on rumen fermentation and apparent nutrient and selenium digestibility of mid - lactation dairy cows [J]. Journal of Dairy Science, 102: 3131-3135.

Yang L, Tan G Y, Fu Y Q, et al. , 2010. Effects of acute heat stress and subsequent stress removal on function of hepatic mitochondrial respiration, ROS production and lipid peroxidation in broiler chickens [J]. Comparative Biochemistry and Physiology Part C: Toxicology & Pharmacology, 151 (2): 204-208.

Yang Z, Liu C, Liu C, et al., 2016. Selenium deficiency mainly influences antioxidant selenoproteins expression in broiler immune organs [J]. Biological Trace Element Research, 172: 209-221.

Zagrodzki P, Nicol F, McCoy M A, et al., 1998. Iodine deficiency in cattle: compensatory changes in thyroidal selenoenzymes [J]. Research in Veterinary Science, 64 (3): 209-211.

Żarczyńska K, Sobiech P, Radwinska J, et al., 2013. Effects of selenium on animal health [J]. Journal of Elementology, 18 (2): 329-340.

Zhan X A, Wang M, Zhao R Q, et al., 2007. Effects of different selenium source on selenium distribution, loin quality and antioxidant status in finishing pigs [J]. Animal Feed Science and Technology, 132 (3-4): 202-211.

Zhang K, Zhao Q, Zhan T, et al., 2020. Effect of different selenium sources on growth performance, tissue selenium content, meat quality, and selenoprotein gene expression in finishing pigs [J]. Biological Trace Element Research, 196: 463-471.

Zhang S T, Xie Y H, Li M, et al., 2020. Effects of different selenium sources on meat quality and shelf life of fattening pigs [J]. Animals, 10 (4): 615.

Zhang X, Tian L, Zhai S, et al., 2020. Effects of selenium-enriched yeast on performance, egg quality, antioxidant balance, and egg selenium content in laying ducks [J]. Frontiers in Veterinary Science, 7: 591.

Zheng Y, Dai W, Hu X, et al., 2020. Effects of dietary glycine selenium nanoparticles on loin quality, tissue selenium retention, and serum antioxidation in finishing pigs [J]. Animal Feed Science and Technology, 260: 114345.

第九章 饲草硒农艺生物强化及其在畜禽中应用研究进展

　　硒（Selenium，Se）是人和动物必需的微量元素，对健康具有重要的意义（Gu，2022）。在畜禽养殖生产中适量添加硒元素具有抗氧化、调节免疫、提高繁殖力、促进生长和改善畜禽品质等重要作用（熊传帅，2021）。饲草中的硒含量受周围土壤环境影响大（罗建川，2017），我国处于地球低硒带，表层土壤硒平均值为 0.20 mg/kg，且分布极不均匀，其中约72%的地区土壤中硒的含量不足 0.1 mg/kg，因此我国整体上是一个缺硒的国家（周国华，2020）。据调查，我国畜禽饲料资源中饲草类平均硒含量为 0.062 mg/kg（范围为 0.057~0.070 mg/kg），低于畜禽日粮中硒元素的最低需要标准（0.1 mg/kg）（王丽赛，2019），不能满足畜禽的硒营养需求。研究表明农艺生物强化是一种有效的基于作物的方法，通过施用饲草中缺乏的矿物元素的肥料来增加其在饲草中的浓度（Szeremen，2022）。本章就国内外饲草硒农艺生物强化研究现状，饲草硒农艺生物强化的方式、对饲草的影响及富硒饲草在畜禽上的应用进行总结，旨在为富硒饲草及富硒畜禽产品的开发与利用提供相关资料和科学理论依据。

第一节　国内外饲草硒农艺生物强化研究现状

　　牧草（grass/herbage）是指以草本植物为主栽培的或野生的饲用植物，包含可供饲用的半灌木、灌木、小乔木。饲草（forage/grass）是指牧草中栽培型为主的饲用植物，也包括农作物秸秆［如全株玉米（*Zea mays*）、饲用高粱（*Sorghum bicolor*）等］（任继周，2015；林克剑，2023）。

　　生物强化首先由 Bouis 等定义，并演变为通过农业干预或遗传选择增加作物可食用部分中必需元素的生物可利用浓度的过程（Galié，2021）。其中，硒农艺生物强化指通过土壤基施或叶面喷施硒肥、硒浸种，改善土壤中矿物元素的溶解和动员等形式来提高作物硒含量，该措施被认为是改善人类和畜禽饮食中硒缺乏的安全、经济的方法之一（Hossain，2021）。从植物的角度来看，重要的是所用的硒剂量在不影响该作物农艺性状的基础上，既增加饲草中硒含量，又避免其产量大幅下降（Puccinelli，2017）。

对目前中国知网（CNKI）、Web of Science（WOS）两个数据库平台的文献进行收集，搜索以硒为主题文献（去除会议、书籍、报纸、年鉴、专利、标准、成果等文章），文献检索时间截至2023年6月1日，其中，在知网文献检索中，中文库有27 675篇，外文库有73 114篇；在Web of Knowledge库中有88 714篇。采用关键词及其组合高级搜索，结合CNKI及WOS的关键词共现聚类图谱可知，硒在苜蓿中研究较多，国内学者胡华锋（2014，2015a；2015b）对其进行了大量探索（图9-1、图9-2），且近年来由对饲草产量、生理生化转入对转录代谢的研究。饲草富硒研究表明，豆科作物如紫花苜蓿、紫云英等具有极强的吸附和积累硒的能力，可以从土壤中积极地吸取硒，再经过同化作用积聚到各个器官，是实现无机硒向有机硒转换的一个重要载体，通过土壤-植物链，安全高效地给家畜补充硒（张士敏，2022）。

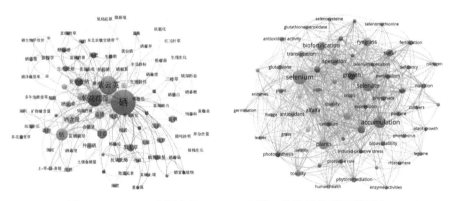

图9-1 CNKI（左图）和WOS（右图）关键词共现聚类图谱

注：CNKI数据库中以"硒""富硒""农艺强化""牧草""饲草""禾本科""豆科"为主题词进行多组合检索；WOS数据库中以"selenium""selenium-enriched""agronomic strengthening""pasture""forage grass""Gramineae""Leguminosae"为主题词进行多组合检索；检索时间均为20年（2003—2023年）文献（通过VOSviewerv1.6.19构建，CNKI样本N=885，频率=3；WOS样本N=759，频率=3）。

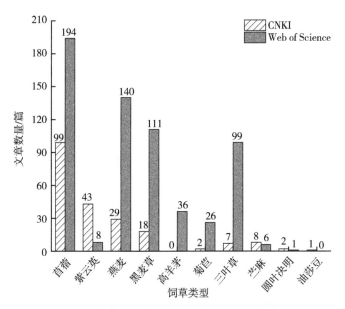

图9-2 不同饲草类型的硒农艺生物强化研究

第二节　饲草硒农艺生物强化的方式

土壤基施、叶面喷施、硒浸种是饲草硒农艺生物强化的最常见途径（Schiavon，2020）。传统的硒肥包括无机硒肥（亚硒酸盐和硒酸盐等含硒盐类）和有机硒肥（氨基酸硒肥、富硒酵母硒肥、腐殖酸硒肥等）；新型富硒肥包括生物富硒肥、纳米富硒肥、螯合富硒肥、缓释富硒肥等（周诗悦，2022；García，2020；Kumar，2021）。

一、土壤基施

土壤基施是作物最常用的微量营养素施肥方法。通常将硒肥直接溶水或混合到其他商业营养肥料（如尿素）中施用于土壤。土壤硒以元素硒 [Se（0）]，硒化物 [Se（Ⅱ）]，亚硒酸盐 [Se（Ⅳ）] 和硒酸盐 [Se（Ⅵ）] 4种不同的氧化态存在于土壤中，这些氧化态决定其在环境中的流动性和生物利用度（Consentino，2023）。通常 Se（0）和 Se（Ⅱ）不溶于水，Se（Ⅳ）和 Se（Ⅵ）溶解度好、生物利用度高，是植物吸收硒的主要形式。吸收后，Se（Ⅵ）通过硫酸盐转运蛋白 SULTR1、硫酸盐转运蛋白

SULTR2 和 SULTR1，Se（Ⅳ）通过磷酸盐转运蛋白 OsPT2 转运进入植物（Danso，2023），并转化成有机形式，如硒代蛋氨酸（Selenomethionine，Se-Met）、硒代半胱氨酸（Selenocysteine，SeCys），从而增加饲草作物总硒、有机硒浓度。然而，受土壤的物理、化学和生物特性，包括土壤质地、pH 值、氧化还原电位、微生物活动和固有的硒浓度等因素的影响，造成硒利用率低（钟庆祥，2023）。如胡华锋（2015a）对紫花苜蓿各生育期进行施硒试验，结果表明其硒肥利用率低于 1.5%；吴一群（2017）在紫云英施硒肥试验中表明硒肥的利用率为 0.89%~3.25%，且随着硒施用量的增加其利用率不断下降。Kovács（2021）研究发现，以 10 mg/kg 硒酸盐的浓度施用的硒平均只有 10.2% 被苜蓿植物吸收。大部分硒肥受土壤颗粒和有机物质的固定而变得不可生物利用，随后作物可利用的残余硒可以忽略不计，因此需定期向土壤中施用硒肥（Ebrahimi，2019），而未被利用的硒肥则通过挥发、淋溶等途径损失，并随着时间的推移累积污染土壤和地表水源，对水生动物产生毒性。因此在饲草硒农艺生物强化种植的过程中应谨慎大量使用硒肥，对提高硒利用率、土壤和环境保护方面还需进一步研究。表 9-1 总结了有关饲草土壤施硒的例子。

二、叶面喷施

叶面喷施是解决干旱和半干旱气候下作物中微量营养素缺乏的一种重要方法，因为灌溉用水和土壤基施肥料的溶解作用较少（Bhardwaj，2022）。喷雾中的微量硒元素通过叶表面存在的角质层和气孔进入并直接积聚在韧皮部中，且能绕过土壤化学和微生物学问题等的影响，防止土壤中硒化合物的固定而导致的硒损失（Ramkissoon，2019）。与土壤基施硒肥相比，叶面硒肥利用率在 31.32%~52.71%（胡华锋，2015b）。从农艺生物强化的角度来看，叶面喷施是比土壤基施更好的选择（Galié，2021）。值得注意的是，当饲草叶面积大时，能更多地吸附所施用的微量硒元素，即应在饲草生长发育的适当阶段施用，但叶面喷施可能受到环境条件的限制，如气温、风速和风向、降水量和相对湿度等影响。此外，叶片对硒肥喷施浓度存在一个临界值，超出临界值将引起叶片的伤害，但喷施浓度太低，会造成籽实中的硒积累不足，浓度过高则造成作物的产量下降（王勃，2022），或因喷施溶液量过大，难以在叶片中保持，从而使叶面吸收效率下降（韦叶娜，2017）。因此，在实际应用过程中需要注意饲草生长阶段、叶面喷施环境条件、喷施浓度及喷量。表 9-2 总结了有关饲草叶面喷施硒的例子。

表9-1 土壤施硒对饲草富硒效果影响

植物	品种	硒源	方法	硒处理水平	推荐量	毒害量	最高硒含量	参考文献
豆科	金皇后、秋眠级3.0	亚硒酸钠	大田	0、0.15 kg/hm²、0.25 kg/hm²、0.35 kg/hm²、0.45 kg/hm²、0.75 kg/hm²、1.05 kg/hm²	0.45 kg/hm²	/	地上部分:2.43 mg/kg	胡华锋,2014
紫花苜蓿	/	硒酸钠	盆栽	1 mg/kg、10 mg/kg、50 mg/kg	/	50 mg/kg	茎:202.5 μg/g 叶:643.4 μg/g	Kovács,2021
	Sadie 7	亚硒酸钠	盆栽	0、0.5 mg/kg、1 mg/kg、5 mg/kg、10 mg/kg、20 mg/kg、50 mg/kg、100 mg/kg	10 mg/kg	>20 mg/kg	根:27.05 mg/kg 茎:18.03 mg/kg	Bai,2019
	陶紫6号	亚硒酸钠	盆栽	0、0.5 mg/kg、1 mg/kg、2 mg/kg、4 mg/kg、8 mg/kg、16 mg/kg、32 mg/kg	/	/	地上部分:2.93 mg/kg	吴一群,2017
紫云英	/	亚硒酸钠	盆栽	0、0.125 mg/kg、1.25 mg/kg、2.5 mg/kg、5 mg/kg	2.5 mg/kg	>5 mg/kg	根:150.87 mg/kg 地上部分:215.17 mg/kg	刘芳,2016
	弋江籽	亚硒酸钠	大田	0、25 g/hm²、50 g/hm²、125 g/hm²、250 g/hm²	/	/	成熟期根、茎、叶、种子分别为:86.71 mg/kg、80.42 mg/kg、84.51 mg/kg、85.34 mg/kg	周乾坤,2014
圆叶决明	34721品系	亚硒酸钠	大田	0、75 g/hm²、150 g/hm²、225 g/hm²、300 g/hm²	150 g/hm²	/	地上部分:0.695 mg/kg	翁伯琦,2005
		亚硒酸钠	盆栽	0、1.0 mg/kg、1.5 mg/kg、2 mg/kg	1.5 mg/kg	/	地上部分:0.222 mg/kg	翁伯琦,2004

（续表）

植物	品种	硒源	方法	硒处理水平	推荐量	毒害量	最高硒含量	参考文献
黑麦草	维尔库系列	亚硒酸钠	盆栽	0、0.1 mg/kg、0.25 mg/kg、0.50 mg/kg、0.75 mg/kg、1.0 mg/kg、1.5 mg/kg、2.0 mg/kg、4.0 mg/kg、6.0 mg/kg、8.0 mg/kg、10.0 mg/kg	/	/	地上部分：4.17 mg/kg	Cartes, 2005
		硒酸盐				>4 mg/kg	地上部分：247 mg/kg	
禾本科 燕麦	河口18号	亚硒酸钠	大田	0、5.48 g/hm²、10.96 g/hm²、21.92 g/hm²、43.84 g/hm²、65.76 g/hm²、98.64 g/hm²、147.96 g/hm²	按模型推荐 77.071 g/hm²	/	籽粒：0.56 mg/kg	Hao, 2022
	内农大莜1号	亚硒酸钠	大田	0、570 g/hm²、765 g/hm²、954 g/hm²、1 143 g/hm²	765~954 g/hm²	/	地上部分：1.41 mg/kg	郭孝, 2012
	坝莜1号	亚硒酸钠	大田	0、10 mg/kg、20 mg/kg、40 mg/kg、60 mg/kg、80 mg/kg、100 mg/kg、150 mg/kg、200 mg/kg、250 mg/kg	40 mg/kg	>80 mg/kg	地上部分：600.71 μg/kg	铁梅, 2015
其他 苎麻	中饲苎1号	亚硒酸钠 硒酸盐	盆栽	0、0.9 mg/kg、1.8 mg/kg、2.7 mg/kg	0.9 mg/kg	≥1.8 mg/kg	地上部分：1.470 mg/kg 地上部分：71.90 mg/kg	朱娟娟, 2020
菊苣	将军	亚硒酸钠	盆栽	0、0.2 mg/kg、0.4 mg/kg、0.6 mg/kg	/	/	地上部分：0.069 3 mg/kg	卢筍, 2022

表9-2 叶面喷硒对饲草富硒效果影响

植物		品种	硒源	方法	硒处理水平	推荐量	毒害量	最高富硒量	参考文献
豆科	紫花苜蓿	Kangsai	亚硒酸钠	大田	0、100 mg/kg、200 mg/kg、300 mg/kg、500 mg/kg	100 mg/kg	500 mg/kg	地上部分：39.15 mg/kg	Wang，2022
		三得利	亚硒酸钠	大田	0、30 mg/kg、50 mg/kg、70 mg/kg、100 mg/kg、200 mg/kg、300 mg/kg	100 mg/kg	>100 mg/kg	地上部分总硒：28.75 mg/kg，无机硒：10.77 mg/kg，有机硒：17.99 mg/kg	胡华锋，2015b
	紫云英	平湖	亚硒酸钠	大田	120 mg/kg、240 mg/kg、300 mg/kg、360 mg/kg、420 mg/kg	240 mg/kg	420 mg/kg	地上部分：13.54 mg/kg	赵汝建，2014
禾本科	燕麦	陇燕5号	亚硒酸钠	大田	0、5.48 g/hm²、10.96 g/hm²、21.92 g/hm²、43.84 g/hm²、65.76 g/hm²、98.64 g/hm²、147.96 g/hm²	21.92 g/hm²	/	籽粒：0.61 mg/kg	Hao，2022
	草混合物	/	亚硒酸钠	大田	0、45 g/ha、90 g/ha	90 mg/kg	/	地上部分：6.133 mg/kg	Wang，2021
	高粱	晋糯3号	亚硒酸钠	盆栽	0、40 mg/kg、80 mg/kg、120 mg/kg、160 mg/kg	80 mg/kg	/	籽粒：1.145 mg/kg	史丽娟，2020
其他	菊苣	Leonardo	亚硒酸钠 硒酸盐	大田	10 mg/L	/	/	地上部分：50~60 ng/g 地上部分：80~90 ng/g	Germ，2020

三、硒浸种

硒浸种是指在种植之前将种子浸泡在含硒的溶液中，主要在于增强发芽、根系发育、幼苗建立和产量提高，是生产富含硒食物的一种简单、快速和有效的方法（Huang，2022）。在一定浓度范围内硒浸种能够提高植物种子的发芽率及其幼苗质量（Du，2019）。如史丽娟（2016）通过田间试验研究亚硒酸钠对高粱产量、籽粒硒含量的影响。结果表明在 0.1~0.5 mg/mL 硒浓度浸种处理时，高粱发芽率从 69.05% 提高到 71.50%~77.50%，但硒浓度超过 1 mg/mL 时，高粱发芽率受到抑制。因此，需要选择适宜的硒浸种浓度，避免浓度过高而抑制种子萌发和幼苗生长。

硒浸种成本低，操作便捷，但与土壤基施和叶面喷施相比，存在以下弊端。一是由于包衣直接接触种子，使得其在浓度和用量方面都受到限制。种子包衣硒浓度高则不利出苗，硒浓度低则达不到硒强化的目的（孙发宇，2017）。二是浸种后会缩短保存期，需要理想的储存条件或立即使用（Bhardwaj，2022）。表 9-3 总结了有关饲草硒浸种的例子。

表 9-3　硒浸种对饲草的影响

植物	品种	硒源	硒处理水平	推荐量	毒害量	参考文献
豆科	紫花苜蓿	偏关苜蓿	亚硒酸钠	0、0.3 mg/mL、0.6 mg/mL、1.2 mg/mL、2.4 mg/mL、4.8 mg/mL、9.6 mg/mL	0.3 mg/mL	≥1.2 mg/L	张士敏，2022
		蛋氨酸硒	0、1 mg/mL、5 mg/mL、10 mg/mL、20 mg/mL、40 mg/mL	5 mg/mL	/	
		亚硒酸钠	0、0.5 mmol/L、1.0 mmol/L、2.0 mmol/L、4.0 mmol/L、8.0 mmol/L	1.0 mmol/L	>2.0 mmol/L	Xia，2021
	紫云英	WL343HQ 等	亚硒酸钠	0、8.647 mg/L、17.294 mg/L、25.941 mg/L、34.588 mg/L	/	34.588 mg/L	程贝，2020
		弋江籽	亚硒酸钠	0、0.125 mg/L、1.25 mg/L、2.5 mg/L、5 mg/L	2 mg/L	5 mg/L	周乾坤，2014

第三节　硒农艺生物强化对饲草的影响

研究表明，硒符合营养元素对生物体效应的 Bertrand 生物剂量规律（Djanaguiraman，2005），即低浓度促进饲草生长，过量则构成毒害。饲草组织中微量硒元素的浓度随外源施硒水平的提高而增加。

一、硒对饲草生理作用

（一）增强饲草抗氧化能力

硒能够直接或者间接调控植物体内抗氧化物质的形成（刘媛媛，2014）。低硒条件下，通过刺激抗氧化酶，如超氧化物歧化酶（superoxide dismutase，SOD）、过氧化物酶（peroxidase，POD）、过氧化氢酶（catalase，CAT）、脱氢抗坏血酸还原酶（dehydroascorbate reductase，DHAR）、单脱氢抗坏血酸还原酶（monodehydroascorbate reductase，MDHAR）、抗坏血酸过氧化物酶（ascorbate peroxidase，APX）、谷胱甘肽过氧化物酶（glutathione per-oxidase，GSH-Px）、谷胱甘肽还原酶（glutathione reductase，GR）和谷胱甘肽-S-转移酶（glutathione-s-transferase，GST）等抗氧化酶的活性（梁郅哲，2022）和抗氧化代谢物（如 AsA、GSH）的合成来增强细胞抗氧化能力，抑制活性氧（reactive oxygen species，ROS）的积累，减少氧化应激，防止细胞氧化损伤（李晓红，2007）。胡华锋（2022）研究表明硒强化可以通过增强抗氧化系统清除活性氧和促进碳水化合物代谢来提高苜蓿的抗逆性。Wang（2022）研究发现，较低的硒水平对苜蓿有积极影响，能增强抗氧化活性及有助于氧化还原稳态和叶绿体功能。在 100 mg/kg 硒浓度下，过氧化氢（H_2O_2），丙二醛（MDA）含量分别降低 36.72% 和 22.62%，GSH-Px 活性提高 31.10%。夏方山（2021）研究发现紫花苜蓿的发芽率和抗氧化能力与硒的摄入量有关。低于 1.0 mmol/L 施硒浓度可以显著提升紫花苜蓿的发芽率，并且促进 SOD、POD、CAT、APX 的活性，同时减少 MDA 的含量。杨三东（2005）研究表明当土壤施硒浓度 0~5.0 mg/kg 时，随着施硒浓度提高，红三叶草体内 GSH、Vc 的含量和 SOD、GSH-Px 的活性增加，MDA 的含量减少，其抗氧化能力和施硒水平呈正相关，提高了植物体的抗氧化水平。

（二）参与新陈代谢

植物虽不需要硒即可维持正常的新陈代谢，但在适当的硒水平下，硒可以提高植物的叶绿体电子传递速率及线粒体呼吸速率（Hasanuzzaman，2012），从而调控叶绿素的合成，提高与叶绿素合成相关矿物元素的吸收，增加叶片中叶绿素含量，进而增强植物的光合作用，让植株能够积累更多的光合产物（韩晓霞，2015）。Wang（2022）研究发现添加 100 mg/kg 的硒到苜蓿中，提高其植物色素含量以及固碳效率，光合作用增强 37.6%。Bai（2019）用亚硒酸钠基施紫花苜蓿，其中 0.5 mg/kg 和 1 mg/kg 处理显著提高光合参数、叶片色素含量和根系活力，促进微量元素（P、K、Ca、Fe 和 Mn）的吸收，紫花苜蓿根系和全株干重达到最大值。此外，无机硒进入植株体内后转化为有机硒代氨基酸及其衍生物（李晓红，2021），硒代氨基酸如 SeMet、SeCys$_2$ 等形式可以直接参与蛋白质合成，从而促进饲草的生长发育。

（三）抵抗外界胁迫

研究表明硒可以保护饲草免受各种生物（如病虫害、杂草）胁迫和非生物（如辐射、干旱、低温、盐碱地和金属）胁迫，提高作物抗逆性。其中，硒拮抗重金属的机制主要有 3 种：一是硒具有相对活泼的化学性质，硒与重金属形成复合难溶解性物，增加根中硒的保留率，抑制重金属向植株地上部分运输转移，减少植物对重金属的吸收。二是硒可以通过抑制重金属诱导自由基，降低对植株的伤害。三是硒可能在调节植物螯合肽酶的活性过程中起到重要作用，此酶与重金属离子可能形成螯合蛋白，减轻镉对植物的毒害（史广宇，2021；覃爱苗，2011）。Ni（2021）研究表明，添加硒可以提高黑麦草对氮磷和镉的去除率，且进一步增强了微生物修复的效果，氮磷和镉的最高去除率分别为 79.6% 和 49.4%。刘霄霏（2020）同样发现在 60 mg/L 镉浓度胁迫条件下，低浓度施硒可显著缓解镉对黑麦草株高及根长的抑制，0.1 mg/L 和 1.0 mg/L 施硒浓度下株高分别显著增加 17.1% 和 16.1%，根长分别提高 20.4% 和 27.8%。

（四）提高饲草营养品质

硒对饲草品质的影响主要是通过提高植物抗氧化能力、增强机体新陈代谢过程、促进植物的光合作用，提高抵抗外界胁迫等能力，从而间接提高饲草营养品质（覃爱苗，2011）。朱娟娟（2019）研究发现外源施用 0.25 ~ 0.75 kg/hm^2 硒肥能改善饲用苎麻品质，同对照相比分别提高粗蛋白质 10.15% ~ 15.53%、粗脂肪 8.14% ~ 15.15%、粗灰分 8.61% ~ 12.51%；田应兵（2006）研究认为，当外源施用硒的浓度低于 20 mg/kg 时，可以增加黑麦草的粗脂肪、粗蛋白质、钙和磷的含量，但当浓度超过 20 mg/kg 时，黑麦草的营养价值反而降低；翁伯琦（2005）研究认为，当外源施用硒的浓度低于 150 g/hm² 时能提高豆科牧草圆叶决明的营养品质及产量。其中全氮提升 21.79%～41.46%，全磷提升 20.74%～34.67%，全钾提升 34.30%～62.40%，粗蛋白质提升 21.79%～41.46%，粗脂肪提升 1.00%～89.60%，粗纤维提升 34.10%～56.60% 和氨基酸提升 6.33%～63.24%，而施硒量超过 150 g/hm² 时，其营养成分和质量都有所下降；孙鹏波（2022）同样发现施用低浓度的外源硒可以提高紫花苜蓿的产量和营养品质。

二、过量硒对饲草的毒害

Bai（2019）将硒毒性阈值定义为土壤中对饲草生长有显著抑制作用的最低施硒量。一旦超出安全限度，可能引发严重的氧化应激、活性氧积聚、细胞膜损伤和非特异性硒蛋白的释放，进而阻碍植物的光合作用（Kovacs，2021），并且抑制根系发育，最终导致作物的产量降低，甚至死亡。其中，硒主要通过两种机制引发毒性，一是干扰硫的代谢。硒与硫具有相似的化学结构，如在高浓度硒处理下，硒原子取代合成叶绿素关键酶巯基键的硫原子，进而破坏相关酶结构，抑制叶绿素的合成，造成叶绿素含量降低，抑制植物光合作用（梁郅哲，2022）。二是诱导氧化应激（Raina，2021）。过量的无机硒（Se^{4+}、Se^{6+}）会破坏植物体内 ROS 的平衡，导致 MDA 含量增加，提高植物细胞脂质过氧化水平（司振兴，2023），从而对植物造成毒害作用。Kovács（2021）以 50 mg/kg 的比例施用硒酸钠对紫花苜蓿植物有毒，种子发芽两周后死亡。田应兵（2006）研究表明当施硒高于 20 mg/kg 时黑麦草的生长受到抑制，GSH-Px 活性与根系活力均随之降低。彭琪（2021）表明对于紫花苜蓿幼苗，硒酸盐的生理毒性大于亚硒酸盐，当硒酸盐添加浓度超过 2 mg/kg、亚硒酸盐添加浓度超过 4 mg/kg，幼苗各项生长指标均显著下降。

三、饲草对外源硒的吸收与积累

（一）不同种类、品种、生育期及部位对饲草硒积累的影响

饲草对硒吸收与积累动态因种类、品种、生育期、部位不同而产生变化，且植株体硒含量随外源施硒水平的提高而增加。田应兵（2005）研究表明，不同生育期及不同部位黑麦草硒含量顺序为分蘖期>拔节期>抽穗期>苗期、根硒>叶硒>茎硒。周乾坤（2014）研究发现自然状态下紫云英

不同部位的硒含量顺序为根>花>叶>茎。不同生育期部位硒含量顺序有所不同，如现蕾期为根>叶>茎；盛花期为根>花>叶>茎；成熟期为根>种子>叶>茎。宋晓珂（2019）研究表明成熟期青稞各部位硒含量顺序为根>叶>籽粒>颖壳>茎，地上部分（茎叶、穗）中硒含量占整株比例分别为20.88%~42.16%和22.62%~37.08%，说明外源施硒后，植株吸收的硒向地上部分转移并积累。史丽娟（2020）在高粱不同生育期喷施亚硒酸钠，结果表明施硒对高粱籽粒硒含量顺序分别为挑旗期>拔节期>苗期。赵决建（2004）在紫云英生长前期、中期、蕾期和初花期进行叶面喷施硒肥，结果表明紫云英植株含硒量分别为 1.82 mg/kg、9.43 mg/kg、6.30 mg/kg 和 0.89 mg/kg。其中前期生长量小、初花期生长基本停止，从而导致吸收硒的能力低；而生长中期喷施硒肥，紫云英生长旺盛，吸收硒的能力强，吸收率高，是吸收硒的高峰期。综上表明饲草对外源硒的吸收与积累受多种因素的影响。

（二）不同硒源对饲草硒积累的影响

不同硒源对饲草的积累影响不同，通常硒酸钠毒性高于亚硒酸钠。朱娟娟（2020）研究不同硒源对饲用苎麻的影响，研究发现在以亚硒酸钠形式存在的情况下，苎麻硒含量表现为根>茎>叶，而以硒酸盐形式存在的情况下，则表现为叶>根>茎，说明苎麻根、茎对硒的富集能力表现为亚硒酸钠>硒酸钠，而苎麻对硒的富集能力表现为硒酸钠>亚硒酸钠。因此，不同硒源对饲草积累的影响有所差异，在实际应用中选择适宜硒源，以便增加饲草硒含量及提高植株的饲用价值。

（三）外源施硒后饲草硒的形态变化

植物摄取外源硒后可将其转化为多种不同的形态，包括硒蛋白、硒多糖和富含硒的核糖核酸等形式（朱娟娟，2019）。周乾坤（2014）研究表明，紫云英植株硒积累以 SeMet、SeCys2、甲基-硒代半胱氨酸（Methyl-seleno-cysteine，MeSeCys）、亚硒酸根离子和少量其他未知硒的形态存在。其中，根系吸收的硒以 SeMet、SeCys2、SeMeCys 的形态存在；其他部位硒主要以 SeMet 的形态存在。Rodrigo（2014）研究发现以 10~20 g/hm^2 叶面喷施大麦可以使籽粒硒含量显著提高，且 SeMet 形态比例从 59% 提高到 67.5%~90.4%。铁梅（2015）研究表明，富硒燕麦中有机硒大分子主要以碱溶态的蛋白形式存在，其他形态分布分别为碱溶态>盐溶态>Tris-HCL 态>水溶态>酸溶态。吕鉴泉（2018）对紫云英在不同生长阶段（蕾期、盛花期和成熟阶段）中的硒存在形式和含量进行了分析。结果表明在成熟阶段全硒含量为 1 382 μg/kg, 有机硒含量占全硒含量的93.7%, 且主要以蛋白硒和多糖硒形式出现, 分别占总硒的76.2%和16.3%。蛋白质硒以水溶性和碱溶性两种形式存在, 容易为生物体所利用。此外, 研究发现富硒土壤 (2.3~11.6 mg/kg) 种植的小麦秸秆中 SeMet 和 SeMeCys 等有机硒形态比例高达43%~71% (Eiche, 2015)。

第四节　富硒饲草在畜禽中的应用

硒在维护动物身体健康和改善畜禽生产中具有十分重要的意义。目前, 富硒饲草在牛、猪、鸡、兔及其他家畜中相继使用。

一、在反刍动物中的应用

Hall (2020) 从用硒酸钠施肥 (0、90 g/ha) 的田地中收获得到富硒苜蓿干草后饲喂牛犊, 结果表明饲喂富硒苜蓿 9 周可有效增加牛犊全血硒浓度和增加体重。此外, 富硒苜蓿干草改善了疫苗接种反应和随后的生长以及育肥场中肉牛的存活率、促进硒和抗体在犊牛初乳中的积累 (Hall, 2013)。高雪 (2021) 通过叶面喷施 300 g/hm² 亚硒酸钠生产得到富硒青稞秸秆, 并将其短期饲喂给奶牛, 研究发现饲喂富硒青稞秸秆组奶牛全血硒含量显著提升及极显著提高牛奶硒含量, 牛奶中硒含量提高至 0.020 mg/L。Séboussi (2016) 在饲喂泌乳奶牛试验中使用高硒青贮饲料 (1.72 mg/kg DM) 和低硒青贮饲料 (0.05 mg/kg DM) 进行饲喂, 结果表明富硒牧草在奶牛日粮中比无机硒形式具有更多的生物可利用硒, 并且不改变奶牛的抗氧化状态和生产性能, 以及在提高牛奶和血液硒浓度方面更有效。张祥明 (2007) 研究发现, 添加富硒紫云英同未添加相比 GSH-Px 活性提高151.23%。富硒紫云英可显著改善奶牛的产乳能力, 并可相应延长奶牛的产乳时间。

二、在单胃动物中的应用

刘英 (2004) 以富硒紫云英为原料生产富硒猪肉, 结果表明添加富硒紫云英青饲料组同对照组相比日增重高28.3%, 生长速度提高8.4%。说明硒能增强猪的免疫力和代谢功能, 从而促进生长; 减少部分含硒的常规配合饲料, 增喂一定量富硒紫云英, 有利于节本增效, 提高养猪效益。郭孝 (2019) 将 5%~20%的富硒紫花苜蓿草粉添加到幼兔日粮中, 结果表明添加10%~20%添加量能提高家兔内脏中矿质元素含量, 硒富集的部位主要为心脏，心脏硒含量同对照相比差异显著，从 0.14 mg/kg 提高到 0.22 ~ 0.29 mg/kg，其次是肾、肺，家兔肉中硒含量与紫花苜蓿粉中硒含量呈显著性或极显著性相关。

三、在家禽中的应用

郭孝（2012）向 35 日龄三黄鸡日粮中分别加入 3 种含富硒、富硒钴和富硒钴锌的高微紫花苜蓿草粉末（0.31 ~ 2.68 mg Se/kg）。结果表明，添加 10% 的高微苜蓿草粉，可明显增加饲料中的肝、肾、骨骼肌、心等组织中的硒，且以肝最多，肾次之。马丹倩（2020）分别将 5% 普通苜蓿（0.08 mg Se/kg）、5% 富硒苜蓿（0.92 mg Se/kg）替代基础日粮中 5% 的小麦麸饲喂 38 周卢氏青壳鸡。结果表明，添加 5% 普通苜蓿及 5% 富硒苜蓿对卢氏青壳蛋的生产性能无明显影响，但可明显降低蛋黄中的胆固醇，增加亚油酸、α-亚麻酸、DHA 等。李海霞（2022）在基础日粮的基础上添加 5%、8%、11% 的菊苣（2.31 mg Se/kg）及富硒紫花苜蓿（2.45 mg Se/kg）饲喂 162 日龄产蛋高峰期海兰褐蛋鸡，结果表明日粮中添加富硒牧草同未添加相比对蛋鸡生产性能和鸡蛋中的硒沉积无显著影响，但可提高蛋鸡抗氧化功能及鸡蛋的蛋品质，且满足富硒鸡蛋的生产需要。

硒农艺生物强化可以有效地提高饲草中的硒积累。叶面喷施具有硒肥利用率高、无土壤残留的优点，是更好的选择。苜蓿、黑麦草、紫云英等优质饲草对硒有较高的耐受能力和积累效果。适量施用硒肥可以提高饲草的产量和品质。适量添加富硒饲草可提高畜禽生产性能和产品品质。可因地制宜，运用合适的饲草硒农艺强化的方式。如富硒土壤地区选择硒积累能力强的饲草种植，提高土壤硒资源的转化利用。广大缺硒地区可采用叶面喷施方式，为畜禽健康养殖提供必需的微量元素。通过畜禽的生物转化，为人类提供更多、更安全的有机硒食物来源。当前大部分的研究多使用硒酸盐和亚硒酸盐等，纳米硒、有机硒、聚硒微生物菌剂等其他形式的硒肥正陆续开发使用。为了更有效地利用这些硒源，还需要在硒肥的种类、作用机理、经济成本、转化效率和循环利用技术等方面进行更深入的探索。

参考文献

程贝，韩如冰，刘家齐，等，2020. 不同品种紫花苜蓿种子耐硒能力研究 [J]. 江苏农业科学，48（12）：150-155.

高雪，卓玛，曲航，等，2021. 日粮短期添加富硒青稞秸秆对奶牛全血和牛奶硒含量的影响 [J]. 饲料研究, 44 (7): 17-20.

郭孝, 李明, 介晓磊, 等, 2012. 基施硒肥对莜麦产量和微量元素含量的影响 [J]. 植物营养与肥料学报, 18 (5): 1235-1242.

郭孝, 邢其银, 胡华锋, 等, 2019. 在饲料中添加富硒苜蓿草粉对家兔内脏器官和肌肉中矿物元素含量的影响 [J]. 家畜生态学报, 40 (12): 40-45.

郭孝, 邢其银, 介晓磊, 等, 2012. 日粮中添加富硒钴锌苜蓿草粉对三黄鸡屠体品质的影响 [J]. 家畜生态学报, 33 (5): 23-26.

韩晓霞, 魏洪义, 2015. 硒的营养生物学研究进展 [J]. 南方农业学报, 46 (10): 1798-1804.

胡华锋, 介晓磊, 郭孝, 等, 2014. 基施硒肥对不同生育期紫花苜蓿营养含量及分配的影响 [J]. 草地学报, 22 (4): 871-877.

胡华锋, 刘太宇, 郭孝, 等, 2015. 基施硒肥对不同生育期紫花苜蓿吸收、转化及利用硒的影响 [J]. 草地学报, 23 (1): 101-106.

胡华锋, 王彦华, 李明, 等, 2015. 叶面施硒对紫花苜蓿产草量及吸硒特性的影响 [J]. 草地学报, 23 (6): 1347-1350.

李海霞, 2022. 日粮中添加酵母硒、富硒牧草对蛋鸡生产性能的影响 [D]. 贵州: 贵州大学: 28-30.

李晓红, 句荣辉, 李振星, 等, 2021. 硒对植物的双重生物效应研究进展 [J]. 粮食与油脂, 34 (11): 9-13.

梁郅哲, 司振兴, 牛慧伟, 等, 2022. 硒对植物的毒害作用研究进展 [J]. 河南农业科学, 51 (6): 13-21.

林克剑, 刘志鹏, 罗栋, 等, 2023. 饲草种质资源研究现状、存在问题与发展建议 [J]. 植物学报, 58 (2): 241-247.

刘芳, 周乾坤, 周守标, 等, 2016. 施硒对紫云英生长、生理和硒积累特性的影响 [J]. 土壤通报, 47 (1): 129-136.

刘镜, 张生萍, 王鑫, 等, 2021. 硒对牛生产性能影响的研究进展 [J]. 饲料研究, 44 (4): 124-128.

刘霄霏, 李惠英, 陈良, 等, 2020. 外源硒对镉胁迫下黑麦草生长和生理的影响 [J]. 草地学报, 28 (1): 72-79.

刘英, 张祥明, 王允青, 等, 2004. 应用紫云英生产富硒猪肉的研究 [J]. 安徽农业科学, 44 (4): 752-753.

刘媛媛, 孟凡乔, 吴文良, 等, 2014. 植物中硒的含量、影响因素及形

态转化研究 [J]. 农业资源与环境学报，31 (6)：533-538.

卢绮，2022. 外源硒肥对两种常见牧草生长的影响 [D]. 贵州：贵州大学：19-20.

罗建川，周梅，王宗礼，等，2017. 硒在草地放牧系统"土壤-植物-动物"间的流动与调控 [J]. 草业科学，34 (4)：869-880.

吕鉴泉，罗诺琳，谢水勇，等，2018. 蕉岭自然生长紫云英中硒的赋存形态研究 [J]. 分析科学学报，34 (5)：616-620.

马丹倩，杨梦瑶，崔亚垒，等，2020. 富硒苜蓿对卢氏鸡生产性能和蛋品质的影响 [J]. 中国畜牧杂志，56 (8)：163-167.

彭琪，2021. 紫花苜蓿磷硒高效利用的根际调控 [D]. 北京：中国科学院大学（中国科学院教育部水土保持与生态环境研究中心）：15-16.

任继周，2015. 几个专业词汇的界定、浅析及其相关说明 [J]. 草业学报，24 (6)：1-4.

史广宇，余志强，施维林，2021. 植物修复土壤重金属污染中外源物质的影响机制和应用研究进展 [J]. 生态环境学报，30 (3)：655-666.

史丽娟，白文斌，曹昌林，等，2020. 外源硒对高粱产量、籽粒硒含量及品质的影响 [J]. 作物杂志 (3)：191-196.

史丽娟，白文斌，曹昌林，等，2016. 亚硒酸钠浸种对高粱生长发育、产量及籽粒硒含量的影响 [J]. 农学学报，6 (10)：12-15.

司振兴，梁郅哲，钱建财，等，2023. 植物对硒的吸收、转运及代谢机制研究进展 [J]. 作物杂志 (2)：1-9.

宋晓珂，李宗仁，王金贵，2019. 施氮对青稞硒吸收、转运和分配的影响 [J]. 土壤通报，50 (5)：1196-1202.

孙发宇，杨亮，李磊，等，2017. 小麦硒强化研究进展 [J]. 生物技术进展，7 (5)：433-438.

孙鹏波，贾玉山，王志军，等，2022. 硒源对紫花苜蓿产量和营养品质的影响 [J]. 饲料研究，45 (18)：98-101.

覃爱苗，唐平，余卫平，2011. 硒在植物中的生物学效应 [J]. 东北农业大学学报，42 (10)：6-11.

田应兵，陈芬，熊明标，等，2005. 黑麦草对硒的吸收、分配与累积 [J]. 植物营养与肥料学报 (1)：122-127.

田应兵，雷明江，杨玉华，等，2006. 沼泽土施硒对黑麦草生长、品质及生理活性的影响 [J]. 土壤通报，27 (4)：741-743.

铁梅，韩杰，李宝瑞，等，2015. 土壤施硒对燕麦硒含量及产量的影响 [J]. 中国农业大学学报，20（5）：74-80.

王勃，王聪聪，夏方山，等，2022. 硒引发对不同品种紫花苜蓿种子抗氧化特性的影响 [J]. 草地学报，30（8）：2037-2044.

王丽赛，张丽阳，马雪莲，等，2019. 我国畜禽饲料资源中微量元素硒含量分布的调查 [J]. 中国农业科学，52（11）：2011-2020.

韦叶娜，杨国涛，范永义，等，2017. 外源硒处理对优质地方水稻品种产量及稻米硒氮磷钾含量的影响 [J]. 中国农学通报，33（36）：14-19.

翁伯琦，黄东风，熊德中，等，2004. 施用硒肥对圆叶决明生长、酶活性及其叶肉细胞超显微结构的影响 [J]. 生态学报，24（12）：2810-2817.

翁伯琦，黄东风，熊德中，等，2005. 硒肥对豆科牧草圆叶决明生长和植株养分含量及其固氮能力的影响 [J]. 应用生态学报，16（6）：1056-1060.

吴一群，林琼，颜明娟，等，2017. 施硒对紫云英硒积累及土壤硒状况的影响 [J]. 热带作物学报，38（1）：24-27.

夏方山，王聪聪，李红玉，等，2021. 硒引发对紫花苜蓿种子抗氧化性能的影响 [J]. 草地学报，29（3）：472-477.

熊传帅，张海波，张进明，等，2021. 硒和硒蛋白调节动物抗氧化功能及硒在畜牧生产中应用的研究进展 [J]. 中国畜牧杂志，57（10）：59-64.

杨三东，向天勇，吴永尧，2005. 硒在红三叶草中的抗氧化生理 [J]. 中国农学通报，21（7）：230-232.

张士敏，朱慧森，赵娇阳，等，2022. 不同硒源及浓度对偏关苜蓿种子萌发及物质转化的影响 [J]. 草地学报，30（1）：100-107.

张祥明，刘英，王允青，等，2007. 富硒紫云英生产富硒牛奶的研究 [J]. 中国奶牛，6（7）：42-44.

赵决建，2004. 外源硒对紫云英硒含量和产量的影响 [J]. 植物营养与肥料学报（3）：334-336.

钟庆祥，张豫，陶贞，等，2023. 土壤—植物系统硒的迁移转化机制研究进展 [J]. 地球科学进展，38（1）：44-56.

周国华，2020. 富硒土地资源研究进展与评价方法 [J]. 岩矿测试，39

（3）：319-336.

周乾坤，周守标，孔娟娟，等，2014. 施硒对紫云英硒积累和硒形态的影响研究 [J]. 水土保持学报，28（4）：304-309.

周诗悦，李茉，周晨霓，等，2023. 硒在"土壤-作物-食品-人体"食物链中的流动 [J]. 食品科学，44（9）：231-244.

朱娟娟，马海军，喻春明，等，2020. 饲用苎麻对硒元素吸收积累、分配及转运特征 [J]. 华北农学报，35（5）：159-170.

朱娟娟，喻春明，陈继康，等，2019. 外源硒对饲用苎麻草产量和营养价值的影响 [J]. 草业学报，28（10）：144-155.

Bai B, Wang Z, Gao L, et al., 2019. Effects of selenite on the growth of alfalfa (*Medicago sativa* L. cv. Sadie 7) and related physiological mechanisms [J]. Acta Physiologiae Plantarum, 41 (6): 1-11.

Bhardwaj A K, Chejara S, Malik K, et al., 2022. Agronomic biofortification of food crops: an emerging opportunity for global food and nutritional security [J]. Frontiers in Plant Science, 13: 1055278-1055301.

Cartes P, Gianfreda L, Mora M L, 2005. Uptake of selenium and its antioxidant activity in ryegrass when applied as selenate and selenite forms [J]. Plant and Soil, 276 (1-2): 359-367.

Consentino B B, Ciriello M, Sabatino L, et al., 2023. Current acquaintance on agronomic biofortification to modulate the yield and functional value of vegetable crops: a review [J]. Horticulturae, 9 (2): 219-243.

Danso O P, Asante-Badu B, Zhang Z, et al., 2023. Selenium biofortification: Strategies, progress and challenges [J]. Agriculture, 13 (2): 416-445.

Djanaguiraman M, Devi D D, Shanker A K, et al., 2005. Selenium-an antioxidative protectant in soybean during senescence [J]. Plant and Soil, 272: 77-86.

Du B, Luo H, He L, et al., 2019. Rice seed priming with sodium selenate: effects on germination, seedling growth, and biochemical attributes [J]. Scientific Reports, 9 (1): 1-9.

Ebrahimi N, Stoddard F L, Hartikainen H, et al., 2019. Plant species and growing season weather influence the efficiency of selenium biofortification

[J]. Nutrient Cycling in Agroecosystems, 114 (2): 111-124.

Eiche E, Bardelli F, Nothstein A K, et al., 2015. Selenium distribution and speciation in plant parts of wheat (*Triticum aestivum*) and Indian mustard (*Brassica juncea*) from a seleniferous area of Punjab, India [J]. Science of the Total Environment, 505: 952-961.

Galić L, Vinković T, Ravnjak B, et al., 2021. Agronomic biofortification of significant cereal crops with selenium: a review [J]. Agronomy, 11 (5): 1015-1028.

García Márquez V, Morelos Moreno Á, Benavides Mendoza A, et al., 2020. Ionic selenium and nanoselenium as biofortifiers and stimulators of plant metabolism [J]. Agronomy, 10 (9): 1399.

Germ M, Kacjan-Maršić N, Kroflič A, et al., 2020. Significant accumulation of iodine and selenium in chicory (*Cichorium intybus* L. var. foliosum Hegi) leaves after foliar spraying [J]. Plants, 9 (12): 1766-1776.

Gu X, Gao C, 2022. New horizons for selenium in animal nutrition and functional foods [J]. Animal Nutrition, 11 (4): 80-86.

Hall J A, Bobe G, Vorachek W R, et al., 2013. Effects of feeding selenium-enriched alfalfa hay on immunity and health of weaned beef calves [J]. Biological Trace Element Research, 156 (1-3): 96-110.

Hall J A, Isaiah A, Bobe G, et al., 2020. Feeding selenium-biofortified alfalfa hay during the preconditioning period improves growth, carcass weight, and nasal microbial diversity of beef calves [J]. PLoS One, 15 (12): e0242771-e0242801.

Hao S, Liu P, Qin J, et al., 2022. Effects of applying different doses of selenite to soil and foliar at different growth stage on selenium content and yield of different oat varieties [J]. Plants, 11 (14): 1810-1823.

Hasanuzzaman M, Hossain M A, Fujita M, 2012. Exogenous selenium pretreatment protects rapeseed seedlings from cadmium-induced oxidative stress by upregulating antioxidant defense and methylglyoxal detoxification systems [J]. Biological Trace Element Research, 149 (2): 248-261.

Hossain A, Skalicky M, Brestic M, et al., 2021. Selenium biofortification: roles, mechanisms, responses and prospects [J]. Molecules, 26 (4): 881-910.

Hu H, Hu J, Wang Q, et al. , 2022. Transcriptome analysis revealed accumulation – assimilation of selenium and physio – biochemical changes in alfalfa (*Medicago sativa* L.) leaves [J]. Journal of the Science of Food and Agriculture, 102 (11): 4577–4588.

Huang Y, Lei N, Xiong Y, et al. , 2022. Influence of selenium biofortification of soybeans on speciation and transformation during seed germination and sprouts quality [J]. Foods, 11 (9): 1200–1213.

Kieliszek M, 2019. Selenium – fascinating microelement, properties and sources in food [J]. Molecules, 24 (7): 1298–1312.

Kovács Z, Soós Á, Kovács B, et al. , 2021. Uptake dynamics of ionic and elemental selenium forms and their metabolism in multiple-harvested alfalfa (*Medicago sativa* L.) [J]. Plants, 10 (7): 1277–1301.

Kumar A, Prasad K S, 2021. Role of nano-selenium in health and environment [J]. Journal of Biotechnology, 325: 152–163.

Ni G, Shi G, Hu C, et al. , 2021. Selenium improved the combined remediation efficiency of pseudomonas aeruginosa and ryegrass on cadmium – nonylphenol co – contaminated soil [J]. Environmental Pollution, 287: 117552–117563.

Puccinelli M, Malorgio F, Pezzarossa B, 2017. Selenium enrichment of horticultural crops [J]. Molecules, 22 (6): 933–951.

Raina M, Sharma A, Nazir M, et al. , 2021. Exploring the new dimensions of selenium research to understand the underlying mechanism of its uptake, translocation, and accumulation [J]. Physiologia Plantarum, 171 (4): 882–895.

Ramkissoon C, Degryse F, Da Silva R C, et al. , 2019. Improving the efficacy of selenium fertilizers for wheat biofortification [J]. Scientific Reports, 9 (1): 19520–19529.

Rodrigo S, Santamaria O, Chen Y, et al. , 2014. Selenium speciation in malt, wort, and beer made from selenium-biofortified two-rowed barley grain [J]. Journal of Agricultural and Food Chemistry, 62 (25): 5948–5953.

Ros G H, Van Rotterdam A M D, Bussink D W et al. , 2016. Selenium fertilization strategies for bio – fortification of food: An agro – ecosystem approach [J]. Plant and Soil, 404 (1-2): 99-112.

Schiavon M, Nardi S, Dalla Vecchia F, et al., 2020. Selenium biofortification in the 21 st century: status and challenges for healthy human nutrition [J]. Plant and Soil, 453 (1-2): 245-270.

Séboussi R, Tremblay G F, Ouellet V, et al., 2016. Selenium-fertilized forage as a way to supplement lactating dairy cows [J]. Journal of Dairy Science, 99 (7): 5358-5369.

Szerement J, Szatanik-Kloc A, Mokrzycki J, et al., 2022. Agronomic biofortification with Se, Zn, and Fe: an effective strategy to enhance crop nutritional quality and stress defense—a review [J]. Journal of Soil Science and Plant Nutrition, 22 (1): 1129-1159.

Wang G J, Bobe G, Filley S J, et al., 2021. Effects of springtime sodium selenate foliar application and npks fertilization on selenium concentrations and selenium species in forages across oregon [J]. Animal Feed Science and Technology, 276: 114944-114959.

Wang Q, Hu J, Hu H, et al., 2022. Integrated eco-physiological, biochemical, and molecular biological analyses of selenium fortification mechanism in alfalfa [J]. Planta, 256 (6): 114.

Xia F S, Wang C C, Li Y Y, et al., 2021. Influence of priming with exogenous selenium on seed vigour of alfalfa (*Medicago sativa* L.) [J]. Legume Research, 44 (9): 1124-1127.

第十章 杂交狼尾草硒农艺生物强化及其在蛋鸡中应用研究

第一节 土壤施硒对杂交狼尾草生长和硒积累的影响

硒（Selenium）是动物必需的微量元素，具有抗氧化、维持正常免疫和繁殖等生物学功能，参与机体代谢、免疫应答和繁殖，促进畜禽的生长发育（Gu，2022；熊传帅，2021）。据调查，我国畜禽饲料资源中饲草类平均硒含量为 0.062 mg/kg（范围为 0.057~0.070 mg/kg），不能满足畜禽硒营养的需求（王丽赛，2019）。狼尾草属牧草是我国南方暖季主栽品种，研究狼尾草富硒强化对于草食畜禽的健康养殖具有重要意义。

国内外已开展紫花苜蓿、黑麦草、燕麦、紫云英、白三叶和饲用苎麻草等饲草的富硒强化研究（详见第九章）。以使用亚硒酸钠作为硒肥的试验为例，当土壤施硒量为 5~100 mg/kg 时，紫花苜蓿植株的硒浓度可达到 0.85~18.03 mg/kg，比对照组增加 4.5~94.9 倍（Bai，2019）。土壤施硒量为 0.5~32 mg/kg 时，紫云英植株硒浓度可达到 0.23~2.93 mg/kg，比对照组增加 2.25~42.95 倍（吴一群，2017）。土壤施硒量为 0.1~10.0 mg/kg 时，黑麦草植株硒浓度可达到 0.28~4.17 mg/kg，比对照增加 3.00~58.57 倍（Cartes，2005）。研究结果表明，硒强化可以有效提高饲草中的硒积累，而且通过在草畜食物链的迁移和转化，还能够提高畜禽产品中硒的含量（介晓磊，2009；郭孝，2019；马丹倩，2020），从而提高了产品的品质。

但是，对于狼尾草属牧草的富硒强化研究未见报道。狼尾草具有产量高、适口性好、刈割性能好、适应性广等特点，在我国南方得到广泛种植（黄勤楼，2016）。同时，狼尾草根系发达，抗逆性强，对微量元素、重金属等富集能力强（朱秀红，2017；孟楠，2018），具备富硒强化的潜力。硒酸盐（SeO_4^{2-}）和亚硒酸盐（SeO_3^{2-}）是土壤中两种主要的硒元素，容易被植物吸收。虽然在相同的条件下，硒酸盐比亚硒酸盐更容易被植物吸收转运（Li，2008），但植物体内积累的亚硒酸盐更容易转化为有机硒（张华华，2013），因此亚硒酸盐被广泛用于植物富硒技术。本研究以福建省农业科学研究院农业生态研究所选育的'闽牧7号'杂交狼尾草（$P.\ americanum \times P.\ purpureum$ 'Minmu 7'）为对象，开展亚硒酸钠对杂交狼尾草生产性能、硒积累特性影响研究，以期为杂交狼尾草的高值化开发利用提供科学依据。

一、杂交狼尾草的栽培及处理与测定

（一）杂交狼尾草的栽培

试验于 2021 年 6—12 月在福建省农业科学研究院畜牧兽医研究所动物营养试验场进行。实验期间的气温 19~34 ℃。供试狼尾草品系'闽牧7号'杂交狼尾草，来自福建省农业科学研究院农业生态研究所埔垱牧草资源圃，采用茎秆扦插出苗后于 2021 年 6 月 17 日移栽，每盆 1 株。硒肥采用阿法埃莎（中国）化学有限公司的分析纯无水亚硒酸钠（Na_2SeO_3）。供试土壤类型为红壤土，基本理化性状为：pH 值 5.8，有机质含量 1.70 g/kg，全氮 0.01 g/kg，碱解氮 7.76 mg/kg，速效磷 0.70 mg/kg，速效钾 70.80 mg/kg，总硒 0.07 mg/kg。试验盆为直径 20 cm 高 25 cm 的加仑盆。每盆准备风干土 15.0 kg，装盆时用去离子水溶解每盆所需的 Na_2SeO_3，用喷壶浇匀风干土，施入基肥，拌匀装盆，活化 7 d。基肥采用氮磷钾复合肥（N、P_2O_5、K_2O 比例为 15∶15∶15），施量 15 g/盆。每次刈割后第 2 d，追施尿素 6.25 g/盆。盆栽试验的土壤水分含量按照杂交狼尾草的生长正常管理。

（二）试验分组

采用盆栽试验，试验设 A 区和 B 区。在生产实践中，人们一般刈割收获拔节期的杂交狼尾草进行畜牧利用。因此本试验设 A 区观察土壤不同施硒量对拔节期刈割的杂交狼尾草的影响，每个处理 7 个重复，随机区组排列。同时，为了观察其他生育期的杂交狼尾草植株中硒的分布状况，试验还设 B 区观察土壤施硒对不同生育期杂交狼尾草的影响，分低硒施肥处理和高硒施肥处理（Bai，2019；Cartes，2005），每个处理 12 个重复，随机区组排列，具体分组情况见表 10-1。

表 10-1　试验分组情况

	处理	CK	T1	T2	T3	T4	T5	T6	T7	T8	T9
A 区	施硒量/(mg/kg)	0	0.50	1.00	2.00	5.00	10.00	20.00	30.00	40.00	50.00
B 区	处理	CK	低硒施肥处理组(T4)	高硒施肥处理组(T6)							
	施硒量/(mg/kg)	0	5.00	20.00							

（三）样品采集与处理

A 区试验前期观察统计幼苗的成活率，在杂交狼尾草处拔节期刈割两次（90 d，179 d）。刈割前测株高、分蘖数。分别采集 9 个处理、3 个重复共27 盆杂交狼尾草植株和土壤样品。第一次刈割取地上部植株和土壤样品，第二次刈割取地上部植株、根和土壤样品。

B 区试验在杂交狼尾草分蘖期、拔节期和成熟期测株高和分蘖数，各时期分别采集 3 个处理、3 个重复共 9 盆杂交狼尾草植株和土壤样品，将采集的植株样品按叶、茎、根分类。

土壤样品：第一次刈割后用直径 2 cm 的 PVC 管插入盆中 20 cm 取土样，每盆取 3 点；第二次刈割后通过抖落法收集根部附近的土壤。土壤样品风干、磨细，过 10 mm 筛后置于聚乙烯封口袋中备用。

植株样品用去离子水清洗后置于烘箱 105 ℃下杀青 30 min，65 ℃烘干至恒质量，测定各部位干物质量。用不锈钢粉碎机粉碎烘干样品，过0.25 mm 筛后供分析测试。

（四）样品测定

1. 土壤样品

硒浓度参照《土壤和沉积物汞、砷、硒、铋、锑的测定 微波消解/原子荧光法》（HJ 680—2013）测定；有机质含量参照《土壤检测第 6 部分：土壤有机质的测定》（NY/T1121.6—2006）测定；全氮含量参照《土壤检测第 24 部分：土壤全氮的测定 自动定氮仪法》（NY/T 1121.24—2012）测定；速效磷含量参照《土壤有效磷的测定 碳酸氢钠浸提-钼锑抗分光光度法》（HJ 704—2014）测定；速效钾含量参照《土壤速效钾和缓效钾含量的测定》（NY/T 889—2004）测定；pH 值参照《土壤检测第 2 部分：土壤 pH 的测定》（NY/T 1121.2—2006）测定。

2. 杂交狼尾草样品

硒浓度参照《食品安全国家标准 食品中硒的测定 氢化物原子荧光光谱法》（GB 5009.93—2017）测定。

3. 相关参数按下列公式计算

富集系数＝植株地上部分硒浓度（mg/kg）/土壤硒浓度（mg/kg）；

根系吸收系数＝植株根系硒浓度（mg/kg）/土壤硒浓度（mg/kg）；

转运系数＝植株地上部硒浓度（mg/kg）/植株根系硒浓度（mg/kg）；

植物萃取率（%）＝［植株地上部硒浓度（mg/kg）×植株地上部生物量（kg）］×100/［植株根系周围土壤硒浓度（mg/kg）×植株根系周围土壤的质量（kg）］；

硒肥利用率（%）＝［施硒处理地上部硒积累（g/hm²）－不施硒处理地上部硒积累（g/hm²）］/施硒量（g/hm²）×100。

二、土壤施硒对杂交狼尾草生长的影响

（一）土壤施硒对杂交狼尾草幼苗成活率的影响

杂交狼尾草茎秆移栽后，第 3 d 开始分蘖，第 4 d 达到 50% 分蘖。移栽第 4 d 起，T9 组（施硒量为 50.00 mg/kg）幼苗出现茎秆由青绿到发黑、中空，只抽一蘖或不抽新蘖，根系发黑的现象，该组所有重复在第 10 d 后完全死亡；土壤施硒量 ≤ 10.00 mg/kg 时（CK、T1、T2、T3、T4 和 T5 组）杂交狼尾草幼苗的成活率为 100%，植株正常生长；随着土壤施硒量提高，土壤施硒量 ≥ 20.00 mg/kg（T6）时，杂交狼尾草幼苗的成活率逐步下降。部分重复茎秆抽出 3～4 蘖后，出现叶片失绿萎缩、根系发黑等中毒症状，第 16 d 后完全死亡，第 17 d 后不再有植株死亡。说明土壤施硒量超过 20.00 mg/kg 对于杂交狼尾草幼苗的成活率有显著抑制作用（图 10-1）。

（二）土壤施硒对不同生育期杂交狼尾草生产性能的影响

由表 10-2 可知，在分蘖期，同 CK 组相比，T6 组的地上部生物量、根干质量、叶片数和分蘖数显著降低，说明施硒量为 20.00 mg/kg 时会抑制分蘖期杂交狼尾草的生长。而拔节期和成熟期，T4 组和 T6 组植株的各项指标同 CK 组相比差异均不显著。

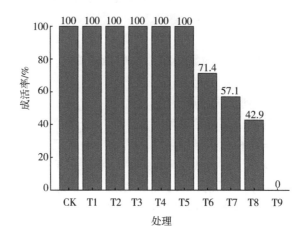

图 10-1　施硒对杂交狼尾草幼苗成活率的影响

表 10-2　施硒对不同生育期杂交狼尾草生产性能的影响

生育期	处理	株高/cm	分蘖数/(个/株)	叶片数/(个/株)	叶长/cm	叶宽/cm	生物量/（g/株）			
							叶	茎	地上部	根
分蘖期	CK	44.43ab	9.33a	79.67a	49.50	2.56	19.30a	11.82a	31.12a	12.37a
	T4	48.80a	8.33a	68.33ab	49.41	2.44	17.67a	9.70a	27.36a	8.41a
	T6	35.80b	3.67b	34.00b	47.64	2.37	5.63b	2.60b	8.23b	1.73b
拔节期	CK	89.53	7.33	73.33	50.56	3.51	51.95	98.88	150.83	29.11
	T4	95.33	6.67	79.67	52.06	3.38	54.56	94.93	149.49	27.95
	T6	94.00	7.00	73.33	52.94	3.47	60.55	82.17	142.73	31.79
成熟期	CK	148.83	6.33	74.00	57.39	3.76	61.85	235.14	296.99	33.31
	T4	158.83	7.00	58.33	58.94	3.04	49.12	249.33	298.45	33.50
	T6	150.00	7.00	69.50	62.58	3.94	66.43	210.58	277.01	29.21

注：同列不同小写字母表示差异显著（$P<0.05$），下同。

（三）土壤施硒对不同茬次杂交狼尾草生产性能的影响

由表 10-3 可知，随着土壤施硒量的增加，两茬合计的杂交狼尾草的地上部生物量呈先增后降的趋势，其中 T2 组最高，达 434.09 g/株，比 CK 组显著增加 16.70%。最低为 T8 组，为 297.63 g/株，显著低于 CK 组和其他处理组。T3~T7 组同 CK 组相比差异不显著。

不同施硒量下第一茬和第二茬的杂交狼尾草生长性能有所差异。第一茬植株地上部生物量随着土壤施硒量的提高呈先增后降的趋势。低硒处理的

T1 组 （192.18 g/株）、T2 组 （201.68 g/株） 和 T3 组 （189.17 g/株） 显著高于 CK 组 （151.30 g/株），分别增产 27.02%、33.30% 和 25.03%。植株株高同样呈先升后降的趋势。其中 T2 组株高显著高于 CK 组，而 T8 组株高最低。此外，T7 组、T8 组的分蘖数显著低于 CK 组和其他施硒组。

　　第二茬各组杂交狼尾草的生长性能指标趋向一致。同 CK 组相比，第二茬 T1～T7 组的植株地上部生物量差异不显著。但 T8 组地上部生物量显著低于 CK 组和施硒处理的 T1～T6 组。第二茬所有施硒处理组的株高、分蘖数同 CK 组相比差异不显著。

　　刈割两茬后，所有施硒处理组的根干质量同 CK 组相比差异不显著。

　　上述数据表明，土壤施硒量为 1.00 mg/kg 对杂交狼尾草的生长有增产作用。土壤施硒量 ≤30.00 mg/kg 时，对杂交狼尾草的生长没有负面影响。土壤施硒量为 40.00 mg/kg 时对杂交狼尾草生长有抑制作用。

表 10-3　施硒对不同茬次杂交狼尾草生产性能的影响

| 处理 | 第一茬 | | | 第二茬 | | | 地上部生物量合计/（g/株） | 根生物量/（g/株） |
	分蘖数/（个/株）	株高/cm	地上部生物量/（g/株）	分蘖数/（个/株）	株高/cm	地上部生物量/（g/株）		
CK	8.00ab	87.28b	151.30c	34.00	105.65ab	220.66a	371.96b	28.25
T1	7.75ab	92.60ab	192.18ab	39.50	107.68a	217.68a	409.86ab	28.60
T2	8.25a	93.57a	201.68a	36.25	109.70a	232.41a	434.09a	28.67
T3	8.50a	92.10ab	189.17ab	37.25	108.12a	217.12a	406.29ab	30.30
T4	8.25a	90.73ab	165.64abc	33.00	111.62a	207.09a	372.73ab	37.95
T5	7.00ab	90.70ab	168.26abc	36.00	108.92a	230.50a	398.76ab	34.37
T6	6.5ab	90.90ab	149.99c	34.00	110.58a	214.28a	364.27b	36.48
T7	5.67b	89.55ab	154.61bc	32.00	111.15a	204.38ab	358.99b	29.00
T8	5.5b	75.65c	139.80c	31.00	90.20b	157.83b	297.63c	28.10

三、土壤施硒对杂交狼尾草硒积累的影响

（一）土壤施硒对不同生育期杂交狼尾草硒分布的影响

　　由图 10-2 所示，低硒施肥处理 （T4） 和高硒施肥处理 （T6） 下，各生育期杂交狼尾草各器官硒浓度的变化。T4、T6 组杂交狼尾草总硒浓度最高值都出现在分蘖期的根系，其中 T4 达 33.63 mg/kg，T6 高达 165.78 mg/kg。随着生育期进展，T4、T6 根系总硒浓度都呈 "V" 形变化：

T4 拔节期降至 15.07 mg/kg（同分蘖期比降低 55.19%），成熟期又上升到 26.5 mg/kg（同分蘖期比降低 21.20%）。T6 拔节期降至 39.33 mg/kg（同分蘖期比降低 76.28%），成熟期又上升到 81.21 mg/kg（同分蘖期比降低 51.01%）。

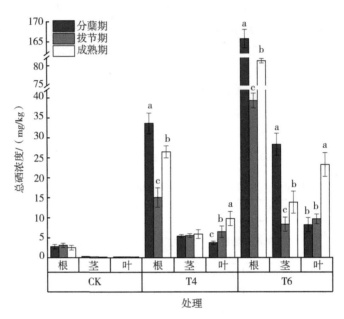

图 10-2　土壤施硒对不同生育期杂交狼尾草硒分布的影响

注：不同小写字母表示差异显著（$P<0.05$），下同。

植物根系吸收亚硒酸根不依赖于代谢，属于被动运输，因此根系能快速吸收亚硒酸根。同时分蘖期的牧草生物量小，分蘖期的根部总硒浓度达到了整个生育期的最高值。随着拔节期牧草的快速生长，及硒向上转运，稀释了根系总硒浓度。成熟期牧草生物量不再快速增加，根部总硒浓度又进入一个积累的过程。

T4 处理杂交狼尾草分蘖期、拔节期和成熟期的叶总硒浓度分别是 3.77 mg/kg、6.51 mg/kg（同分蘖期比增加 72.68%）和 9.80 mg/kg（同分蘖期比增加 159.95%）；T6 处理分别是 8.24 mg/kg、9.69 mg/kg（同分蘖期比增加 17.60%）和 23.28 mg/kg（同分蘖期比增加 182.52%）。上述数据表明随着生育期进展，根系总硒浓度呈"V"形变化，叶总硒浓度呈线性增长，说明了硒从根部不断向叶转运、积累的过程。

（二）土壤施硒对杂交狼尾草总硒转运、富集和有机硒转化的影响

由图 10-3 所示，土壤施硒显著提高了杂交狼尾草地上部总硒浓度。施硒处理 T1 ~ T8 组第一茬杂交狼尾草地上部总硒浓度分别是 1.65 mg/kg、2.81 mg/kg、3.78 mg/kg、7.84 mg/kg、9.36 mg/kg、9.68 mg/kg、10.05 mg/kg 和 11.6 mg/kg，比 CK 组（0.32 mg/kg）增加了 4.16 ~ 35.25 倍。随着施硒量的增加，地上硒总硒浓度显著增加，其中，第一茬地上部总硒浓度曲线回归模型方程（三次曲线方程）为 $y = 1.054 + 1.471x - 0.070x^2 + 0.001x^3$（$R^2 = 0.975$）。

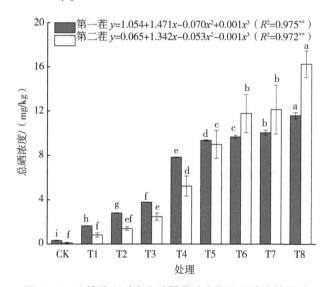

图 10-3　土壤施硒对杂交狼尾草地上部总硒浓度的影响

T1 ~ T8 组第二茬杂交狼尾草地上部总硒浓度分别是 0.84 mg/kg、1.41 mg/kg、2.48 mg/kg、5.23 mg/kg、9.00 mg/kg、11.79 mg/kg、12.14 mg/kg 和 16.25 mg/kg，比 CK 组（0.10 mg/kg）增加了 7.40 ~ 161.50 倍。第二茬地上部总硒浓度曲线回归模型方程（三次曲线方程）为 $y = 0.065 + 1.342x - 0.053x^2 - 0.001x^3$（$R^2 = 0.972$），两次曲线模型与实测值均呈极显著相关。

由图 10 - 4 所示，T1 ~ T8 组根系总硒浓度分别是 1.66 mg/kg、2.79 mg/kg、5.49 mg/kg、13.35 mg/kg、19.25 mg/kg、32.09 mg/kg、32.95 mg/kg 和 54.85 mg/kg，比 CK 组（0.41 mg/kg）增加了 3.05 ~ 132.78 倍。根总硒浓度曲线回归模型方程（三次曲线方程）为 $y = -0.078 + 3.174x -$

$0.124x^2+0.002x^3$（$R^2=0.982$）。曲线模型与实测值呈极显著相关。

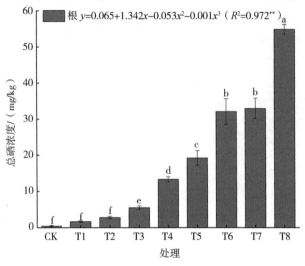

图10-4　土壤施硒对杂交狼尾草根系总硒浓度的影响

由图10-5所示，土壤施硒显著提高了杂交狼尾草地上部有机硒浓度，呈先增后降的趋势。以第一茬为例，T1～T8组分别是 1.08 mg/kg、1.70 mg/kg、2.03 mg/kg、4.10 mg/kg、3.91 mg/kg、3.21 mg/kg、2.97

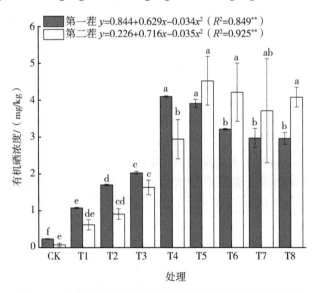

图10-5　土壤施硒对杂交狼尾草地上部有机硒浓度的影响

mg/kg 和 2.96 mg/kg，比 CK 组（0.24 mg/kg）增加了 3.50～16.08 倍。第一茬地上部有机硒浓度最高值出现在 T4 组（4.10 mg/kg）；第二茬最高值出现在 T5 组（4.52 mg/kg）。二值均显著高于低硒处理的其他各组。

由图 10-6 所示，随着土壤施硒量的增加，地上部有机硒转化率呈逐步降低的趋势。其中土壤施硒量≤5.00 mg/kg 时，有机硒转化率为 56.19%～73.91%，显著高于其他高硒处理。此外，第二茬的有机硒转化率普遍高于第一茬，说明随着种植时间的延长，杂交狼尾草逐渐适应了更高的土壤施硒量环境，有机硒转化率提高。

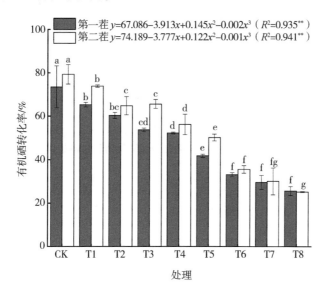

图 10-6　土壤施硒对杂交狼尾草地上部有机硒转化率的影响

由图 10-7 所示，所有处理组杂交狼尾草富集系数范围在 4.59～0.29，且随着土壤施硒量的增加，杂交狼尾草植株对土壤硒的富集系数呈指数性下降。其中当土壤施硒量≤5.00 mg/kg 时，富集系数>1。

图 10-8 结果表明各处理组杂交狼尾草根系吸收系数均>1，范围为 5.84～1.10。随着土壤施硒量的增加，杂交狼尾草植株对土壤硒的根系吸收系数呈指数性下降。

由图 10-9 所示，各处理组的转运系数范围为 0.25～0.51。之前的结果（图 10-7、图 10-8）表明杂交狼尾草的地上部和根系对土壤硒都有很强的吸收积累能力，而转运系数表明，与地上部富硒能力相比，根系富硒能力更强，导致杂交狼尾草的硒转运系数<1。

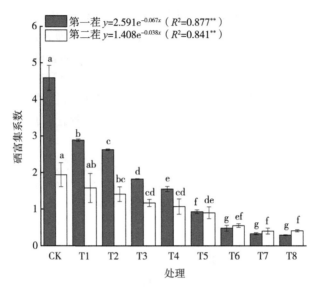

图 10-7　土壤施硒对杂交狼尾草硒富集系数的影响

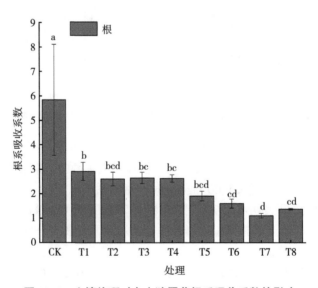

图 10-8　土壤施硒对杂交狼尾草根系吸收系数的影响

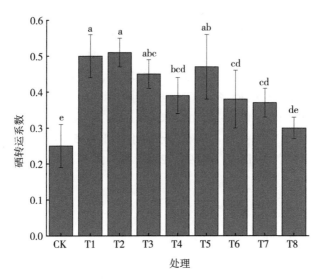

图 10-9　土壤施硒对杂交狼尾草硒转运系数的影响

（三）土壤施硒对杂交狼尾草总硒、有机硒积累量、萃取率和硒肥利用率的影响

由图 10-10 所示，土壤施硒显著提高了杂交狼尾草地上部总硒积累量。经过两茬刈割，不施硒肥的 CK 组杂交狼尾草地上部总硒积累量为

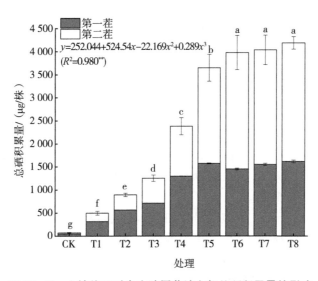

图 10-10　土壤施硒对杂交狼尾草地上部总硒积累量的影响

70.91 μg/株，施硒处理 T1～T8 组分别达到 499.68 μg/株、894.07 μg/株、1 253.82 μg/株、2 381.98 μg/株、3 649.11 μg/株、3 978.45 μg/株、4 035.07 μg/株和 4 186.38 μg/株，分别比 CK 增加了 6.05～58.04 倍。

由图 10-11 所示，随着土壤施硒量的增加，杂交狼尾草地上部有机硒积累量呈先增后降的趋势。T1～T8 组分别达到 341.80 μg/株、554.47 μg/株、737.25 μg/株、1 286.21 μg/株、1 699.72 μg/株、1 382.75 μg/株、1 217.54 μg/株和 1 058.55 μg/株，分别比 CK（53.10 μg/株）增加了 5.44～31.01 倍。其中 T5 组（1699.72 μg/株）最高，显著高于其他施肥处理组。

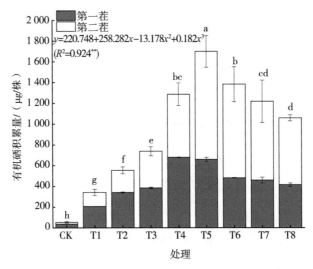

图 10-11　土壤施硒对杂交狼尾草地上部有机硒积累量的影响

由图 10-12 所示，土壤施硒显著提高了杂交狼尾草根总硒积累量。经过 179 d 种植，CK 组杂交狼尾草根总硒积累量为 11.54 μg/株，施硒处理 T1～T8 组分别达到 47.57 μg/株、80.00 μg/株、166.31 μg/株、506.57 μg/株、661.90 μg/株、1 170.61 μg/株、955.43 μg/株和 1 541.29 μg/株，分别比 CK 增加了 3.12 倍～132.56 倍。

由图 10-13 所示，不施硒肥的 CK 组杂交狼尾草植株对土壤硒的萃取率为 6.75%。T1～T8 组的萃取率分别为 5.85%、5.57%、4.04%、3.13%、2.42%、1.32%、0.89% 和 0.70%。随着土壤施硒量的增加，杂交狼尾草植株对土壤硒的萃取率呈显著下降趋势。

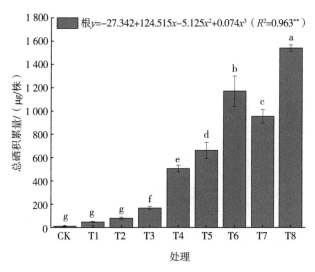

图 10-12 土壤施硒对杂交狼尾草根系总硒积累量的影响

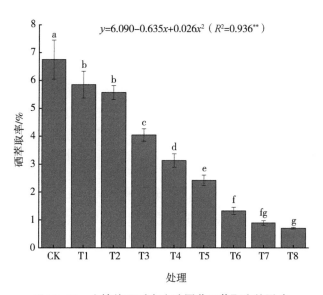

图 10-13 土壤施硒对杂交狼尾草硒萃取率的影响

由图 10-14 可知，土壤施硒条件下，T1~T8 组的硒肥利用率分别为 5.73%、5.50%、3.95%、3.08%、2.39%、1.30%、0.88% 和 0.69%。随着土壤施硒量的增加，杂交狼尾草植株对硒肥利用率呈对数下降趋势。

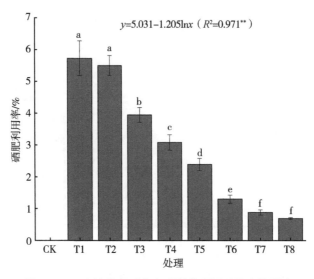

图 10-14　土壤施硒对杂交狼尾草硒肥利用率的影响

四、土壤施硒对杂交狼尾草生长和硒积累的影响分析

（一）土壤施硒对杂交狼尾草生长的影响分析

硒不是植物生长所必需的元素，但硒能够调控饲草体内抗氧化物质的形成，例如谷胱甘肽过氧化物酶（GSH-Px）、还原型谷胱甘肽（GSH）、超氧化物歧化酶（SOD）、过氧化氢酶（CAT）、过氧化物酶（POD）和硫氧蛋白还原酶（Trx R）等（Schiavon，2017）。适量硒强化可以通过增强抗氧化含硒酶活性，降低 H_2O_2、丙二醛（MDA）等含量来提高机体抗氧化水平（Klusonova，2015；夏方山，2021），提高饲草抗逆性。适量硒强化还可以增加叶绿素的含量，促进光合作用和饲草碳水化合物、蛋白质代谢，从而促进饲草生长，增加干物质产量（Ebrahimi，2019；Wang，2022；Hu，2022）。本试验结果表明，随着土壤施硒量的增加，杂交狼尾草的地上部生物量呈先增后降的趋势，其中 1.00 mg/kg 组最高，达 434.09 g/株，比 CK 组显著增加 16.70%。结果与 Bai（2019）的研究一致。说明低浓度硒 1.00 mg/kg 处理对杂交狼尾草的生长有促进作用。

植物中硒含量超过最佳浓度就会发生硒中毒，因为过量硒诱导植物氧化应激，产生大量 ROS，及硒干扰硫的代谢，改变蛋白质结构和功能，最终导致植物的代谢异常（Reynolds，2018；代惠萍，2016；Lv，2021）。同其他非超聚硒植物一样，过量硒会对饲草产生毒害。Bai 等（2019）将硒毒性阈值定义为土壤中硒的最低施用量对植物生长有显著抑制作用，且以 20 mg/kg 作为紫花苜蓿的阈值。田应兵（2006）的研究表明当施硒高于 20 mg/kg 时黑麦草的生长受到抑制，GSH-Px 活性与根系活力均随之降低。本试验研究发现不同生育期杂交狼尾草硒毒性阈值表现为不同值。土壤施硒量 20.00 mg/kg，对杂交狼尾草幼苗的成活率、分蘖期的生长有显著抑制作用，但对拔节期和成熟期植株影响不显著。土壤施硒量为 40.00 mg/kg 时，才会对杂交狼尾草拔节期的生长有抑制作用。作者认为这除了与杂交狼尾草对硒的耐受性较高外，还与植物吸收转运亚硒酸根的特性有关。植物根系吸收亚硒酸根不依赖于代谢，属于被动运输，因此根系能快速吸收亚硒酸根，但亚硒酸根不如硒酸根能够快速向上转运，而是大量聚集在根系中。同时分蘖期的牧草生物量小，因此分蘖期的根部总硒浓度达到了整个生育期的最高值，导致杂交狼尾草幼苗期、分蘖期安全阈值的降低。本试验中，土壤施硒量为 20.00 mg/kg 时，分蘖期的杂交狼尾草根部硒浓度高达 165.78 mg/kg，显著抑制植株的生长。随着拔节期牧草的快速生长及硒向上转运，拔节期根系总硒浓度降至 39.33 mg/kg，对生长影响不显著，说明回到安全阈值内。只有更高的施硒量，如 40.00 mg/kg，才对拔节期、成熟期的杂交狼尾草生长产生显著抑制作用。

（二）杂交狼尾草的富硒能力分析

富集系数是反映植物将硒吸收转移到地上部分能力大小的重要指标。富集系数越高，则植物地上部对硒的富集能力越强。以 Na_2SeO_3 为硒肥，吴一群（2017）研究了 0.5~32.0 mg/kg 处理下，紫云英的富集系数估算范围为 0.09~0.29。Cartes（2005）研究了 0.10~10.0 mg/kg 处理下，黑麦草的富集系数估算范围为 0.41~1.65。Bai（2019）研究了 20.0~0.5 mg/kg 处理下，紫花苜蓿的富集系数估算范围为 0.15~0.36。本研究的结果表明杂交狼尾草的富集系数范围为 0.29~4.59，特别是土壤施硒量 ≤5.00 mg/kg 时，杂交狼尾草的富集系数>1。说明杂交狼尾草地上部对硒的富集能力强于紫云英、黑麦草和紫花苜蓿。

根系吸收系数是反映植物将硒吸收转移到根系能力大小的重要指标。根系吸收系数越高，则植物根系对硒的富集能力越强。Bai（2019）对紫花苜蓿施用 Na_2SeO_3 的试验结果表明，在 0.5~20 mg/kg 处理下根系吸收系数估算范围为 0.24~0.64。本研究在相同施肥浓度处理（0.5~20 mg/kg），杂交狼尾草根系吸收系数范围为 1.6~3.32，是紫花苜蓿 5.19~6.67 倍，说明杂交狼尾草根系对硒的富集能力大于紫花苜蓿。

上述结果表明土壤施硒量≤5.00 mg/kg时，杂交狼尾草的地上部和根系对硒具有比较强的富集能力，且富集能力强于紫云英、黑麦草和紫花苜蓿等饲草。而且该施硒量下，有机硒转化率为56.19%~73.91%。通过杂交狼尾草的生物转化，大量的无机硒可转化为有机硒，具备作为高硒、高值化饲料添加剂材料开发的潜力。

（三）杂交狼尾草对土壤基施硒肥的利用率分析

土壤基施是作物最常用的微量营养素施肥方法，但土壤施硒通常受到土壤的物理、化学和生物特性，包括土壤质地、pH值、氧化还原电位、微生物活动和固有的硒浓度等因素的影响，造成硒利用率低（周国华，2020；钟庆祥，2023）。吴一群（2017）在紫云英施硒肥试验中表明硒肥的利用率只有0.89%~3.25%，且随着硒施用量的增加其利用率不断下降。Kovács（2021）研究表明，以10 mg/kg（Ⅵ）的浓度施用的硒平均只有10.2%被苜蓿植物吸收。因为硒的主要部分由于土壤颗粒和有机物质的固定而变得不可被生物利用。胡华锋（2015）研究发现在紫花苜蓿各生育期硒肥利用率不超过1.5%，大部分的硒肥残留在土壤中或通过其他途径损失掉，未使用硒肥的过度堆积会随着时间的推移污染土壤。本研究结果表明土壤基施方式，杂交狼尾草植株对硒肥利用率范围0.69%~5.73%。随着土壤施硒量的增加，杂交狼尾草植株对硒肥利用率呈下降趋势，结果与前人一致。因此建议在饲草施硒种植的过程中应该谨慎大量土壤基施，或采用污染小的喷施方式，或利用上述杂交狼尾草具有的富硒能力强的特性，在富硒土壤带种植，生物转化土壤硒资源。

综上研究表明，杂交狼尾草是一种富硒能力强的饲草，在土壤施硒量≤5.00 mg/kg（土壤硒本底值为0.07 mg/kg）时对硒的富集效果最佳，有机硒转化率高，具备作为高硒、高值化饲料添加剂材料的开发潜力。

第二节 富硒杂交狼尾草对蛋鸡生产性能、蛋品质的影响

生长性能是判断家禽经济效益的直接指标，免疫器官指数是判断机体健康状况的重要指标。研究表明，富硒牧草可以提高蛋鸡的生长性能及提高蛋硒含量（胡华锋，2014），但目前未见杂交狼尾草在蛋鸡日粮中的相关应用报道。因此本试验在蛋鸡日粮中添加不同水平富硒杂交狼尾草，探究富硒杂

交狼尾草对蛋鸡饲养阶段生长性能、免疫器官指数、蛋品质及蛋硒含量的影响。

一、蛋鸡日粮组成、处理与测定

(一) 蛋鸡的日粮与分组

试验于 2022 年 12 月至 2023 年 1 月在福建省农业科学研究院畜牧兽医研究所动物营养试验场进行。试验所用蛋鸡购自漳州诏安（产蛋率约为 50.35%，22 周龄）；富硒杂交狼尾草由福建省农业科学院农业生态研究所课题组生产，使用磨粉机制成草粉，草粉硒含量实测值为 9.23 mg/kg。试验在福州北峰福建省农业科学院农业生态研究所基地进行。

本试验采用单因素试验设计，选择 90 只健康、体重相近的诏安乌蛋鸡，将其随机分配至 0 草粉（对照组）、3% 富硒杂交狼尾草组（试验 I 组）和 5% 富硒杂交狼尾草组（试验 II 组），每个处理组 5 个重复，每个重复 6 只鸡，预饲期 14 d，试验期共 42 d。

试验采用玉米-豆粕型基础日粮，营养需要除硒外，均按 NRC 产蛋母鸡所需营养进行配比。复合预混料中无硒元素补充。基础日粮组成及营养组成水平见表 10-4。

表 10-4 饲粮组成及营养水平 （%风干基础）

项目	对照组	试验 I 组	试验 II 组
原料			
玉米	60.6	60.15	58.95
富硒杂交狼尾草	/	3	5
豆粕	12.6	12.2	10
膨化大豆	11	11.55	14.25
大豆皮	4	1.3	/
磷酸氢钙	1.2	1.2	1.2
石粉	9.5	9.5	9.5
食盐	0.3	0.3	0.3
L-赖氨酸盐酸	0.08	0.05	0.03
DL-蛋氨酸	0.1	0.1	0.1
L-苏氨酸	0.07	0.05	0.05
预混料	0.3	0.3	0.3
无硒多矿配方	/	0.1	0.1

（续表）

项目	对照组	试验Ⅰ组	试验Ⅱ组
含硒多矿配方	0.1	/	/
沸石粉	0.15	0.2	0.22
合计	100	100	100
营养水平			
代谢能/（MCal/kg）	2.63	2.62	2.62
粗蛋白质	14.79	14.79	14.8
蛋能比	56.27	56.37	56.39
赖氨酸	0.76	0.76	0.76
蛋氨酸	0.33	0.33	0.33
蛋氨酸+胱氨酸	0.58	0.58	0.58
苏氨酸	0.61	0.61	0.61
色氨酸	0.33	0.33	0.33
钙	3.66	3.66	3.66
总磷	0.49	0.48	0.48
有效磷	0.27	0.26	0.26
硒/（mg/kg）	0.30	0.29	0.47

注：营养水平为计算值，饲料硒含量为实测值。1 MCal=4.184 MJ。

（二）蛋鸡饲养管理

本试验在福建省农业科学院畜牧兽医研究所动物营养试验场开展，试验前将鸡舍内的笼子、垫盘、饮水线、饮水箱、料槽等物品进行彻底清洗，并于试验开始前2周密封鸡舍并对舍内所有物品进行甲醛熏蒸消毒，之后开窗通风。采用半开放式鸡舍三层立体饲养，每笼笼养两羽，保温采用暖风机、舍内空调等措施。全程饲喂粉料，维持光照时长16 h（自然光照+人工补光），自由采食、充足饮水。按照常规程序进行免疫操作。每天观察鸡群，并实时记录采食量、死淘等生长情况。

（三）样品采集与处理

分别在42 d屠宰取样，每重复选取平均体重的2羽鸡，每组12羽鸡。称活体重后屠宰取样，摘取脾脏、胸腺后称重并记录，用于免疫器官指数计算；放血、开膛后挤压盲肠内容物到4 mL冻存管中，转入液氮，用于盲肠微生物高通量测序，采样结束后将液氮中的冻存管都转入-80 ℃保存。

（四）测定指标与方法

1. 生产性能指标

在试验期间，每日记录产蛋数量、蛋质量和软破壳蛋数，并计算出产蛋率、日产蛋量、平均蛋质量和软破壳蛋率，每周统计 1 次饲料并计算出平均日采食量和料蛋比。

产蛋率（%）= 总产蛋数/（鸡只数×产蛋天数）×100

日产蛋量（g/只）= 蛋总质量/（鸡只数×产蛋天数）

平均日采食量（ADFI）（g/只）= 总采食量/（鸡只数×采食天数）

平均蛋重（AEW）（g/枚）= 蛋总重量/鸡蛋总数

料蛋比（AEW）= 总耗料量/蛋总质量

2. 免疫器官指数测定

取脾脏、胸腺免疫器官并用滤纸吸去器官上黏附的血液，用镊子剥离器官上多余的筋膜和脂肪组织，电子天平精确称重（小数点后四位小数），记录免疫器官鲜重并计算免疫器官指数。

免疫器官指数（g/kg）= 免疫器官鲜重（g）/宰前活重（kg）

3. 蛋品质测定

在正式试验期第 14 d、第 28 d、第 42 d，在每个重复随机抽选当日 5 枚新鲜鸡蛋测定。另在试验结束后，以重复为单位，每个重复随机采 5 枚新鲜鸡蛋，用于蛋中硒含量的测定。

蛋重：用托盘天平测定。

蛋形指数：使用游标卡尺来测量蛋的长度和宽度，并用长度/宽度来表示。

蛋壳厚度：使用游标卡尺精确测量鸡蛋的大头、中间和小头部位，并计算出它们的平均厚度。

蛋黄高度、蛋白高度：将鸡蛋敲碎后，将蛋黄、蛋白轻轻倒在测定台上，由 3 个距离相同的部位来测量蛋白高度，在最高点来测量蛋黄高度。

哈氏单位 = 100×log（H－1.7×W0.37＋7.6），式中：H－蛋白高度（mm）；W-蛋重（g）。

蛋黄比例=蛋黄重/全蛋重×100%

用罗氏蛋黄比色扇测试蛋黄颜色等级。

4. 蛋硒含量测定

利用氢化物-原子荧光光谱法（GB 5009 93—2010）测定日粮、鸡蛋中硒含量。

一枚鸡蛋硒含量（μg/枚）= 鸡蛋硒含量（mg/kg）× 1 000 × 蛋重（g）/1 000

二、富硒杂交狼尾草对蛋鸡生产性能、蛋品质的影响

（一）富硒杂交狼尾草对蛋鸡产蛋率的影响

由表 10-5 可知，同对照组相比，各试验组 1~4 周产蛋率差异不显著，5~6 周产蛋率显著提高，且提高的百分比随着草粉添加量的增加而增加。增幅分别为 2.26%~3.10%、3.61%~5.31%。增幅与所添加的硒水平相关，当添加 5% 富硒杂交狼尾草时，产蛋率最高。

表 10-5　富硒杂交狼尾草对蛋鸡产蛋率的影响　　　　　　　　（%）

项目	对照组	试验 I 组	试验 II 组
第 1 周	52.37	52.41	52.32
第 2 周	52.41	52.76	52.78
第 3 周	53.37	53.33	53.29
第 4 周	53.75	55.73	55.03
第 5 周	53.89b	55.30ab	55.56a
第 6 周	53.44b	55.37ab	56.28a
试验期	53.20b	54.15a	54.20a

注：同行不同小写字母表示差异显著，$P<0.05$。

（二）富硒杂交狼尾草对蛋鸡其他生产性能的影响

由表 10-6 可知，整个试验期各组间日采食量、日产蛋量、料蛋比、平均蛋质量、软破壳蛋率无显著性差异。日采食量分别略高于对照组 3.14% 和 0.93%；日产蛋量分别略高于对照组 0.62% 和 4.04%；蛋比分别略低于对照组 1.35% 和 5.43%；平均蛋质量分别略高于对照组 4.02% 和 5.17%；软破蛋壳率分别略低于对照组 4.21% 和 4.82%。

表 10-6　富硒杂交狼尾草对蛋鸡生产性能的影响

项目	对照组	试验 I 组	试验 II 组
平均日采食量/g	92.77	95.68	93.63
料蛋比	2.21	2.18	2.09
平均蛋重量/g	38.28	39.82	40.26
日产蛋量/g	35.67	35.89	37.11
软破壳蛋率/%	1.66	1.59	1.58

（三）富硒杂交狼尾草对蛋鸡免疫器官指数的影响

由表 10-7 可知，各处理组同对照组相比脾脏、胸腺指数均无显著性差异，脾脏指数分别略高于对照组 8.69% 和 4.35%、胸腺指数分别略高于对照组 25% 和 3.1%。

表 10-7　富硒杂交狼尾草对蛋鸡免疫器官指数的影响　　　　　　　（g/kg）

项目	对照组	试验Ⅰ组	试验Ⅱ组
脾脏指数	1.38	1.50	1.45
胸腺指数	0.32	0.40	0.31

（四）富硒杂交狼尾草对蛋品质的影响

由表 10-8 可知，各组间蛋重、蛋形指数、蛋壳厚度、蛋白高度、蛋黄重比同对照相比差异均不显著；试验第 14 d，试验Ⅰ组和试验Ⅱ组蛋黄颜色显著高于对照组 21.48% 和 24.44%；试验Ⅱ组哈氏单位显著高于对照组 1.50% 和 6.06%。试验第 28 d，试验Ⅰ组和试验Ⅱ组蛋黄颜色显著高于对照组 11.11% 和 18.06%。试验第 42 d，试验Ⅰ组和试验Ⅱ组蛋黄颜色、哈氏单位均显著高于对照组 11.11% 和 13.47%、3.26% 和 3.50%。

表 10-8　富硒杂交狼尾草对蛋鸡蛋品质的影响

项目	时间	对照组	试验Ⅰ组	试验Ⅱ组
蛋重/g	14 d	37.04	38.39	38.13
	28 d	37.71	38.2	39.24
	42 d	39.83	40.36	41.67
蛋形指数	14 d	1.36	1.35	1.35
	28 d	1.36	1.35	1.34
	42 d	1.33	1.32	1.32
蛋壳厚度/mm	14 d	0.31	0.32	0.31
	28 d	0.31	0.31	0.31
	42 d	0.29	0.31	0.30
蛋黄颜色	14 d	6.75b	8.20a	8.40a
	28 d	7.20b	8.00a	8.50a
	42 d	7.20b	8.20a	8.47a

（续表）

项目	时间	对照组	试验Ⅰ组	试验Ⅱ组
蛋白高度/mm	14 d	6.74	7.07	7.85
	28 d	7.52	7.97	7.74
	42 d	7.31	7.93	8.05
哈氏单位	14 d	89.41b	90.75ab	94.83a
	28 d	93.33	95.43	93.93
	42 d	91.54b	94.52ab	94.74a
蛋黄比例	14 d	29.13	29.07	29.81
	28 d	29.22	29.02	30.85
	42 d	30.22	29.24	30.36

（五）富硒杂交狼尾草对蛋硒含量的影响

由表 10-9 可知，试验第 14 d，试验Ⅱ组蛋黄硒含量显著高于对照组和试验Ⅰ组；试验第 28 d，试验Ⅰ组和试验Ⅱ组均显著高于对照组；试验第 42 d 及整个试验期，试验Ⅱ组蛋黄硒含量显著高于对照组和试验Ⅰ组。此外，我国标准规定（GH/T 1135—2017）硒含量为 0.15~0.50 mg/kg 的蛋类为富硒蛋，本试验中对照组、试验Ⅰ组和试验Ⅱ组硒含量试验均值分别为 0.267 mg/kg、0.293 mg/kg、0.377 mg/kg，均满足富硒鸡蛋产品生产需要，每枚鸡蛋含硒量分别为 10.21 μg/枚、11.68 μg/枚、15.17 μg/枚。

表 10-9　富硒杂交狼尾草对鸡蛋硒含量的影响

项目	时间	对照组	试验Ⅰ组	试验Ⅱ组
蛋硒含量/（mg/kg）	14 d	0.245b	0.253b	0.35a
	28 d	0.26c	0.305b	0.365a
	42 d	0.29b	0.32b	0.42a
试验均值		0.267b	0.293b	0.377a
每枚鸡蛋含硒量/（μg/枚）		10.21	11.68	15.17

三、富硒杂交狼尾草对蛋鸡生产性能、蛋品质的影响分析

(一)富硒杂交狼尾草对蛋鸡生产性能的影响分析

微量元素硒是一些重要抗氧化酶和含硒蛋白的必需组成部分，能够清理体内活性氧化物质，具有抗氧化、抗应激、提高机体免疫力等生物学功能（Gupta，2017）。蔡娟等在30周龄海兰褐蛋鸡饲粮中添加亚硒酸钠0.30 mg/kg、酵母硒0.10 mg/kg、0.20 mg/kg和0.30 mg/kg，发现各试验组同对照组相比，产蛋率、平均蛋重、平均日产蛋重、平均日采食量、料蛋比和蛋品质无显著影响。Tufarelli（2016）将富硒谷物（0.58 mg Se/kg）添加到蛋鸡日粮中，结果表明不影响蛋鸡的生产性能。李家奎（2001）将亚硒酸钠0.70 mg/kg、富硒麦芽0.70 mg/kg添加到70周龄伊莎蛋鸡饲粮中，结果表明硒对试验蛋鸡生产性能无显著影响。马丹倩（2020）用5%普通苜蓿（0.08 mg Se/kg）、5%富硒苜蓿（0.92 mg Se/kg）替换基础日粮中5%小麦麸饲喂卢氏绿壳蛋鸡，结果表明，日粮中添加草粉对卢氏绿壳蛋鸡生产性能没有影响。Seo（2008）研究表明，通常情况下家禽的性能不会因硒添加量达到或超过要求水平而改变，如胡华锋（2014）将亚硒酸钠0.951 mg/kg和酵母硒0.943 mg/kg添加到50周龄罗曼蛋鸡饲粮中，发现酵母硒可显著提高产蛋率，而对日产蛋量和料蛋比无显著影响。本试验中，添加3%、5%富硒杂交狼尾草同添加亚硒酸钠组对比显著提高产蛋率，而对蛋鸡日采食量、日产蛋量、料蛋比、平均蛋质量、软破壳蛋率无显著性差异。说明蛋鸡日粮中添加富硒杂交狼尾草具有一定的可行性，能替代部分饲料原料添加到蛋鸡的日粮且不影响蛋鸡的生产性能。

(二)富硒杂交狼尾草对蛋鸡免疫器官的影响分析

禽类主要的原发免疫器官是胸腺、脾脏和法氏囊，脾脏重量与其所含的免疫细胞数量密切相关（付文艳，2023）。因此，根据免疫器官指数可以初步判断蛋鸡体内免疫功能。成年鸡法氏囊性成熟前发育最大，此后逐渐萎缩，直至完全消失（杨丽华，2007）。本试验蛋鸡发育成熟，各处理间同对照相比脾脏指数和胸腺指数无显著性差异，说明饲粮中添加杂交狼尾草对蛋鸡免疫无明显影响。

(三)富硒杂交狼尾草对蛋品质的影响分析

蛋品质主要包括鸡蛋的蛋重、蛋形指数、蛋壳厚度、蛋黄比例、蛋黄颜色、蛋白高度及哈氏单位等。蛋形指数与受精率、孵化率及运输有直接关

系；蛋壳厚度与鸡蛋的破损率相关，哈氏单位则能反映鸡蛋新鲜程度和蛋白品质。蛋黄比例是衡量鸡蛋营养价值的一项重要指标（刘璐，2014）。Liu（2020）研究表明，在日粮中添加硒能改善蛋鸡的蛋品质。李海霞（2022）将5%、8%、11%的菊苣及富硒紫花苜蓿添加到日粮中饲喂海兰褐蛋鸡，结果同样表明添加富硒牧草可提高蛋鸡蛋品质。此外，抗氧化剂硒可以帮助改善蛋黄的颜色和鸡蛋的新鲜程度。Muhammad（2021）研究结果表明，日粮中补充有机硒会增加蛋黄颜色（新鲜和储存）值，降低蛋黄亮度。原因可能是蛋黄的颜色受蛋鸡日粮产生的氧化类胡萝卜素（叶黄素色素）的影响，这些色素在氧化时会丢失。它们与脂蛋白相连，脂蛋白被转运到鸡蛋的蛋黄中（Surai，2001），而补充有机硒能增加蛋黄胡萝卜素浓度（Surai，2000），从而提高蛋黄颜色。新鲜杂交狼尾草富含多种氨基酸、维生素，在一定程度上可以改善饲粮品质。本试验研究表明经过植物同化作用，矿物硒转化成有机硒后，日粮中添加3%及5%富硒杂交狼尾草显著影响蛋黄颜色和哈氏单位，以及不同程度提高蛋重、蛋形指数、蛋壳厚度、蛋黄比例，但差异不显著，说明添加富硒杂交狼尾草对蛋品质的影响有限。

（四）富硒杂交狼尾草对蛋硒的影响分析

禽蛋是用于评估不同剂量和形式的微量矿物质（如Se）的吸收和保留的模型之一，鸡蛋中的硒含量取决于饲粮中硒的来源和水平。家禽采食饲粮后，经消化道进入肠道，硒元素被小肠上皮细胞吸收，并由门静脉输送至血液中，经血液循环系统进入不同的器官及在鸡蛋中进行沉积，剩余未被吸收部分的硒随粪便排出（Zhang，2021）。Chinrasri（2009）分别在基础日粮中添加0.3 mg/kg的亚硒酸钠、酵母硒、富硒豆芽饲喂罗曼蛋鸡，结果表明同亚硒酸钠组相比，富硒酵母和富硒豆芽组显著增加蛋硒浓度；Chantiratikul（2018）同样将0.3 mg/kg的亚硒酸钠、水培生产的富硒羽衣甘蓝芽添加到蛋鸡日粮中，发现饲喂富硒羽衣甘蓝芽组的蛋鸡表现出更高的生物利用度，且全蛋硒含量更高。本研究结果表明，添加3%、5%富硒杂交狼尾草组蛋硒含量均显著高于添加亚硒酸钠组，且蛋硒含量随着饲喂天数增加，与齐志国（2019）结果一致。综上，说明富硒杂交狼尾草可作为蛋鸡日粮中的替代硒来源。

参考文献

代惠萍，赵桦，贾根良，等，2016. 硒对紫花苜蓿叶片光合特性的影响 [J]. 食品工业科技，37（19）：363-365，371.

付文艳，张勇刚，2023. 酵母硒与维生素 E 联合添加对蛋鸡产蛋性能、蛋品质和抗氧化性能的影响［J］. 饲料研究（4）：45-50.

郭孝，邢其银，胡华锋，等，2019. 在饲料中添加富硒苜蓿草粉对家兔内脏器官和肌肉中矿物元素含量的影响［J］. 家畜生态学报，40（12）：40-45.

胡华锋，刘太宇，郭孝，等，2015. 基施硒肥对不同生育期紫花苜蓿吸收、转化及利用硒的影响［J］. 草地学报，23（1）：101-106.

胡华锋，臧金灿，介晓磊，等，2014. 富硒苜蓿对蛋鸡生产性能、蛋硒及蛋硒转化率的影响［J］. 西北农林科技大学学报（自然科学版），42（2）：13-18.

黄勤楼，黄秀声，冯德庆，等，2016. 狼尾草种质资源创新与综合利用技术［M］. 北京：科学出版社：1-2.

介晓磊，郭孝，刘世亮，等，2009. 硒钴在"土 - 草 - 饲 - 畜链"（SPFAC）传导中对草畜产品营养的调控［J］. 草业学报，18（6）：128-136.

李海霞，2022. 日粮中添加酵母硒、富硒牧草对蛋鸡生产性能的影响［D］. 贵阳：贵州大学.

李家奎，王小龙，赵圣，等，2001. 富硒麦芽硒在鸡蛋中的分布及蛋鸡对其相对生物利用率［J］. 中国兽医学报（4）：395-398.

刘璐，郑江霞，徐桂云，2014. 鸡蛋蛋黄比例研究综述［J］. 食品安全质量检测学报，5（8）：2560-2567.

马丹倩，杨梦瑶，崔亚垒，等，2020. 富硒苜蓿对卢氏鸡生产性能和蛋品质的影响［J］. 中国畜牧杂志，56（8）：163-167.

孟楠，王萌，陈莉，等，2018. 不同草本植物间作对 Cd 污染土壤的修复效果［J］. 中国环境科学，38（7）：2618-2624.

齐志国，王俊，王帅，等，2019. 亚硒酸钠和酵母硒对蛋鸡生产性能、蛋硒含量、蛋品质的影响［J］. 中国畜牧杂志，55（7）：117-122.

田应兵，雷明江，杨玉华，等，2006. 沼泽土施硒对黑麦草生长、品质及生理活性的影响［J］. 土壤通报，37（4）：741-743.

王勃，王聪聪，夏方山，等，2022. 硒引发对不同品种紫花苜蓿种子抗氧化特性的影响［J］. 草地学报，30（8）：2037-2044.

王丽赛，张丽阳，马雪莲，等，2019. 我国畜禽饲料资源中微量元素硒含量分布的调查［J］. 中国农业科学，52（11）：2011-2020.

吴一群，林琼，颜明娟，等，2017. 施硒对紫云英硒积累及土壤硒状况的影响 [J]. 热带作物学报，38（1）：24-27.

夏方山，王勃，阴禹舟，等，2023. 硒引发对紫花苜蓿幼苗抗氧化特性的影响 [J]. 草地学报，31（9）：2875-2881.

熊传帅，张海波，张进明，等，2021. 硒和硒蛋白调节动物抗氧化功能及硒在畜牧生产中应用的研究进展 [J]. 中国畜牧杂志，57（10）：59-64.

杨丽华，2007. 鸡法氏囊中 B 淋巴细胞的发育及其免疫功能发生的研究 [D]. 长春：吉林农业大学.

张华华，康玉凡，2013. 植物吸收和转化硒的研究进展 [J]. 山地农业生物学报，32（3）：270-275.

钟庆祥，张豫，陶贞，等，2023. 土壤—植物系统硒的迁移转化机制研究进展 [J]. 地球科学进展，38（1）：44-56.

周国华，2020. 富硒土地资源研究进展与评价方法 [J]. 岩矿测试，39（3）：319-336.

朱秀红，侯国栋，茹广欣，等，2017. 狼尾草对铬的积累及其抗氧化特性研究 [J]. 河南农业大学学报，51（3）：330-334.

Bai B, Wang Z, Gao L, et al. , 2019. Effects of selenite on the growth of alfalfa (*Medicago sativa* L. cv. Sadie 7) and related physiological mechanisms [J]. Acta Physiologiae Plantarum, 41（6）：1-11.

Cartes P, Gianfreda L, Mora M L, 2005. Uptake of selenium and its antioxidant activity in ryegrass when applied as selenate and selenite forms [J]. Plant and Soil, 276：359-367.

Chantiratikul A, Chinrasri O, Chantiratikul P, 2018. Effect of selenium from selenium-enriched kale sprout versus other selenium sources on productivity and selenium concentrations in egg and tissue of laying hens. [J]. Biological Trace Element Research, 182（1）：105-110.

Chinrasri O, Chantiratikul, et al. , 2009. Effect of selenium-enriched bean sprout and other selenium sources on productivity and selenium concentration in eggs of laying hens [J]. Asian-Australasian Journal of Animal Sciences, 22（12）：1661-1666.

Ebrahimi N, Stoddard F L, Hartikainen H, et al. , 2019. Plant species and growing season weather influence the efficiency of selenium biofortification

［J］. Nutrient Cycling in Agroecosystems, 114：111-124.

Gupta M, Gupta S, 2017. An overview of selenium uptake, metabolism, and toxicity in plants ［J］. Frontiers in Plant Science, 7：234638.

Gu X, Gao C, 2022. New horizons for selenium in animal nutrition and functional foods ［J］. Animal Nutrition, 11：80-86.

Hu H, Hu J, Wang Q, et al. , 2022. Transcriptome analysis revealed accumulation-assimilation of selenium and physio-biochemical changes in alfalfa (*Medicago sativa* L.) leaves ［J］. Journal of the Science of Food and Agriculture, 102 (11)：4577-4588.

Kovács Z, Soós Á, Kovács B, et al. , 2021. Uptake dynamics of Ionic and elemental selenium forms and their metabolism in multiple-harvested alfalfa (*Medicago sativa* L.) ［J］. Plants, 10 (7)：1277.

Li H F, Mcgrath S P, Zhao F J, 2008. Selenium uptake, translocation and speciation in wheat supplied with selenate or selenite ［J］. New Phytologist, 178 (1)：92-102.

Liu H, Yu Q, Fang C, et al. , 2020. Effect of selenium source and level on performance, egg quality, egg selenium content, and serum biochemical parameters in laying hens ［J］. Foods, 9 (1)：68.

Lv Q, Liang X, Nong K, et al. , 2021. Advances in research on the toxicological effects of selenium ［J］. Bulletin of Environmental Contamination and Toxicology, 106：715-726.

Muhammad A I, Mohamed D A A, Chwen L T, et al. , 2021. Effect of sodium selenite, selenium yeast, and bacterial enriched protein on chicken egg yolk color, antioxidant profiles, and oxidative stability ［J］. Foods, 10 (4)：871.

Reynolds R J B, Pilon-Smits E A H, 2018. Plant selenium hyperaccumulation-ecological effects and potential implications for selenium cycling and community structure ［J］. Biochimica et Biophysica Acta (BBA) - General Subjects, 1862 (11)：2372-2382.

Schiavon M, Pilon-Smits E A H, 2017. The fascinating facets of plant selenium accumulation-biochemistry, physiology, evolution and ecology ［J］. New Phytologist, 213 (4)：1582-1596.

Seo T C, Spallholz J E, Yun H K, et al. , 2008. Selenium-enriched garlic and cabbage as a dietary selenium source for broilers [J]. Journal of Medicinal Food, 11 (4): 687-692.

Surai P F, 2000. Effect of selenium and vitamin E content of the maternal diet on the antioxidant system of the yolk and the developing chick [J]. British Poultry Science, 41 (2): 235-243.

Surai P F, Bortolotti G R, Fidgett A L, et al., 2001. Effects of piscivory on the fatty acid profiles and antioxidants of avian yolk: studies on eggs of the gannet, skua, pelican and cormorant [J]. Journal of Zoology, 255 (3): 305-312.

Tufarelli V, Cazzato E, Ceci E, et al., 2016. Selenium - fertilized tritordeum (X tritordeum ascherson Et graebner) as dietary selenium supplement in laying hens: effects on egg quality [J]. Biological Trace Element Research, 173 (1): 219-224.

Wang Q, Hu J, Hu H, et al., 2022. Integrated eco-physiological, biochemical, and molecular biological analyses of selenium fortification mechanism in alfalfa [J]. Planta, 256 (6): 114.

Wang W, Kang R, Liu M, et al., 2022. Effects of different selenium sources on the laying performance, egg quality, antioxidant, and immune responses of laying hens under normal and cyclic high temperatures [J]. Animals, 12 (8): 1006.

Zhang K K, Han M M, Dong Y Y, et al., 2021. Low levels of organic compound trace elements improve the eggshell quality, antioxidant capacity, immune function, and mineral deposition of aged laying hens [J]. Animal, 15 (12): 100401.